DIE AIDA STORY

Schiffe – Menschen – Geschichten

Die Neuentdeckung der Kreuzfahrt

Bild: © Meyer Werft

DIE AIDA STORY

Schiffe – Menschen – Geschichten

Die Neuentdeckung der Kreuzfahrt

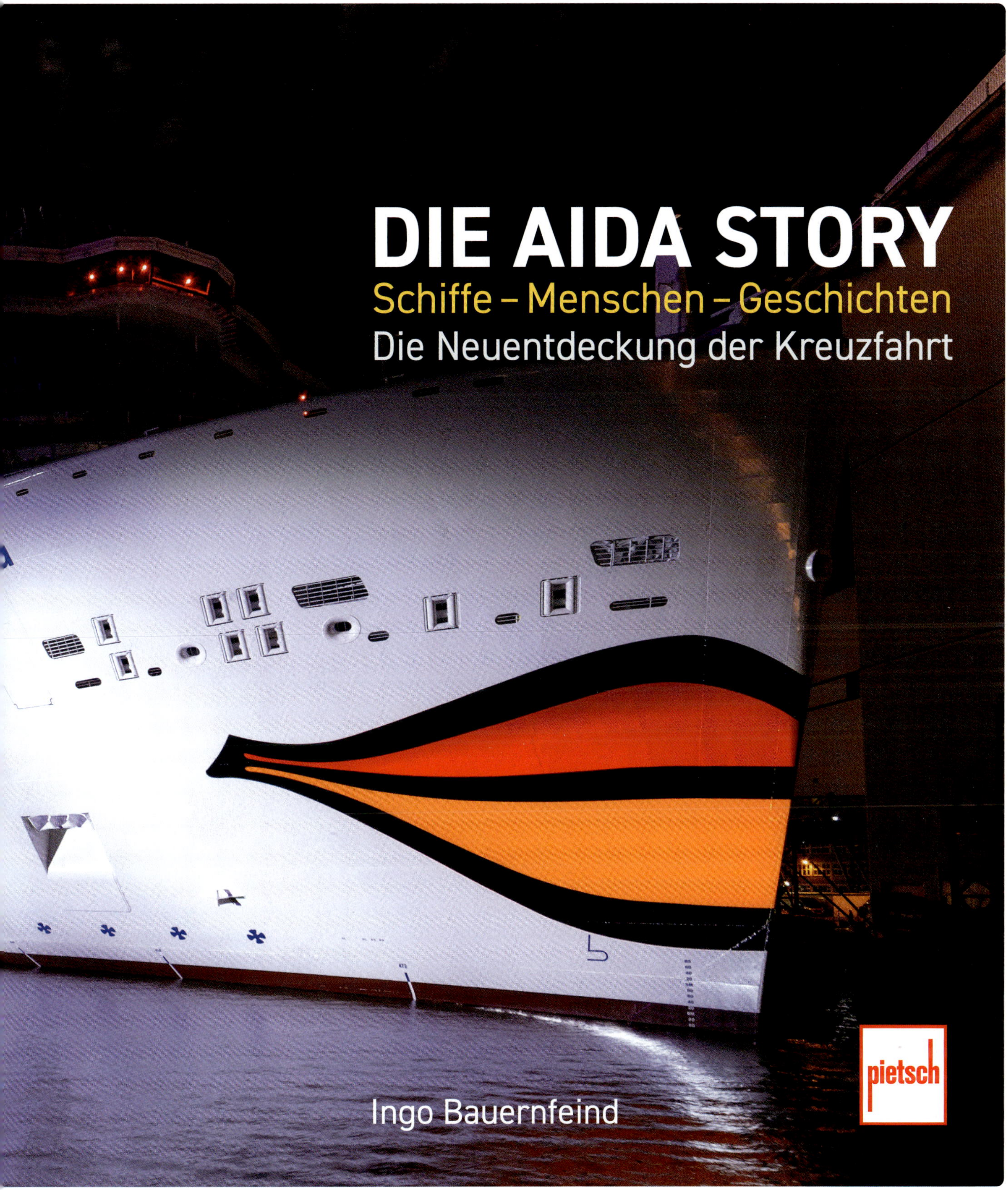

Ingo Bauernfeind

pietsch

◄◄ Zur Taufe von AIDAnova in Papenburg am 31. August 2018 findet ein Open-Air-Konzert mit dem französischen DJ David Guetta statt. Der Taufakt selbst wird durch die vierköpfige Familie Mirza aus Hessen vollzogen, die sich vor einer Jury gegen viele Bewerber durchgesetzt hat.

So schauen Sie sich die Videos in diesem Buch an:

1. Öffnen Sie Ihren App-Store (App Store, Google Play, Windows Marketplace usw.) und suchen Sie nach kostenlosen QR-Code-Leseprogrammen. Laden Sie das QR-Code-Leseprogramm einfach auf Ihr Smartphone oder Tablet herunter, öffnen Sie es, und schon kann es losgehen.
2. Öffnen Sie das QR-Code-Leseprogramm auf Ihrem Gerät. Halten Sie es so über einen QR-Code, dass dieser auf Ihrem Bildschirm gut sichtbar ist. Der QR-Code wird automatisch gescannt. Bei einigen Leseprogrammen müssen Sie aber auch eine Taste auf dem Bildschirm drücken, um ein Bild aufzunehmen, ähnlich wie die Auslösetaste Ihrer Smartphone-Kamera.
3. Drücken Sie gegebenenfalls die Taste. Ihr Smartphone liest den Code und leitet Sie zur gewünschten Videoseite weiter. Dies kann einige Sekunden dauern.
   Schauen Sie sich das Video an.

Einbandgestaltung: schreiberVIS, Seeheim
Umschlagabbildungen: Vorderseite © Rostock Port / Archiv AIDA Cruises,
Rückseite © Ingo Bauernfeind

ISBN: 978-3-613-51013-5

Ein Unternehmen der Paul Pietsch Verlage GmbH & Co. KG
Sie finden uns im Internet unter: www.pietsch-verlag.de

1. Auflage 2026

Layout, Satz und Prepress: schreiberVIS, Seeheim
Druck und Bindung: DZS GRAFIK d.o.o, 1210 Ljubljana, Slovenia

INHALT

VORWORT

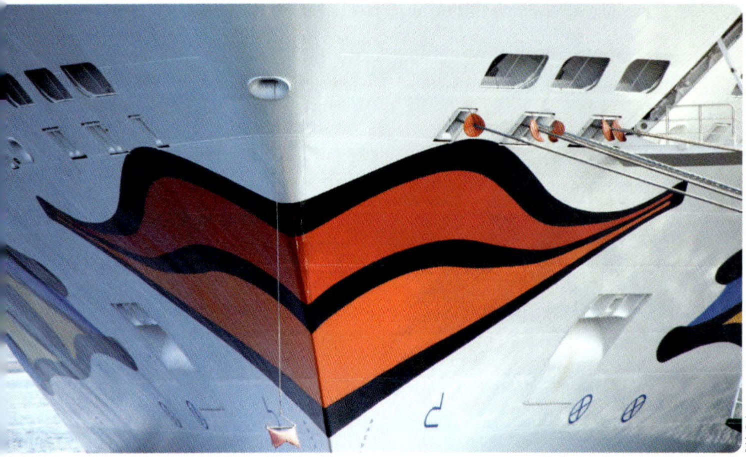
Bild: © Autor

FASZINATION KREUZFAHRT – MEHR ALS NUR REISEN

Wenn ich morgens mit einer Tasse Kaffee auf dem Sonnendeck stehe und die ersten Sonnenstrahlen über dem Horizont tanzen sehe, spüre ich sie wieder: diese Mischung aus Vorfreude, Aufbruch und Freiheit. Dieses Gefühl begleitet mich auf jeder Kreuzfahrt – und ist für mich untrennbar mit AIDA verbunden.

Seit vielen Jahren bereise ich die Welt und bereite an Bord der AIDA Flotte als Vortragsredner („Lektor") Gäste auf ihre Reiseziele vor. Unzählige Häfen habe ich gesehen, Kulturen entdeckt und Sonnenuntergänge bestaunt – und dabei immer wieder erlebt, dass die Schiffe mit den international bekannten Kussmündern weit mehr sind als eine komfortable Möglichkeit, von einem Ort zum nächsten zu gelangen. Sie stehen für ein Lebensgefühl.

Kreuzfahrten sind Rückzugsort und Abenteuer, Entschleunigung und Erlebnis, Wohlfühloase und Entdeckerreise zugleich. Genau hier beginnt der Reiz von AIDA: Während andere Reedereien lange auf ein eher formelles Ambiente und Traditionen setzten, entschied sich das Rostocker Unternehmen von Anfang an für einen anderen Weg. Frisch, ungezwungen, modern – mit einem Lächeln im Gesicht und dem Gefühl: „Willkommen zuhause."

Diese Philosophie hat AIDA zu einer der bekanntesten Kreuzfahrtmarken im deutschsprachigen Raum gemacht. Seit seiner ersten Kreuzfahrt 1996 hat sich das Unternehmen von einem mutigen Pionier zu einem führenden Anbieter für entspannten Lifestyle auf See entwickelt. Dieses Buch blickt zurück auf mehrere Jahrzehnte AIDA Geschichte – auf Schiffe, Menschen und Geschichten, auf Ideen, Umbrüche, Erfolge und Herausforderungen – und zeigt zugleich, dass noch viel vor uns liegt.

Eine Reise – viele Welten

Einer der größten Vorteile einer Kreuzfahrt ist für mich klar: Man packt den Koffer nur einmal – und betritt doch fast täglich eine neue Welt. Ob Karibik, Marokko, Pazifik, Grönland, Singapur oder Dubrovnik: Jeder Tag bringt neue Eindrücke, Farben und Geschichten. Auf einer Reise verschmelzen Kontinente zu einem lebendigen Mosaik, während das Schiff stets unser Zuhause bleibt. Diese Balance aus ständigem Wechsel und vertrautem Komfort ist einer der Schlüssel zur Faszination moderner Kreuzfahrt.

Das Leben an Bord ist geprägt von Freiheit – nicht nur im geografischen Sinn. Sie entscheiden, wie Ihr Tag aussieht: Frühstück auf dem Balkon, Yogakurs bei Sonnenaufgang, Landausflug, Vortrag zur Vorbereitung auf den nächsten Hafen oder Tanzabend auf dem Pooldeck unter Sternen. Alles kann, nichts muss. AIDA hat eine Atmosphäre geschaffen, die weltoffen und persönlich zugleich ist: modern, leger, herzlich, voller Möglichkeiten und doch niemals überfordernd. Vielleicht ist es genau das, was viele meinen, wenn sie vom „AIDA Gefühl" sprechen.

Wenn man Gäste nach ihrer Reise fragt, was ihnen besonders in Erinnerung geblieben ist, fällt oft ein Satz: „Es war einfach AIDA." Schwer zu erklären – und doch sofort spürbar. Es ist die Herzlichkeit der Crew, die liebevoll geplanten Details an Bord, das Gefühl, morgens gemütlich zu frühstücken, tagsüber die Welt zu entdecken und abends bei Meeresrauschen zu essen, ohne sich je fremd zu fühlen. Der AIDA Faktor ist individuell: Spa, Vorträge, Kulinarik,

Entertainment oder das Wiedersehen mit langjährigen Crewmitgliedern. Für mich ist es das Gefühl, Teil von etwas zu sein, das verbindet – nicht nur Orte, sondern auch Menschen.

Außergewöhnliche Erlebnisse und unvergessliche Geschichten

Was AIDA besonders macht, sind nicht nur die Routen, sondern die Erlebnisse, die daraus entstehen. Ich denke an Gäste und Crewmitglieder, die zum ersten Mal Polarlichter gesehen haben – sprachlos vor Glück. An Menschen, die in der Karibik erstmals geschnorchelt sind oder in Island über Vulkanlandschaften wanderten. Solche Geschichten entstehen, weil AIDA Momente ermöglicht, die im Alltag oft unvorstellbar scheinen. Die Vielfalt der Destinationen, verbunden mit dem Komfort eines schwimmenden Hotels, macht jede AIDA Reise zu einer persönlichen Entdeckungsreise.

Begeben wir uns auf eine Reise

Warum liegen die Wurzeln von AIDA in der DDR? Wie wurde aus dem Erfinder des „Clubschiffes" ein Unternehmen, das heute Destinationen auf der ganzen Welt ansteuert? Woher stammt die Idee, ein Lächeln auf den Rumpf zu malen, das später zur Bezeichnung „Kussmund-Flotte" führte? Warum hat die Bar eine Sternenform? Welcher Gedanke steht hinter dem AIDA Theatrium? Welche Berufsbilder gibt es an Bord? Wie wird man ein AIDA Star? Wie lebt die Crew? Welche Herausforderungen stellt der Bau eines modernen Kreuzfahrtschiffes dar? Wie sieht das Reisen auf See in Zukunft aus? Und welche technologischen Fortschritte stecken in den Schiffen?

Eine Entdeckungsreise durch die Welt von AIDA erwartet uns – durch mehrere Jahrzehnte voller Aufbruch, Wandel, Ideen und Emotionen. Es geht um Schiffe, die Geschichte geschrieben haben, um Menschen, die AIDA geprägt haben, und um Geschichten, die zeigen, warum diese Marke für so viele Gäste weit mehr ist als nur Urlaub.

Video
30 Jahre AIDA

Ein besonderes Extra dieses Buches sind QR-Codes mit ausgewählten Videos in den einzelnen Kapiteln. Die Anleitung dazu finden Sie auf Seite 4.

Auf zu neuen Horizonten

Dieses Buch ist eine Einladung, mehr zu erfahren über die Geschichte hinter der Marke AIDA, über ihre Entwicklung, Philosophie, Menschen und Ziele. Vor allem aber ist es eine Einladung, das AIDA Gefühl selbst zu entdecken – oder es neu zu verstehen. Denn: AIDA ist das, was du daraus machst.

Begeben wir uns also auf die Reise und finden wir gemeinsam heraus, was den AIDA Faktor ausmacht. Die Geschichte von AIDA ist ein Anlass zum Feiern – aber auch ein Anfang für vieles, was noch kommt: neue Schiffe, neue Ideen, neue Routen, neue Geschichten. Ein Teil der Autoreneinnahmen aus dem Verkauf dieses Buches kommt AIDA Cruise & Help zugute, einer Initiative, die Bildungsprojekte unterstützt und Kindern durch den Bau von Schulen neue Zukunftschancen eröffnet.

Ich wünsche Ihnen beim Lesen viele Aha-Momente, ein bisschen Fernweh – und vielleicht schon den ersten Gedanken an die nächste Reise.

Herzlich willkommen an Bord –
willkommen zuhause.

Ihr
Ingo Bauernfeind
Vortragsredner (Lektor)
& AIDA Fan seit der ersten Seemeile

Verfasst auf AIDAprima, 7. Juni 2026,
am 30. Geburtstag von AIDA

EINE KURZE GESCHICHTE DER KREUZFAHRT

1

„Reisen – es macht dich sprachlos, dann verwandelt es dich in einen Geschichtenerzähler."

Ibn Battūta (ca. 1304–1369), berberischer Rechtsgelehrter und Autor des Reiseberichtes

Am 22. Januar 1891 sticht von Cuxhaven aus das deutsche Passagierschiff AUGUSTA VICTORIA zu einer Vergnügungsreise ins Mittelmeer in See. An Bord befindet sich eine erlesene Gesellschaft, die nicht – wie zu jener Zeit üblich – mit dem Schiff den Atlantik überqueren will. Die Reisenden begeben sich vielmehr auf eine exklusive Seefahrt, die unter dem Zeichen des reinen Vergnügens steht. Damit ist bereits ein Motiv angelegt, das bis heute jede Kreuzfahrt prägt: Die AUGUSTA VICTORIA ist nicht nur Mittel zum Zweck, sondern selbst Teil des Urlaubs. Wer heute auf einem AIDA Schiff an der Reling steht, im Theatrium sitzt oder nach dem Auslaufen einen Cocktail an Deck genießt, erlebt im Grunde eine moderne, demokratisierte Form dieser alten Idee.

◄ Nach dem Ersten Weltkrieg kommen Passagierschiffe neben ihrem Liniendienst auch wieder für Kreuzfahrten zum Einsatz.

Bild: © ETH-Bibliothek Zürich

Die betuchten Passagiere können sich auf eine zwei Monate lange Reise freuen: Diese führt sie nach Southampton und Gibraltar, durch das Mittelmeer, an die Küsten Syriens und Ägyptens, zur Insel Malta und schließlich über Lissabon zurück nach Deutschland. Diese Tour geht später als die erste luxuriöse Kreuzfahrt in die Geschichte ein. Veranstalter ist die angesehene Reederei Hamburg-Amerikanische Packetfahrt-Actien-Gesellschaft – kurz HAPAG. Albert Ballin (1857–1918), seit 1886 Leiter der Passagierabteilung und ab 1899 Generaldirektor, macht dieses Unternehmen in wenigen Jahren zur größten Schifffahrtslinie der Welt.

Während Ballins Flotte in den warmen Monaten erfolgreich zwischen Europa und Amerika verkehrt, Auswanderer nach Übersee bringt und Waren von Kontinent zu Kontinent transportiert, bleiben die Dampfer im Winter deutlich schlechter ausgelastet. In der kalten Jahreszeit verlassen nur wenige Menschen ihre deutsche oder europäische Heimat in Rich-

Bild: U.S. Library of Congress

tung Neue Welt. Ballin sucht deshalb nach einer neuen Nutzung für seine Schiffe – und kommt auf die Idee, mit dem erst zwei Jahre alten Passagierschiff AUGUSTA VICTORIA eine „Bildungs- und Vergnügungsreise" in wärmere Gegenden anzubieten.

„Als Albert Ballin 1891 gewissermaßen die Kreuzfahrt ‚erfand', handelte er konsequent unternehmerisch", erklären Kai Bunge und Siegfried Schindler von Partner Ship Design, dem Hamburger Büro, das AIDA seit vielen Jahren gestalterisch begleitet und auf die Gestaltung von Kreuzfahrtschiffen spezialisiert ist. „Er erkannte, dass ein Schiff nicht nur Transportmittel sein musste, sondern auch selbst zum Urlaubsort werden konnte. Der Erfolg gab ihm recht – sicher war er damals aber keineswegs. Genau diese Denkweise prägt die Kreuzfahrt bis heute: Reedereien erschließen neue Fahrtgebiete, entwickeln zusätzliche Angebote und entwerfen Schiffskonzepte für unterschiedliche Marktsegmente."

Und hier liegt eine direkte Verbindung zu AIDA: Auch die Kussmund-Schiffe verstehen sich nicht als bloße Transportmittel von Hafen zu Hafen. Sie sind schwimmende Urlaubsorte – mit Restaurants, Bars, Sport, Spa, Shows, Landausflügen und Begegnungen, die zusammen das eigentliche Reisegefühl erzeugen.

Das nach der deutschen Kaiserin Auguste Viktoria (1858 – 1921), Gemahlin Kaiser Wilhelms II. (1859 – 1941), benannte Schiff steht für Luxus auf höchstem Niveau: Die Kabinen der Ersten Klasse sind großzügig, die Speisen fantastisch und das Unterhaltungsprogramm vielfältig. 245 Besatzungsmitglieder lesen den Gästen alle Wünsche von den Augen ab. Schnell sind alle 174 Plätze ausgebucht. Ballin, der als charmanter Gesprächspartner, aber auch als Kontrollmensch gilt, lässt es sich nicht nehmen, mit seiner Gattin Marianne an dieser Reise teilzunehmen – schließlich möchte er bei dieser Premiere nichts dem Zufall überlassen. Schon damals zeigt sich: Kreuzfahrt lebt nicht allein von Route, Ausstattung und Speisekarte, sondern von Menschen, die den Aufenthalt an Bord möglich machen. Auch auf heutigen AIDA Schiffen bleibt diese Arbeit der Crew ein entscheidender Teil des Reiseerlebnisses – oft sichtbar im Service, oft unsichtbar im Hintergrund.

▲ Mit ihren drei mächtigen Schornsteinen und ihrer Länge von 145 Metern erregt die AUGUSTA VICTORIA in allen Häfen Aufsehen.

Bild: U.S. Library of Congress / LOC

▲ Als Generaldirektor macht Albert Ballin die HAPAG zur größten Schifffahrtslinie der Welt.

Bild: LOC

Bild: LOC

▲ Promenadendeck auf einem deutschen Passagierschiff zur Zeit Albert Ballins.

◄ Der reich verzierte Salon der Ersten Klasse an Bord der AUGUSTA VICTORIA.

LANDAUSFLÜGE ZU DEN PYRAMIDEN

Für heutige AIDA Gäste klingt das erstaunlich vertraut: Auch heute beginnt ein besonderer Reisetag oft nicht erst in der Stadt, sondern schon an Bord – mit Treffpunkten, Busnummern, Scouts, lokalen Guides und der Vorfreude auf einen Ort, den man vielleicht nur für wenige Stunden besucht, der aber lange in Erinnerung bleibt.

Nicht nur an Bord erfüllt das sorgfältig vorbereitete Programm die Erwartungen der betuchten Gäste. Bei 13 buchbaren Ausflügen können sie zahlreiche Eindrücke von der Exotik der Mittelmeerländer sammeln. Nach dem Einlaufen in Alexandria organisiert Albert Ballin seinen Gästen sogar einen unvergesslichen Ausflug nach Kairo sowie eine Besichtigung der Pyramiden von Gizeh. Mit dieser exklusiven Aktivität knüpft er an die ehrwürdige „Grand Tour" an, die adelige Reisende bereits im 18. Jahrhundert zu antiken Stätten im Mittelmeerraum unternahmen. Die Grundidee hat sich bis heute erhalten: Kreuzfahrt ist immer auch eine bequeme Art, viele Orte in kurzer Zeit kennenzulernen. Der Koffer bleibt in der Kabine, während draußen jeden Tag eine neue Stadt, eine neue Küste oder ein neues Land wartet – ein Prinzip, das viele AIDA Gäste besonders schätzen.

1891 erfreut sich Albert Ballin nicht nur an der Zufriedenheit seiner Passagiere, sondern auch an der positiven Erwähnung seines Schiffes in der internationalen Presse: Sein zunächst skeptisch beobachteter „Test" wird zu einem vollen Erfolg. Bald setzt er weitere Dampfer auf Kreuzfahrten zum Nordkap und in die Karibik ein, die damals noch als Westindien bezeichnet wird. Neben der transatlantischen Handels- und Passagierschifffahrt etabliert sich auf diese Weise ein weiterer Geschäftszweig, um wie erhofft die Auslastung der HAPAG-Flotte im Winter zu erhöhen. Unter den 241 Passagieren sind auch einflussreiche Kaufleute, Korrespondenten verschiedener Zeitungen sowie der Maler Christian Wilhelm Allers, der die Kreuzfahrt in seinem Bildband „Erinnerungen an die Reise der Augusta Victoria in den Orient" für die Nachwelt festhält.

DIE ERSTEN KREUZFAHRTEN

Als Inspiration mögen Ballin die Vergnügungs- und Erholungsreisen des europäischen Adels, royaler Häupter und Intellektueller im frühen 19. Jahrhundert gedient haben. 1833 sticht der sizilianische Segelraddampfer Francesco I. als ein Vorläufer späterer Kreuzfahrtschiffe von Neapel aus in See. Diese dreimonatige Reise ist auf europäische Aristokraten beschränkt und führt nach Sizilien, Malta, Korfu, Patras, Delphi, Zante – heute Zakynthos –, Athen, Smyrna – heute Izmir – und Konstantinopel, das heutige Istanbul. In jedem Hafen können die Gäste an Ausflügen und Führungen zu den dortigen Sehenswürdigkeiten teilnehmen. An Bord gibt es Tanzveranstaltungen und Unterhaltungsprogramme.

Bild: JOC

▼ Ausflug zu den Pyramiden und der Sphinx in Gizeh. Um 1900 ist die sogenannte Stereofotografie sehr beliebt: Mit zwei parallel erstellten Fotos und einem speziellen Betrachter lässt sich ein 3D-Bild erstellen.

Bild: Staatliches Museum Schwerin, © SSGK-MV

Ab 1844 bietet die britische Peninsular and Oriental Steam Navigation Company, kurz P&O, ab Southampton Seereisen für Passagiere zu Zielen wie Gibraltar, Malta und Athen an. Diese regelmäßigen Touren sind die ersten ihrer Art und gelten als Vorläufer moderner Kreuzfahrten. Später fügt P&O weitere Ziele wie Alexandria und Konstantinopel hinzu und erlebt in der zweiten Hälfte des 19. Jahrhunderts eine rasante Expansion. In jener Zeit werden die Schiffe immer größer und luxuriöser. Da sich diese Form der Seereise schnell großer Beliebtheit erfreut, bieten internationale Reedereien bald verschiedene Kreuzfahrten an.

Ab 1865 bietet der britische Reisepionier Thomas Cook (1808 – 1892) Nilkreuzfahrten an, 1872 startet er eine 222-tägige Weltreise. Bald hat er Kunden aus ganz Europa, die sich an Bord seiner Schiffe jedoch manchmal in die Quere kommen. So sollen es vor allem die Deutschen sein, die sich an Deck die besten Liegestühle sichern und somit die Briten – so eine zeitgenössische Klage – unter Deck verdrängen. Wer heute auf einem großen Kreuzfahrtschiff unterwegs ist, erkennt daran mit einem Schmunzeln: Manche Rituale des Reisens ändern sich erstaunlich langsam. Die Frage nach dem besten Platz an Deck gehört of-

▲ Karl Paul Themistokles von Eckenbrechers berühmtes Gemälde der AUGUSTA VICTORIA im norwegischen Nærøyfjord 1900. Die Nordlandfahrten Kaiser Wilhelms II. wurden zum Vorbild für die ersten Kreuzfahrten in den Hohen Norden. Bis heute ist Norwegen ein beliebtes Reiseziel für Kreuzfahrtschiffe.

fenbar seit mehr als 150 Jahren zur Kreuzfahrt dazu.

Auch an Land werden die Reiseziele immer ausgefallener: So fährt die feine Gesellschaft ab 1883 mit dem Orient-Express von Paris nach Konstantinopel oder besucht die Pyramiden in Ägypten. Zu den heute noch populären – und mehrfach verfilmten – literarischen Zeugnissen mondänen Reisens im frühen 20. Jahrhundert zählen unter anderem Agatha Christies Kriminalromane *„Mord im Orient-Express"* und *„Der Tod auf dem Nil"*.

„MAN MUSS REISEN, UM ZU LERNEN"

1867 nimmt der amerikanische Schriftsteller Mark Twain (1835–1910) an Bord des Dampfseglers QUAKER CITY von New York aus an einer mehrmonatigen Kreuzfahrt durch das Mittelmeer teil. Organisatorisch ähnelt diese Reise einer Genossenschaft, in die sich die Passagiere einkaufen. Twain veröffentlicht seine Erlebnisse schließlich in seinem Buch *„Die Arglosen im Ausland" („The Innocents Abroad, or The New Pilgrim's Progress")*. Es wird zu sei-

▼ Mit seiner PRINZESSIN VICTORIA LUISE setzt Albert Ballin ab 1900 einen neuen Maßstab im noch jungen Kreuzfahrtgeschäft. Sogar Kaiser Wilhelm ist beeindruckt.

Bild: LOC

Bild: © Schloß Wernigerode GmbH

◄ Viktoria Luise von Preußen (1892 – 1980), die Tochter des Kaisers, ist Namensgeberin des Schiffes. Sie selbst wurde nach ihrer Urgroßmutter Queen Victoria benannt.

Bild: N.Y. Public Library

▼ Ansichtskarte der PRINZESSIN VICTORIA LUISE mit der romantischen Darstellung einen Paares an Bord.

nen Lebzeiten sein erfolgreichstes Werk und einer der meistgelesenen Reiseberichte überhaupt. Twain schreibt später: „Reisen ist fatal für Vorurteile, Bigotterie und Engstirnigkeit." Auch darin liegt ein moderner AIDA Gedanke: Die Reise führt nicht nur zu neuen Häfen, sondern auch zu Begegnungen – mit anderen Gästen, mit einer internationalen Crew und mit Kulturen, die man manchmal nur kurz berührt, die aber trotzdem den eigenen Blick weiten können.

DAS ERSTE REINE KREUZFAHRTSCHIFF?

Die Frage, wie ein Schiff aussehen muss, wenn es nicht mehr nur befördern, sondern Urlaub ermöglichen soll, begleitet die Kreuzfahrt seit Albert Ballin. Mehr als hundert Jahre später stellt sich AIDA dieselbe Frage immer wieder neu: Wie gestaltet man Räume, in denen sich Gäste bewegen, begegnen, essen, entspannen und unterhalten fühlen?

Nach den erfolgreichen Kreuzfahrten der AUGUSTA VICTORIA und weiterer HAPAG-Dampfer in den 1890er Jahren wird Ballin bewusst, dass seine Schiffe Wünsche offen lassen. Da sie für den schnellen Nordatlantikverkehr konstruiert sind, bieten sie in der Zweiten und Dritten Klasse kaum Möglichkeiten für Unterhaltung und Abwechslung an Bord, zu wenige Deckflächen für Liegestühle und zu kleine Kabinen für mehrwöchige Vergnügungsreisen.

Daher bestellt er bei der Hamburger Werft Blohm & Voss ein Schiff, das speziell auf die

Bild: LOC

▶ Blick in den luxuriösen Rauchersalon der PRINZESSIN VICTORIA LUISE. Ein großzügiges Skylight versorgt den Raum mit Tageslicht.

Bedürfnisse seiner anspruchsvollen „Vergnügungsreisenden" zugeschnitten ist und am 29. Juni 1900 vom Stapel läuft. Es erhält den Namen PRINZESSIN VICTORIA LUISE – benannt nach der einzigen Tochter des mit Ballin befreundeten deutschen Kaisers Wilhelm II.

Mit seinen zwei Masten, einem runden Heck, einem reich dekorierten Klipperbug mit langem Bugspriet und einer Galionsfigur, welche die Prinzessin darstellt, ähnelt das neue Schiff eher einer großen Yacht als einem zeitgenössischen Ocean Liner. Die PRINZESSIN VICTORIA LUISE hat über 120 luxuriöse zweiräumige Kabinen der Ersten Klasse, die alle über ein eigenes Badezimmer sowie eine eigene Toilette verfügen. Neben den üblichen Aufenthaltsräumen stehen den Gästen ein Trainingsraum, eine Bibliothek und eine Dunkelkammer für Fotoamateure zur Verfügung.

Der Kaiser soll seinen Freund Ballin bei der Ausstattung des neuartigen Schiffes beraten haben. Schließlich ist er bestens mit den Erfordernissen einer anspruchsvollen Kreuzfahrt vertraut, da er seit Jahren mit seiner eigenen Yacht SMY HOHENZOLLERN selbst luxuriöse Fahrten nach Norwegen, ins Mittelmeer sowie in den Nahen Osten unternimmt. Aufgrund seiner Reisebegeisterung erhält Wilhelm II., der seine Briefe mit dem Kürzel *„I. R."* – *Imperator Rex* – signiert, vom Volksmund den Beinamen *„I. R. – Immer reisebereit"*. Bei einem Besuch an Bord soll er bedauert haben, dass seine eigene Yacht SMY HOHENZOLLERN rund zwei Meter kürzer als die PRINZESSIN VICTORIA LUISE ist.

„Fachleute stimmen darin überein, dass sie das erste reine nicht-private Reiseschiff der Welt war und somit einen Vorgänger des Schiffstyps repräsentiert, den wir heute als

Kreuzfahrtschiff bezeichnen", erklärt der amerikanische Historiker und Unterwasserarchäologe Dr. James Delgado. „Es ging nicht darum, Passagiere zu unterschiedlichen Ticketpreisen oder zusätzliche Fracht zu befördern, sondern nur darum, stilvoll in toll ausgestatteten Kabinen mit gutem Essen zu reisen und verschiedene Häfen zu besuchen."

Bruce Peter, Designhistoriker an der schottischen Glasgow School of Art und Autor von „Cruise Ships: A Design Voyage", fügt hinzu: „Es war Ballins Absicht, an Bord einen Stil und Service anzubieten, der den besten europäischen Hotels entsprach." Aus heutiger Sicht wirkt die PRINZESSIN VICTORIA LUISE wie ein früher Vorläufer des schwimmenden Resorts. Was damals nur einer kleinen Elite vorbehalten war, wird später zum breiteren Urlaubsversprechen moderner Kreuzfahrtmarken – bei AIDA bewusst legerer, offener und weniger förmlich.

Ihre erste Kreuzfahrt führt die PRINZESSIN VICTORIA LUISE ab Januar 1901 in die Karibik und nach Venezuela. „Das Schiff fuhr im Sommer nach Norwegen und in die Ostsee, im Winter ins Mittelmeer und in die Karibik", erklärt Bruce Peter, und „lokale Künstler wurden an Bord geholt, um den Gästen in bestimmten Häfen eine Prise Exotik zu vermitteln". Im Laufe der Jahre fährt die LUISE nach New York, Frankreich, England, Irland, Schottland, Norwegen und nach St. Petersburg. Tragischerweise läuft das erste reine Kreuzfahrtschiff der Welt im Dezember 1906 bei Jamaika auf Felsen auf und muss zum Totalverlust erklärt werden. Dennoch wird die PRINZESSIN VICTORIA LUISE zum Vorbild späterer Kreuzfahrtschiffe. Sie steht am Anfang einer langen Entwicklung, die zu den heutigen Kreuzfahrtschiffen führt: weg vom reinen Transport, hin zum gestalteten Erlebnisraum. AIDA wird diese Entwicklung später auf seine eigene Weise fortschreiben – nicht mit steifer Eleganz, sondern mit Clubgefühl, Offenheit und einem deutlich legereren Ton.

KREUZFAHRTEN IN DER ZWISCHENKRIEGSZEIT

Nach dem Ersten Weltkrieg bieten deutsche Reedereien wie die HAPAG und der Norddeutsche Lloyd erneut Kreuzfahrten an. Die Angebote reichen von kurzen Touren bis zu exklusiven und vielfältigen Traumreisen für ein internationales Publikum. Diese schließen HAPAG-Weltreisen mit Abfahrten ab New York sowie die ersten kombinierten See-Luft-Kreuzfahrten des Lloyd ein. Auch ausländische Unternehmen wie die britische Reederei P&O steigen erneut in das Kreuzfahrtgeschäft ein. So können in den 1930er Jahren beispielsweise Touristen an Bord der RMS STRATHAIRD vom australischen Sydney aus Pazifikfahrten unternehmen oder nach Marokko reisen.

▼ Die komfortablen Kabinen der LUISE orientieren sich an den Luxushotels jener Zeit.

Bild: LOC

Im nationalsozialistischen Deutschland bietet die Organisation „Kraft durch Freude" (KdF) staatlich organisierte Freizeitprogramme an. Die Angebote reichen von Tagesausflügen sowie Fahrten auf Nord- und Ostsee bis hin zu längeren Kreuzfahrten ins Mittelmeer und an die Atlantikküste. Die stark subventionierten KdF-Fahrten warten mit standardisierter Bordunterhaltung, Vorträgen und kulturellen Programmen auf und folgen straff organisierten Abläufen. Die Reisen erfüllen touristische Funktionen, dienen aber zugleich offen propagandistischen Zwecken, weil sie Alltagserfahrungen mit politischer Indok-

Bild: Alamy / 2HXSKJ4

▶ Die SS United States ist bis heute Titelträgerin des Blauen Bandes als schnellstes Passagierschiff auf der Transatlantikroute. Von 1952 bis 1969 transportiert sie Menschen über den Atlantik, bis günstige Flugreisen ihren Betrieb unrentabel machen. 2026 soll die United States als künstliches Riff vor Florida versenkt werden.

trination verbinden. Historiker beurteilen die KdF-Kreuzfahrten heute ambivalent: Einerseits stehen sie für soziale Mobilisierung und Massenurlaub, zugleich aber auch für die instrumentelle Nutzung von Freizeit zur Festigung des NS-Regimes.

DAS ENDE DER KLASSISCHEN OCEAN LINER

Nach dem Zweiten Weltkrieg nehmen die internationalen Reedereien ihren Linienverkehr wieder auf. Die Einführung großer strahlgetriebener Passagierflugzeuge in den späten 1950er Jahren läutet jedoch das Zeitalter der Jets ein. Schon bald verringert sich die Dauer einer Transatlantiküberquerung von sieben Tagen auf einem Schiff auf sieben bis acht Stunden an Bord einer Boeing 707. Somit wächst der Anteil des Flugverkehrs auf dieser wichtigen Langstrecke und in anderen Regionen der Welt so stark, dass die klassischen Ocean Liner ihre einst marktbeherrschende Stellung verlieren und einen unaufhaltsamen Niedergang erleben.

Die Reedereien versuchen daher, ihr Geschäft von der reinen Personenbeförderung auf Reisen mit hohem Unterhaltungs- und Erlebnisfaktor umzustellen. Sie konzentrieren sich zunehmend auf Kreuzfahrten zu touristisch begehrten Destinationen auf der ganzen Welt. Zusätzliche Einnahmequellen entstehen in Form von Aufenthalten an Land mit organisierten Ausflügen. Im Laufe der Jahre wird diese Art des Reisens auch für den Mittelstand erschwinglich. Damit verschiebt sich der Schwerpunkt endgültig: Nicht mehr die Überfahrt ist das Produkt, sondern die Reise als Erlebnis. Genau in dieser Entwicklung entsteht später der Raum für Konzepte wie AIDA – Schiffe, auf denen Unterhaltung, Gastronomie, Sport, Wellness, Landausflüge und informelle Begegnung wichtiger werden als steife Bordrituale.

Bild: LOC

▲ Die 1931 in Deutschland gebaute SEA CLOUD war jahrzehntelang eine exklusive Privatyacht, bis sie 1978 zu einem luxuriösen Segelkreuzfahrtschiff umgebaut wurde.

Bis Anfang der 2000er Jahre sind noch zahlreiche Kreuzfahrtschiffe im Einsatz, die einst als Passagierschiffe gebaut wurden. Zu diesen zählen die NORWAY (die ehemalige FRANCE), die AZORES (ex-STOCKHOLM) sowie die QUEEN ELIZABETH 2 und die ROTTERDAM, die beide heute als Hotelschiffe erhalten sind. Hinzu kommen verschiedene Segelschiffe, die für den Kreuzfahrteinsatz umgebaut werden. Ein Beispiel ist die SEA CLOUD, die 1931 als damals weltweit luxuriöseste Segelyacht in Fahrt kam. In neuerer Zeit werden aber auch Segler rein für diesen Zweck gebaut. Zu diesen zählen die SEA CLOUD II, die SEA CLOUD SPIRIT, die STAR CLIPPER, die STAR FLYER, die ROYAL CLIPPER sowie die GOLDEN HORIZON.

Bild: Autor

DIE TRAUMSCHIFFE DER DDR

Für die Geschichte wird nun ein Strang in Form der ostdeutschen Seefahrt wichtig. Denn die spätere Kussmund-Reederei entsteht nicht im luftleeren Raum, sondern aus einer besonderen Mischung von westdeutschem Unternehmergeist, Cluburlaubsidee und maritimer Erfahrung aus der DDR.

In den 1950er-Jahren entsteht in Ostdeutschland der Gedanke, Kreuzfahrtschiffe zu betreiben, um der Bevölkerung mit Schiffsreisen und Urlaubsheimen an der Ostsee sowie im Harz das Leben zu versüßen. „Der Sieg des Sozialismus bedeutet schöneres und herrliches Leben für die Werktätigen", so die vielversprechende Botschaft. Die Schiffsankaufkommission der DDR erhält daher den Auftrag, ein Passagierschiff zu erwerben.

Die Wahl fällt auf die schwedische STOCKHOLM der Swedish America Line, die 1956 mit dem italienischen Ocean Liner ANDREA DORIA vor der nordamerikanischen Küste kollidierte. Dieser Unfall führte zum Untergang der ANDREA DORIA. 1960 wechselt die STOCKHOLM für 21 Millionen Schwedische Kronen einschließlich des gesamten Inventars den Eigentümer.

Unter ihrem neuen Namen MS VÖLKERFREUNDSCHAFT fährt sie im Feriendienst des Freien Deutschen Gewerkschaftsbundes (FDGB) zu vielen Nah- und Fernzielen. Fahrgäste und Besatzung stehen unter ständiger Beobachtung der Staatssicherheit, um Fluchten zu verhindern. In den Genuss von Kreuzfahrten kommen in der Regel nur aktive Parteimitglieder sowie Werktätige, die von ihrem Betrieb vor-

◀◀ Die 2021 in Dienst gestellte SEA CLOUD SPIRIT verbindet das klassische Erlebnis eines Windjammers mit modernem, luxuriösem Kreuzfahrtkomfort.

▼ Von 1960 bis 1985 brachte die VÖLKERFREUNDSCHAFT ostdeutsche Fahrgäste auf Kreuzfahrten in die Nord- und Ostsee, ins Mittelmeer und Schwarze Meer sowie bis nach Kuba in der Karibik.

▲ Die VÖLKERFREUNDSCHAFT fährt nach ihrem Umbau als Einklassenschiff für 568 Passagiere. Die Jungfernfahrt führt 1960 ins Mittelmeer und Schwarze Meer. Eine 14-tägige Reise kostet etwa 250 DDR-Mark. Westdeutsche Touristen konnten auch Plätze bekommen.

geschlagen werden. Dementsprechend sind die Fahrgäste meist verdiente Bürgerinnen und Bürger, die sich durch besondere Landestreue hervortun.

Weitere Traumschiffe der DDR sind die MS Fritz Heckert sowie die MS Arkona. Letztere läuft 1980 in Hamburg vom Stapel und steht bis 1983 als Luxusliner MS Astor in Diensten der Hamburger Reederei HADAG. Da sie trotz ihres glänzenden Rufes ein Millionen-Defizit einfährt, erfolgt 1983 der Verkauf nach Südafrika. Zwei Jahre darauf erwirbt die DDR die Astor für 165 Millionen D-Mark – für den finanziell klammen Arbeiter- und Bauernstaat eine große Investition. Der Kauf erfolgt allerdings über eine westdeutsche „Strohfirma", da die ostdeutschen Genossen offiziell keine Geschäfte mit dem Apartheid-Staat Südafrika machen. Am 29. August 1985 wird die Flagge der Bundesrepublik in Hamburg eingeholt und die der DDR gehisst – die Astor heißt nun Arkona. Sie wird später zu einem wichtigen Bindeglied in der Entwicklung der Marke AIDA.

MIT WEST-URLAUBERN AUF SEE

„200 Tage pro Jahr für die Werktätigen unterwegs", so preisen Werbebroschüren das neue Traumschiff der DDR an. Allerdings ist nur wenigen bekannt, dass die Arkona für den Rest des Jahres für den westdeutschen Reisekonzern TUI und seine Tochterfirma Seetours in Nord- und Ostsee, im Atlantik sowie im Mittelmeer unterwegs ist. Diese Art der Devisenbeschaffung beschert der DDR zwischen 1987 und 1989 – je nach Quelle – Einnahmen von mehr als neun Millionen D-Mark. Egal, ob Passagiere aus Ost oder West: Die Arbeit bleibt für die Besatzung praktisch gleich. Einen Unterschied gibt es bei der Anrede: Bei den kapitalistischen Gästen heißt es „Herr" und „Frau", bei der sozialistischen Kundschaft sagt man „Genosse" und „Genossin".

Trotz aller Vorkehrungen nutzen mehr als 200 Menschen – Passagiere wie Besatzungsmitglieder – die Kreuzfahrten zur Flucht. Dies gelingt auf Landgängen oder durch den Sprung über Bord, um dann an Land zu schwimmen. Die herrschende Staatspartei SED erlässt daraufhin immer strengere Vorschriften, um diese „Republikfluchten" zu verhindern. Als Konsequenz streicht sie die Fahrten ins kapitalistische Ausland oder erlaubt den Passagieren nur noch Landgänge in überwachten Gruppen.

Rückblickend zeigt sich hier bereits eine besondere Doppelgeschichte: Einerseits ist die Arkona Teil der DDR-Wirtschaft und Devisenbeschaffung, andererseits sammelt sie Erfahrungen mit westlichen Urlaubsgästen, Reiseveranstaltern und internationalen Erwartungen. Genau solche Erfahrungen werden nach der Wende 1990 wichtig, als aus alten Strukturen und neuen Ideen Schritt für Schritt etwas Neues entsteht.

KREUZFAHRT IM INTERNATIONALEN FERNSEHEN

Die amerikanische Fernsehserie „The Love Boat" trägt in den 1970er Jahren dazu bei, das Konzept der Kreuzfahrt als romantisches Abenteuer für Paare populär zu machen. Ab 1977 entsteht zu dieser seichten Seifenoper in der DDR ein eher handfestes sozialistisches Gegenstück: „Zur See" heißt die Kultserie, die teils wahre Geschichten von Seefahrern an Bord der MS J. G. Fichte erzählt, einem Fracht- und Ausbildungsschiff der Deutschen Seereederei (DSR). Das Erfolgsgeheimnis ist die Sehnsucht nach fernen Ländern, denn die Serie bringt eine Prise Exotik in die ostdeutschen Wohnzimmer und erzählt vom Alltag in der DDR-Handelsflotte – Abenteuer inklusive.

Die Fernsehserien *„Zur See"* und *„The Love Boat"* sowie die weniger bekannte westdeutsche Reihe *„Das Ferienschiff"* (1968/69) inspirieren den Westberliner TV-Produzenten Wolfgang Rademann zu einem weiteren Fernsehklassiker: Dieser geht ab 1981 als *„Das Traumschiff"* auf Sendung und ist bis heute in Produktion. Als AIDA Mitte der 1990er-Jahre auf den Markt kommt, kennt das deutsche Publikum die Reiseform Kreuzfahrt also längst – aber vor allem als Sehnsuchtsbild: elegant, fern, manchmal ein wenig steif und stark von Rademanns *„Traumschiff"* geprägt. AIDA setzt genau hier an und dreht das Bild weiter: weniger Kapitänsdinner, mehr Clubgefühl, weniger Distanz, mehr Begegnung, weniger Zuschauerrolle, mehr Mitmachen.

Damit führt diese kurze Geschichte der Kreuzfahrt nicht einfach in eine ferne Vergangenheit. Sie führt direkt zum Kussmund: zu einem Schiff, das 1996 nicht nur eine neue Marke begründet, sondern ein vertrautes Bild von Kreuzfahrt verändert. Aus der exklusiven Bildungsreise Albert Ballins, den schwimmenden Luxushotels der Kaiserzeit, den Ocean Linern, den DDR-Fahrgastschiffen und den Fernsehbildern vom *„Traumschiff"* entsteht schließlich Raum für etwas Neues: AIDA – Kreuzfahrt als legeres, lebendiges Urlaubserlebnis auf See.

▼ 1985 ersetzt die Arkona die im gleichen Jahr von der DDR verkaufte Völkerfreundschaft. In ihrem ersten „Leben" fuhr die Arkona als westdeutsche Astor und wurde als das „Traumschiff" des ZDF bekannt.

Bild: Bundesarchiv, Bild 183-1985-1227-022 / Sindermann, Jürgen / CC-BY-SA 3.0

Bild: © Gerd Aötmann

„Wenn du ein Schiff bauen willst, dann trommle nicht Leute zusammen, um Holz zu beschaffen, Aufgaben zu vergeben und die Arbeit einzuteilen, sondern lehre sie die Sehnsucht nach dem weiten, endlosen Meer."

Antoine de Saint-Exupéry (1900–1944),
französischer Schriftsteller („Der kleine Prinz")

WIE ALLES BEGANN
MIT DEM KUSSMUND AUF DIE WELTMEERE

2

◄◄ Ein Fotograf hält AIDAcara in der Nachmittagssonne fest. Als „AIDA" nahm sie als erstes Schiff der Kussmund-Flotte 1996 ihren Dienst auf.

Nun möchte ich Ihnen eine Geschichte erzählen – voller Inspiration, Mut und Visionen. Sie handelt davon, wie aus einem Traum und einer großen Idee eine der beliebtesten und faszinierendsten Urlaubsformen unserer Zeit entstanden ist. Kommen Sie mit an Bord und entdecken Sie, wie der berühmte Kussmund in den letzten drei Jahrzehnten die Weltmeere und die Herzen der Reisenden erobert hat. Willkommen in der Erfolgsgeschichte von AIDA.

Angesichts des heute boomenden Kreuzfahrtmarkts klingt es eher überraschend, dass diese Branche in den 1980er- und frühen 1990er-Jahren noch eine vergleichsweise kleine Nische ist. Zu jener Zeit gelten Seereisen als eine eher luxuriöse und exklusive Urlaubsart, die vor allem bei einer älteren und wohlhabenden Zielgruppe beliebt ist. Das Angebot ist überschaubar, da nur wenige Reedereien wie Hapag-Lloyd mit der MS EUROPA oder Peter Deilmann mit der MS BERLIN den Markt bedienen. Die Schiffe sind meist kleiner und bieten ein klassisches Bordleben mit festen Tischzeiten, Captain's Dinner und formeller Kleiderordnung. Das gesamte Ambiente ist eher konservativ und auf Eleganz ausgelegt, die Preise entsprechend hoch. Kreuzfahrten werden in dieser Zeit als besonderes Statussymbol verstanden und sind weit entfernt von einem Urlaubsformat für alle.

Christian Schönrock studierte Schiffstechnik mit Schwerpunkt Schiffskonstruktion in Rostock und begann seine berufliche Laufbahn 1988 in einem Unternehmen für Schiffsinneneinrichtung. Nach der Wende war er im Handel für Yacht- und Schiffsausrüstungen und dann für vier Jahre für Aqua Signal tätig, bevor er 1995 zur Deutschen Seereederei Touristik, dem späteren AIDA Umfeld, wechselte. „Die Kreuzfahrtbranche war damals zwar nicht tot, doch die bestehenden Modelle funktionierten nur eingeschränkt", erinnert sich Christian Schönrock, heute der Vice President Future Design bei AIDA. „Oft waren viele verschiedene Akteure beteiligt: ein Eigentümer, ein Charterer, eine separate Betriebsorganisation, häufig eine russische Crew, ein externer Hotelbetreiber und zusätzlich ein Reiseveranstalter. Die Schiffe waren meist alt, das Gesamtsystem ineffizient und weit entfernt von dem industrialisierten Standard, den Carnival in den USA bereits etabliert hatte."

Die Lage ändert sich Anfang der 1990er-Jahre, als der Hamburger Geschäftsmann Horst Rahe und sein Geschäftspartner Nikolaus Schües eine Idee haben: Sie möchten die Deutsche Seereederei (DSR) kaufen und bewerben sich dazu bei der Treuhandanstalt, die dazu gegründet wurde, um ehemals ostdeutsche Betriebe zu privatisieren. Die DSR wurde 1952 als Staatsreederei der DDR in Rostock gegründet. Unter ihrer Flagge fuhren in der Blütezeit bis zu 200 Schiffe, die Häfen in

Bild: © Sammlung Autor

▼ Von 1986 bis 1998 fährt die BERLIN als das „Traumschiff" in der gleichnamigen ZDF-Fernsehserie.

mehr als 100 Ländern anliefen. Die Deutsche Seereederei bot den Menschen in der DDR auch Kreuzfahrten auf der Ostsee und über den Atlantik bis nach Kuba an. Zur Flotte gehörte auch die MS ARKONA, die ursprünglich als MS ASTOR bei den Howaldtswerken Deutsche Werft AG fertigstellt und 1985 durch die DSR erworben wurde. Neben dem Feriendienst für DDR-Fahrgäste wurde das Passagierschiff auch an westliche Reiseveranstalter verchartert, um so an dringend benötigte Devisen zu gelangen.

Am 12. Juni 1993 fällt die Entscheidung: Der Zuschlag geht nicht – wie von vielen erwartet und auch vom Management der Deutschen Seereederei erhofft – an den Werften-Konzern Bremer Vulkan, sondern an die beiden Hamburger Geschäftsleute Horst Rahe und Nikolaus Schües. Diese Entscheidung erweist sich als eine glückliche Fügung, da der Bremer Vulkan einige Jahre später bankrott geht. Die beiden Hamburger erhalten unter anderem deswegen den Zuschlag, weil sie der Treuhandanstalt vertraglich zusichern, ein weiteres Kreuzfahrtschiff für die Flotte anzuschaffen. Und die Umsetzung dieses Vorhabens lässt nicht lange auf sich warten: Bereits wenige Monate nach der Privatisierung der Deutschen Seereederei entstehen die ersten Konzeptstudien. Horst Rahe und Nikolaus Schües sind sich einig: Das neue Schiff soll kein klassischer Kreuzfahrtdampfer wie die MS ARKONA werden, sondern ein innovatives Reisemittel für Menschen, die bisher noch keinen Urlaub auf dem Meer gemacht haben.

Die Vision der mutigen und kreativen Touristiker? Ein neues, innovatives Seereisekonzept – weit entfernt von der leicht angestaubten, klassischen Kreuzfahrt mit Captain's Dinner und Abendkleid. Doch welcher Ansatz ist der richtige? Um im hart umkämpften Tourismusmarkt bestehen zu können, muss man kreativ – und ausdauernd sein. Es ist 1993 und die Wiedervereinigung Deutschlands ist erst drei Jahre her. In dieser Zeit der Wandels ergeben sich auf kreativer und unternehmerischer Ebene viele Möglichkeiten.

Bild: AIDA Cruises

▲ Bei der DSR konzentrierte sich Christian Schönrock früh auf Schiffsneubauten und stieg vom Assistenten der Projektleitung über die Leitung der Neubauabteilung bis zum Vice President Future Design auf. Bis heute war er bei AIDA, Costa, Costa Asia, A-ROSA und Carnival Maritime an rund 20 Neubauprojekten beteiligt.

„Horst Rahe und Nikolaus Schües erkannten das Potenzial: Wenn man Kreuzfahrten modernisiert, professionell organisiert und konsequent neu denkt, könnte das auch in Deutschland erfolgreich sein". erklärt Christian Schönrock.

„In der DSR gab es bereits Erfahrung in der Passagierschifffahrt, etwa mit der MS ARKONA und ihren Vorgängern. Dieses Know-how nutzte Rahe und Schües gezielt. Sie brachten erfahrene Fachleute aus der DSR mit jungen, dynamischen Managern wie Michael Thamm zusammen. Gleichzeitig holten sie sich externe Expertise, unter anderem von den Machern des Robinson Clubs. Aus dieser Verbindung entstand etwas wirklich Neues: eines der seltenen Beispiele, in denen Know-how aus Ost und West auf besonders erfolgreiche Weise zusammenfand."

CLUBURLAUB MEETS KREUZFAHRTSCHIFF

Horst Rahe und ein weiterer wichtiger Mitstreiter namens Johann-Friedrich Engel, einer der Mitgründer des Robinson Clubs, erarbeiten nun ein Konzept, das dem deutschen Kreuzfahrtmarkt neues Leben einhauchen soll. Während Rahe den unternehmerischen Mut und die finanziellen Möglichkeiten besitzt, teilt Engel nicht nur dessen Vision, sondern bringt auch die touristische Kompetenz sowie die langjährige Erfahrung mit, um das gemeinsame Vorhaben in einem innovativen Konzept umzusetzen. Was nun folgt, ist eine Zeit vol-

Bild: © Ernie Noelle

Vom Hotel auf das Meer: Cluburlaub mit Entertainment und gezielter Animation durch Clubdirektor Ernie Noelle auf AIDA (später AIDAcara).

Was ist ein Cluburlaub?

Als Erfinder gilt 1950 der französische Club Méditerranée (Club Med). Bei dieser Urlaubsart bleiben die Gäste überwiegend in einer Ferienanlage und nutzen dort ein komplettes Freizeitprogramm. Der Robinson Club zum Beispiel setzt durch Animateure auf viel Entertainment, Sport und spezielle Familienangebote. Sport, Fitness, Wellness, Hobbykurse, Kinderbetreuung und Abendshows gehören meist zum Angebot. Ursprünglich zielt das Konzept darauf ab, die Gäste aktiv einzubeziehen und durch gezielte Animation die soziale Distanz zu überwinden und ein gemeinschaftliches „Wir-Gefühl" zu schaffen.

ler Herausforderungen, da es nicht einfach darum geht, Elemente des Robinson-Konzepts auf ein Schiff zu übertragen. Vielmehr steht die Frage im Raum, in welchen Punkten man das erfolgreiche Clubprodukt erweitern und mit der Kreuzfahrt verbinden kann? Schließlich treffen bei diesem Vorhaben zwei unterschiedliche Tourismuswelten aufeinander!

Das neue Konzept bricht mit der Tradition der in Deutschland als gediegen geltenden Kreuzfahrt, wie sie vielen aus der ZDF-Serie *„Das Traumschiff"* bekannt ist. Der typische AIDA Passagier lässt sich damals als ein *„Lifestyle-orientierter, moderner, dynamischer, weltoffener, an Aktivitäten und fernen Ländern interessierte Gast"* beschreiben. Und dies sei eine Frage der Einstellung, nicht des Alters.

„Unser Ziel war die Schaffung eines modernen Kreuzfahrtproduktes für eine jüngere und aktivere Zielgruppe. Dazu musste die traditionelle Kreuzfahrt gründlich entstaubt und von Konventionen befreit werden. Zugleich sollten Elemente aus erfolgreichen Urlaubsformen an Land – wie dem Cluburlaub – kreativ für den Einsatz an Bord weiterentwickelt werden."

Horst Rahe (aus: *AIDA – Die Erfolgsstory* von Ralf Schröder und Michael Thamm)

Rahe und Engel gelingt es, ab 1993 ein Team von Expertinnen und Experten auf verschiedenen Ebenen zusammenzustellen, um die Details des künftigen AIDA Konzeptes zu entwickeln. Diese Gruppe setzt sich aus Vertretern der Deutschen Seereederei, Kreuzfahrtfachleuten, ehemaligen Robinson-Geschäftsführern und Mitarbeitern aus weiteren Bereichen zusammen. Trotz eines gemeinsamen Ziels ist die Zusammenarbeit nicht immer harmonisch, sondern auch von harten Auseinandersetzungen geprägt. Die Geschäftsleitung muss daher manchmal die Wellen glätten, um das ambitionierte Vorhaben wieder in normale Bahnen zu lenken. Nichtsdestotrotz ist dies ein gesunder Streit, der sich positiv auf die Entwicklung auswirkt, denn schließlich müssen unterschiedliche Mentalitäten und berufliche Hintergründe zusammenfinden: Touristiker, für die das Geschäft mit Seereisen neu ist, treffen auf Schifffahrtsexperten, Cluburlaub trifft auf Kreuzfahrt, Westcharakter auf Ostmentalität. Beide Welten bringen produktiv ihre speziellen Kenntnisse ein. Der Erfolg von AIDA basiert auf diesem Dialog, der Teamfähigkeit aller

▸ Entwurf des Sonnendecks für das „Clubschiff" von der Firma Partner Ship Design. Dieses wird nahezu unverändert auf der AIDA umgesetzt.

Bild: © Partner Ship Design

und dem unbedingten Willen, etwas Besonderes zu schaffen.

Für Christian Schönrock war es bereits damals ein echtes Vorzeigeprojekt: „All das zusammen ergab im besten Sinne einen kreativen Mix – einen Ideenschmelztiegel, aus dem schließlich das entstand, was wir heute als AIDA kennen. Es war eine unglaublich spannende und prägende Zeit. Alle Beteiligten verband der feste Wille, etwas völlig Neues zu schaffen, und genau diese Aufbruchsstimmung, diese Energie und Begeisterung waren überall zu spüren."

Partner Ship Design – Die Gestalter des AIDA Gefühls

Siegfried Schindler und Kai Bunge gehören zu den Gestaltern, die der frühen AIDA Welt ihr Gesicht geben. 1991 gründen sie in Hamburg gemeinsam Partner Ship Design, kurz PSD – ein Büro, das sich auf die Gestaltung von Passagier- und Kreuzfahrtschiffen spezialisiert und AIDA bis heute begleitet. Eine so lange, kontinuierliche Zusammenarbeit zwischen einer Reederei und einem Designbüro ist in der Kreuzfahrtbranche eher ungewöhnlich – und zeigt, wie stark PSD die gestalterische Entwicklung von AIDA mitgeprägt hat.

Siegfried Schindler kommt vom Handwerk: Schreinerlehre, Innenarchitekturstudium, Einstieg in den Passagierschiffbau 1979, unter anderem mit Projekten wie MS Berlin, MS Astor und MS Arkona. Kai Bunge studiert Architektur in Hamburg und arbeitet ab 1985 als freier Mitarbeiter für die Meyer Werft und Robert Tilberg in Schweden. „Ab 1990 haben wir enger zusammengearbeitet, im März 1991 haben wir Partner Ship Design gegründet."

Die Aufgabe von PSD reicht weit über klassische Innenarchitektur hinaus. „Wir entwickeln Konzepte für Generalpläne, öffentliche Bereiche für Passagiere und Crew sowie für die Gestaltung von Schiffsprofilen." Dazu kommen Spezifikationen, Terminplanung, Detailplanung und Baubetreuung – ebenso wie Möbel, Leuchten, Teppiche, Stoffe, Grafik und Beschilderung.

Siegfried Schindler (links) und Kai Bunge (rechts) sind seit mehr als drei Jahrzehnten Kooperationspartner der Kussmund-Flotte.

Bild: AIDA Cruises

So übersetzt Partner Ship Design ein Urlaubskonzept in Räume, Wege, Farben und Materialien. Dabei entsteht kein starres Design nach Schablone. Die frühen AIDA Schiffe wirken farbenfroher und verspielter, mit kräftigen Tönen und bewusst lebendiger Urlaubsatmosphäre. Neuere Schiffe zeigen sich eleganter, ruhiger und mit dezenteren Farben. Aus vielen Details entsteht so ein stimmiges Ganzes – und zugleich ein Design, das sich mit AIDA weiterentwickelt.

Bild: © Partner Ship Design

▲ Entwurf der Sternbar von Partner Ship Design für AIDAvita, das zweite Schiff der Flotte. Die Form ermöglicht es, dass die Gäste sich gegenüber sitzen oder stehen und somit leichter ins Gespräch kommen.

EINE IDEE WIRD REALITÄT

Zu den Pionieren der ersten Stunde zählen die Schiffsarchitekten Kai Bunge und Siegfried Schindler mit ihrer Hamburger Firma Partner Ship Design. Bis heute haben sie alle AIDA Schiffe entworfen. In der Projektphase überschreiten sie Grenzen, denken in völlig neuen Bahnen und stellen die klassische Kreuzfahrt in Frage. Die umgesetzten Ideen und Lösungen sind häufig unkonventionell, werden aber den Erfolg von AIDA ausmachen. Laut Schindler und Bunge soll das Schiff wie ein Marktplatz funktionieren, wo die Menschen sich tagsüber und abends treffen. Es wird das Herzstück der AIDA Philosophie, den Wert zwischenmenschlicher Kommunikation in die Schiffsarchitektur zu integrieren.

Ein gutes Beispiel für diesen Kontakt zwischen den Gästen ist ist die AIDA Bar. Diese erhält ihre Sternform noch bevor das Schiff einen Namen hat. Im Vergleich zu anderen Kreuzfahrtschiffen hat dieser Bereich weniger Sitzgruppen oder Hocker, sodass man hier gerne stehen und sich im Raum bewegen kann, um so die Mitreisende besser kennenzulernen. Partner Ship Design entwirft die große sternförmige Bar – inzwischen ein Markenzeichen an Bord jedes AIDA Schiffes – bewusst so, damit jeder Gast dort ein Gegenüber für ein Gespräch hat. Somit kommen die Passagiere einfacher miteinander ins Gespräch als an einer Bar, die nur aus einem langen Tresen besteht.

Die Schiffsarchitekten Bunge und Schindler sehen die Außen- und Innenbereiche des Schiffes erstmals als eine Einheit und nicht mehr als getrennte Räume. Neu ist auch, dass die öffentlichen Treffpunkte wie die Bars und Restaurants über den Kabinendecks liegen. Bis dahin befinden sich diese Begegnungsstätten meist auf dem vierten, fünften oder sechsten Deck, darüber liegen die Kabinen und ganz oben das Sonnendeck mit der Diskothek.

Partner Ship Design ändert dies und platziert diese öffentlichen Decksbereiche direkt beieinander. Damit diese Architektur Urlaubsstimmung, Leichtigkeit und Lebensfreude vermittelt, wählen Bunge und Schindler frische Farben für die Kabinen und öffentlichen Bereiche aus und kombinieren diese mit ungewöhnlichen Materialien und Stilmitteln: Gute Beispiele sind der inzwischen charakteristische Baldachin über den Betten in den Gästekabinen oder echte Palmen in den Restaurants.

EIN SCHIFF WIRD KOMMEN

Während das künftige AIDA Konzept Gestalt annimmt, sucht die Geschäftsführung nach einem passenden Kreuzfahrtschiff, mit dem sich die Vision eines innovativen Cluburlaubs auf See umsetzen lässt. Im Winter 1993/94 fällt die Wahl auf die zum Verkauf stehende Sally Albatross. Diese war 1980 als Viking Saga in Finnland für den Fährverkehr auf der Linie Helsinki-Stockholm gebaut worden. Bei einem Aufenthalt in der schwedischen Finnboda-Werft 1990 brach jedoch ein Brand an Bord aus, der große Teile der Aufbauten so sehr beschädigte, dass nur noch ein Torso mit der Maschinenanlage Verwendung finden konnte. Dieser wurde zunächst nach Mäntyluoto bei Pori in Finnland geschleppt, wo er bis auf den unteren Rumpfteil abgebrochen wurde. Im ebenfalls finnischen Naantali erfolgte dann dessen Zerlegung in mehrere Abschnitte. Nach deren Transport zur Finnyards-Werft in Rauma entstand dort bis 1992 der Neuaufbau als Kreuzfahrtschiff Sally Albatross für Urlaubsfahrten in der Ostsee.

Als dieses kurze Zeit darauf zum Verkauf steht, entwickeln Bunge und Schindler von Partner Ship Design im Auftrag der Deutschen Seereederei (DSR) Pläne zum Umbau. Doch dann schlägt am 4. März 1994 das Schicksal zu, als die Sally Albatross während einer Kreuzfahrt auf der mit Packeis bedeckten Ostsee vor Helsinki auf Grund läuft und Wassereinbrüche erleidet. Nach der gut organisierten Evakuierung aller Menschen an Bord gelingt es mit großer Mühe, das Schiff vor einem Totalverlust zu bewahren und in die nahegelegene Vuosaari-Werft zu schleppen. Kurz darauf fliegt Michael Thamm, damals verantwortlich für die Umsetzung des Clubkonzeptes, mit einem Team der DSR zur Sally Albatross, um diese zu begutachten: Das Schiff ist in einem hoffnungslosen Zustand, da die Kollision mit dem Felsen einen rund 100 Meter langen und bis zu 30 Zentimeter breiten Riss im Unterwasserschiff verursacht hat. Da die unteren Decks noch nicht leergepumpt sind, schwimmen auch überall noch Möbel und Kleidungsstücke. Ein Kauf der Sally Albatross kommt nun nicht mehr in Frage.

Bild: © Lentokuva Hannu Vallas, ID 1880882 / Finnish Heritage Agency / CC-BY-4.0

▼ Ursprünglich soll die Sally Albatross zum ersten Clubschiff werden. Christian Schönrock bemerkt, dass „wenn man sie mit der späteren AIDA bzw. AIDAcara vergleicht, erkennt man, woher einige Ideen stammen." Das Schiff fährt noch für mehrere Reedereien und wird 2025 abgebrochen.

Bild: © AIDA Cruises

◂ Entscheider und Macher mit einem Modell der zukünftigen AIDA. Von links nach rechts: Robert Stenius (Werftdirektor Kvaerner Masa Yards), Michael Thamm (AIDA), Kai Bunge (PSD), Christian Schönrock (AIDA) und Bernd Lönnberg (Projektkoordinator Kvaerner Masa Yards). Das Modell ist ein greifbares Stück Unternehmensgeschichte, ein kleines Bühnenbild, auf dem sich die gesamte frühe Vision von AIDA abspielt.

„WIR BAUEN EIN GANZ NEUES SCHIFF!"

Bereits vor dem Unfall und als Alternative zu einem möglichen Erwerb des Schiffes hatte sich die DSR bei ihren Gesprächen mit der finnischen Werft mit der Frage beschäftigt, was ein Neubau im Vergleich zu Reparatur und Umbau der SALLY ALBATROSS kostet. Als sich herausstellt, dass diese Differenz deutlich geringer ist als vermutet, fällt die Entscheidung: „Wir bauen ein ganz neues Schiff!"

Nach ausführlichen Gesprächen mit mehreren finnischen Werften erhält die Kvaerner Masa Yards in Turku am 23. August 1994 schließlich den Zuschlag für den Bau des etwas „anderen" Kreuzfahrtschiffes mit der Baunummer 1337. Da der stolze Betrag von 300 Millionen D-Mark für den Bau veranschlagt wird, ist das künftige „Clubschiff" nicht das größte, sondern auch das teuerste Kreuzfahrtschiff, das bis dato für den deutschen Markt gebaut wird. „Für mich persönlich war es als junger Ingenieur ein Traumjob, schwärmt Christian Schönrock. „An einem Schiff dieser Größenordnung mitzuarbeiten, war damals etwas ganz Besonderes – auch wenn es aus heutiger Sicht eher klein wirkt."

FERTIGSTELLUNG UNTER ZEITDRUCK

Da bereits der 4. Juni 1996 als Ablieferungstermin vereinbart wird, bleiben nur 22 Monate bis zur Fertigstellung. Dies ist ein Jahr weniger, als für Schiffe dieser Größe sonst üblich. Nun beginnt für alle Beteiligten ein ehrgeiziger Wettlauf gegen die Zeit. Während die konzeptionellen Arbeiten des AIDA Teams und die Projektierung des Schiffes bei der Werft auf Hochtouren laufen, wird die Finanzierung für die Deutsche Seereederei zur existentiellen Herausforderung. Alle deutschen Banken lehnen eine Unterstützung des Konzepts als zu „unkonventionell und nicht marktfähig" ab. Kurz bevor das AIDA Projekt an der fehlenden Finanzierung zu scheitern droht, klappt es schließlich doch noch: Kurz vor Jahresende 1994 – nur wenige Tage vor dem durch die Werft eingeräumten finalen Termin – erhält die Deutsche Seereederei einen finnischen Ex-

Bild: © AIDA Cruises

◀ Offizielle Kiellegung der AIDA mit der Baunummer 1337 in Turku am 11. September 1995. Das Schiff wird aus vorgefertigten Sektionen zusammengefügt.

Bild: © AIDA Cruises

Bild: © AIDA Cruises

◀ Frontansicht der fast fertigen AIDA mit der aufgesetzten Brücke. Auf dem Vorschiff fehlt noch eine kleine Sektion.

▲ Die fast fertiggestellte Brückensektion im Oktober 1995. Diese wird wenig später per Kran auf den Schiffskörper gehievt.

Bild: © AIDA Cruises

▲ Entscheider und Macher vor dem fertiggestellten Vorschiff. Wenig später erhält die AIDA ihren Anstrich und Kussmund am Bug.

portkredit, der den Baubeginn ermöglicht. Dafür muss sich die DSR verpflichten, diese Finanzierung ein Jahr nach der Übergabe des Schiffes, also im Juni 1997, durch langfristige Kredite zu ersetzen. Dies soll durch die Einrichtung eines Schiffsfonds geschehen.

Um den Zeitplan zu halten, sind fast 2700 Menschen am Bau beteiligt. Dennoch sind alle Beteiligten, die sich selbst aufgrund ihrer Unerfahrenheit als „Greenhorns" bezeichnen, voller Enthusiasmus. Schon während des Baus lässt sich erahnen, wie außergewöhnlich dieses Schiff sein wird. Ein frisches Design, fernab von starren und vorgeschriebenen Linien.

„Preisbrecher und Eisbrecher zugleich"

„Zur Taufe der AIDA schalteten wir ganzseitige Anzeigen in mehreren Tageszeitungen", erinnert sich Johann-Friedrich Engel, von 1994 bis 1998 gemeinsam mit Michael Thamm Geschäftsführer der DSR Touristik. „Wir boten eine begrenzte Zahl besonders günstiger Passagen an – nach dem Prinzip: Wer zuerst kommt, mahlt zuerst. Gebucht werden musste allerdings über ‚Ihr Reisebüro'." Der Effekt ist gewollt: Da zugleich Zeitungen und Fernsehen über den auffällig bemalten Neubau berichten, müssen sich die Reisebüros mit AIDA beschäftigen. Zusätzlich laden Engel und sein Team Expedienten und Journalisten an Bord ein, damit sie das Konzept selbst erleben können. Bernhard Meyer von der Meyer Werft bringt die Wirkung treffend auf den Punkt: „Die AIDA ist ein Preisbrecher und Eisbrecher zugleich." „Ab der Taufe stand AIDA auf der Überholspur", so Engel. „Unter Michael Thamms Führung gewann sie neue Zielgruppen und wurde binnen weniger Jahre Marktführer für Hochseekreuzfahrten im deutschsprachigen Raum."

AHOI AIDA!

Am 7. Mai 1996 ist es dann endlich soweit – Leinen los zur ersten Probefahrt! Auf der Brücke ist auch der aus dem bayrischen Mittenwald stammende Volker Zausch. Als zukünftiger Kapitän des Schiffes ist er für die Bauüberwachung in Turku verantwortlich und zugleich der erste in der Erfolgsgeschichte von AIDA. Volker Zauschs Laufbahn auf See beginnt am 1961 mit der Ausbildung zum Vollmatrosen. Drei Jahre später folgt das Studium an der Ingenieurhochschule für Seefahrt in Wustrow. „1966 stand ich erstmals als Nautischer Offizier auf den Planken eines Schiffes", erzählt er. 1972 wird er zum Kapitän ernannt. Es folgen viele Jahre auf Frachtern, darunter neun Jahre auf der MS Rostock, später auch auf Containerschiffen der Deutschen Seereederei. Dann beginnt für ihn die Schifffahrt mit Passagieren: „Mein erstes Kreuzfahrtschiff war die MS Arkona. Im Januar 1989 hatte ich dort an Bord meinen ersten Einsatz." Als das Projekt „AIDA" 1995 in Schwung kam, hatte ich die Ehre, an diesem mitwirken zu dürfen."

Während der Erprobung herrscht bei vielen Beteiligten eine angespannte Stimmung. Denn nur wenn alle Systeme die vielen Tests tadellos bestehen, gilt die Probefahrt als bestanden. Dann die Erleichterung – alle technischen Anlagen funktionieren vorschriftsmäßig.

Dass der Neubau in vielerlei Hinsicht anders als alle vorhandenen Kreuzfahrtschiffe ist, soll bereits auf den ersten Blick sichtbar sein. Aber wie kann man sich optisch von den Mit-

Bild: © AIDA Cruises

bewerbern abheben? Hier kommt der Rostocker Künstler Feliks Büttner ins Spiel. Er erhält den Auftrag, den Schiffsrumpf mit einer markanten Bemalung zu versehen. Seine Idee – der inzwischen weltbekannte „Kussmund" am Bug sowie ein der ägyptischen Mythologie entlehntes Auge auf beiden Rumpfseiten. Dieses einst als wagemutig bezeichnete Markenzeichen hat inzwischen international Schule gemacht, da heute nicht nur Kreuzfahrtschiffe und Fähren, sondern auch Flugzeuge mit bunten Motiven nach dem Vorbild von AIDA lackiert sind.

Da der Zeitplan für die geplante Ablieferung eng ist, muss die Bemalung in der Werft nachts aufgebracht werden. Volker Zausch erinnert sich

▲ Mit ihrem markanten Bug – dem roten Kussmund und den aufgemalten ägyptischen Augen – repräsentiert die AIDA den Anfang eines neuen und legeren Kreuzfahrtstils.

Der Name „AIDA" und die Geschichte hinter einer Oper

Für die Eröffnung des Suezkanals wünscht sich Ismail Pascha (1830–1895), der damalige Vizekönig Ägyptens, ein Werk von Weltrang. Der berühmte italienische Komponist **Giuseppe Verdi** (1813–1901) lehnt zunächst ab. Erst als ihm ein fertiges, ägyptisch gefärbtes Libretto und große künstlerische Freiheiten zugesichert werden, lässt er sich gewinnen. Im Begleitschrei-ben steht der vielsagende Nachsatz: „Akzeptiert Monsieur Verdi nicht, so wird seine Hoheit an Gounods oder an Wagners Tür klopfen." Die Botschaft wirkt. Verdi fordert ein Honorar von umgerechnet etwa 750 000 Euro – und erhält aus Kairo die knappe Antwort: „gut". Mit großer Akribie arbeitet er sich in ägyptische Geschichte, Kunst und Musik ein und lässt eigens Trompeten anfertigen, die im berühmten Triumphmarsch unsterblich werden. „Aida" erzählt von Liebe und Pflicht, von der äthiopischen Königstochter Aida und dem Heerführer Radamès, der zwischen ihr und seiner Loyalität zum Pharao zerrieben wird. Als der Suezkanal am 17. November 1869 eröffnet wird, ist Verdis Oper noch nicht fertig; stattdessen erklingt sein „Rigoletto". Selbst nach der Vollendung verzögert sich die Premiere weiter, weil Kulissen und Kostüme während des Deutsch-Französischen Krieg es in Paris festsitzen. Erst am 24. Dezember 1871 erfolgt im Khedivial-Opernhaus in Kairo die Uraufführung von „Aida" mit großem Prunk. Verdi selbst bleibt fern. „Ich gehe nicht hin", schreibt er an einen Freund, „… weil ich fürchten müsste, dort mumifiziert zu werden."

Mulnier, Ferdinand (1817 – 1891). Photographe, Bibliothèque nationale de France, département Musique, Est.Verdi G.001

Bild: © Volker Zausch

▲ Von links nach rechts: Horst Rahe, Kapitän Volker Zausch, Johann-Friedrich Engel und Jens Lehmann, der erste Clubdirektor der AIDA. Nach Jens Lehmann wird Ernie Noelle Clubdirektor.

▼ Zwei Schiffe aus unterschiedlichen Epochen: Die brandneue AIDA (links) mit der kleineren MS ARKONA aus den frühen 1980er-Jahren (rechts). Letztere wird 2002 abgegeben.

schmunzelnd: „Schon am Abend hatten wir beobachtet, wie die Werftarbeiter etwas auf die Außenhaut zeichneten. Als wir am nächsten Morgen zurückkamen, sahen wir: Die Maler hatten ganze Arbeit geleistet. Das Auge blickte uns an, der Kussmund lächelte uns zu – und das gesamte Aufsichtsteam war begeistert. In diesem Moment war uns klar: Dieses Schiff würde in jedem Hafen auffallen. Wahrscheinlich würden einige erst einmal zweimal hinschauen müssen. Beim ersten Karibikeinsatz bekamen wir von den Lotsen dann tatsächlich den passenden Spitznamen: *Lucky Lips*. Unter diesem Namen wurden wir fortan sogar über Funk gerufen."

Feliks Büttner hat den richtigen Nerv getroffen! Nachdem sich viele unter dem „Clubschiff" kaum etwas vorstellen konnten, erhält dieses nun klare Konturen. Pünktlich am 4. Juni 1996 erfolgt die Übernahme.

Auf der Überführungsfahrt von Turku nach Rostock kommt es einen Tag später zu einer denkwürdigen Begegnung vor Bornholm. Das noch namenlose neue Schiff mit der Bezeichnung „TBN" („to be named") trifft auf die MS ARKONA der Deutschen Seereederei, die sich auf einer Kreuzfahrt befindet. Als beide Schiffe für eine Zeitlang nebenherfahren, entsteht das Gefühl, als wolle die Arkona ihre jüngere „Schwester" in der Familie willkommen heißen – ein erhebender Moment, der von einem Hubschrauber fotografisch festgehalten wird. Einen Tag vor der Taufe am 6. Juni 1996 unternimmt das namenlose Schiff mit 850 Mitarbeitenden der Deutschen Seereederei an Bord eine Ausflugsfahrt – für viele Beteiligte eine der schönsten AIDA Erinnerungen.

„Ich taufe Dich auf den Namen AIDA. Ich wünsche Dir, Deiner Besatzung und allen Mitreisenden alle Zeit eine gute, glückliche Fahrt und immer die Handbreit Wasser unter Deinem Kiel."

Mit diesen Worten tauft Christiane Herzog, die Ehefrau des damaligen Bundespräsidenten Roman Herzog, am 7. Juni 1996 das

Bild: © AIDA Cruises

neue Schiff und lässt am Bug die obligatorische Champagnerflasche zerschellen. Dort strahlt in bunten Farben der Kussmund – ab nun das Markenzeichen des Unternehmens. Mit dem Akt wird an diesem sonnigen Freitag in Rostock-Warnemünde der Grundstock für eine neue Form des Kreuzfahrttourismus in Deutschland gelegt – ins Leben gerufen von der Deutschen Seereederei (DSR). Die AIDA ist nun das größte deutsche Passagierschiff, hat eine Länge von 193 Metern, eine Breite von knapp 28 Metern und bietet über 1300 Gästen sowie 370 Besatzungsmitgliedern Platz. Die Jungfernfahrt von Rostock nach Palma de Mallorca ist zugleich die Bewährungsprobe für die Crew und verläuft reibungslos.

AIDA Objekt Reisekatalog

Der erste AIDA Reisekatalog von 1996 (links) ist mehr als ein bloßes Werbemittel – er ist das Gesicht einer innovativen Marke. In ihm spiegelt sich das Selbstverständnis von AIDA als legere, junge Kreuzfahrtreederei wider: helle Farben, freundliche Sprache, keine steife Formalität, sondern Clubleben auf dem Meer. Ein physischer Katalog dieser frühen Jahre ist ein Zeitzeuge, greifbar und nostalgisch. Rechts daneben ein AIDA Katalog aus jüngster Zeit. Das Design und der Umfang haben sich weiterentwickelt. Inzwischen gibt es elf AIDA Schiffe, die weltweit unterwegs sind. Und an Bord kann man seine nächste Kreuzfahrt buchen – bei den AIDA Fernwehexperten.

Bild: © AIDA Cruises

Bild: © AIDA Cruises

ERFOLG, ERNÜCHTERUNG UND „JETZT ERST RECHT"

Nach der Jungfernfahrt machen Schlagzeilen wie „Warten auf das Ende von AIDA" im Tagesspiegel die Runde. Was war geschehen? Mutige Ideen, ein gelungenes Produkt und ein großer Optimismus in allen Ehren – die Anfangseuphorie verfliegt schnell, da die erhoffte Buchungswelle vor und auch nach der Jungfernfahrt zunächst ausbleibt. Die Reaktionen auf die neue AIDA sind geteilt. Die Medien schwanken zwischen Begeisterung und Skepsis. Bei den einen kommt die Idee von der Kreuzfahrt ohne Schlips und Kragen gut an, andere sehen darin einen vergeblichen Versuch, die traditionelle Kreuzfahrt zu revolutionieren und warten auf das rasche Ende. „AIDA – Der letzte Versuch", wie der Touristik Report schreibt?

Der neu aufgebauten Verkaufs- und Marketingabteilung gelingt es in dieser Zeit nicht, das „Clubschiff" auf Anhieb auf dem Markt zu etablieren und die neuen Zielgruppen zu gewinnen. Die erhoffte Zusammenarbeit mit einem großen Tourismusanbieter, der einen Teil der Kapazität Kabinen abnehmen soll, kommt nicht zustande. In dieser schwierigen Situation lädt AIDA Mitarbeitende von Reisebüros an Bord ein, um das neue Produkt entsprechend zu präsentieren. Obwohl sich nun allmählich die Buchungszahlen verbessern, schließt das Unternehmen das erste Jahr mit einem deutlichen Verlust ab.

Unabhängig von der wirtschaftlichen Ernüchterung erhält die AIDA von ihren Gästen fast durchgängig begeisterte Reaktionen. Zur allgemeinen – und positiven – Überraschung beträgt deren Durchschnittsalter im ersten Jahr nur 42 Jahre und liegt somit mehr als 20 Jahre unter dem auf traditionellen Kreuzfahrtschiffen. Zudem zieht die AIDA viele Erstfahrer an – nur acht Prozent aller Gäste haben jemals zuvor eine Kreuzfahrt gebucht. Der Deutschen Seereederei gelingt es tatsächlich, gerade bei

Bild: © AIDA Cruises

▲ Die Brücke der hochmodernen AIDA. Ein klassisches Steuerrad wie auf älteren Passagier- oder Kreuzfahrtschiffen ist nicht mehr vorhanden.

den Menschen das Interesse am „Clubschiff" zu wecken, die sich bisher nicht von Kreuzfahrten angezogen fühlten.

„Die Konkurrenz hat uns zunächst belächelt", erinnert sich Volker Zausch. „Und ja, auf den ersten Reisen hätten es durchaus mehr Passagiere sein können. Aber die Besatzung sorgte dafür, dass die Gäste zufrieden von Bord gingen und zu Hause begeistert erzählten, was sie erlebt hatten. Wir wussten: Wenn die Gäste glücklich sind, haben wir eine Chance." Auch an Land im Office und an Bord wird genau hingeschaut. Was nicht rundläuft, wird verbessert; was funktioniert, wird weiterentwickelt. „Zufriedene Gäste waren immer unser Ziel", sagt Volker Zausch. „Denn ein zufriedener Gast garantiert angenehme Reisen – und ist die beste Werbung für ein neues Urlaubskonzept."

Bild: © Volker Zausch

▲ Volker Zausch ist der erste Kapitän von AIDA. Bis heute fühlt er sich mit dem Unternehmen verbunden.

Ernst „Ernie" Otto Nölle aus Düren ist schon früh eng mit AIDA verbunden. Vor seinem Einstieg sammelt er umfassende Erfahrung in der Clubhotellerie: im Tennis- und Animationsbereich, als Clubdirektor bei Robinson sowie als Operationsmanager für mehrere Ferienanlagen. „Da ich aus der Clubwelt kam, wusste ich, wie wichtig eine angenehme Atmosphäre, ein tolles Programm und ein kreatives Team mit gutem Zusammenhalt für einen gelungenen Urlaub sind."

Ernie wirkt an der frühen AIDA Philosophie mit. Von 1996 bis 2007 ist er als General Manager beziehungsweise Clubdirektor für die Kussmund-Reederei tätig. „AIDA war für mich damals nicht einfach ein Schiff, sondern eine neue Idee von Urlaub – Clubgefühl auf See", erklärt er. „Meine Aufgabe war es, Programme, Entertainment, Food & Beverage, Guest Relation und Künstlerbetreuung so zusammenzuführen, dass die Gäste einen unvergesslichen Urlaub erleben."

Gleichzeitig muss er den Teamgeist der Hotel- und Clubcrew stärken. Denn das neue Konzept trifft zunächst auf eine eher klassische Welt der Seefahrt: Viele Crewmitglieder aus Hotel und Club haben noch keine Erfahrung mit dem Leben an Bord, während auch manche aus der Nautik erst vom ungezwungenen Clubkonzept überzeugt werden müssen. „Am Anfang ging es darum, ein gutes Verständnis zwischen Nautik und Crew zu schaffen", erinnert sich Ernie.

Die Herausforderung liegt in der Verbindung zweier Kulturen: maritime Ordnung auf der einen, lebendige Clubidee mit Entertainment und direkter Gästenähe auf der anderen Seite. Mit den ersten begeisterten Gästereaktionen wächst die Überzeugung. „Da waren praktisch alle von dieser neuen Richtung überzeugt." Genau darin liegt Ernies frühe Rolle: Er hilft, die AIDA Idee in gelebten Alltag an Bord zu übersetzen. 1999 lernt er dort auch seine spätere Ehefrau Funda Köseoglu kennen, die an Bord als Reiseleiterin tätig ist.

Auch bei den Speisen zeigt sich früh, wie anders AIDA gedacht ist. Statt fester Tischzeiten und klassischer Menüfolgen setzt das neue Clubschiff auf Buffet-Restaurants – für viele Gäste damals eine ungewohnte, aber schnell überzeugende Freiheit. Volker Zausch erinnert sich: „Die Buffets waren damals eine echte Neuerung. Jeder Gast holte sich sein Essen selbst und konnte frei entscheiden, worauf er gerade Lust hatte." Anfangs habe es beim Öffnen der Restaurants noch Gedränge gegeben, erzählt er. Doch schnell verstanden die Gäste, dass niemand zu kurz kam. „Sehr schnell gewöhnten sie sich daran, dass das volle Speisenangebot bis zum Ende der Restaurantzeit erhalten blieb. Mit jedem Reisetag wurde es entspannter."

Bild: © Ernie Noelle

▲ Clubdirektor Ernie Noelle und Reiseleiterin Funda Köseoglu arbeiten bei AIDA zusammen und werden schließlich ein Paar.

„Vielen Reisebüros war Kreuzfahrt damals zu kompliziert: zu viele Schiffe, Routen, Decks und Kabinentypen", erinnert sich Johann-Friedrich Engel. „Statt sich einzuarbeiten, verkauften sie lieber Pauschalreisen. Viele sahen unser Projekt skeptisch; ein Engagement im Kreuzfahrtgeschäft galt als unwirtschaftlich. Man fürchtete Gästeverluste. Ein Reisemanager erklärte sogar, das Schiff werde erst dann kein Chaos mehr verursachen, wenn es wieder vom Markt verschwunden sei."

Diese schwierige Situation führt letztendlich im Unternehmen zu einer „Jetzt erst recht"-Mentalität. Bestärkt durch die positiven Gästeerfahrungen und wachsenden Buchungszahlen schaut AIDA vorsichtig optimistisch auf das Jahr 1997, da sich ab dem Frühjahr eine Wende auf dem Markt abzuzeichnen scheint. Doch dann kommt es zu einem herben Rückschlag, da es der Geschäftsleitung nicht gelingt, die ab Sommer 1997 erforderliche Anschlussfinanzierung als Fortsetzung des auslaufenden finnischen Exportkredits, der den Bau der AIDA überhaupt ermöglicht hatte, zu erhalten. Trotz der erfreulichen Buchungszahlen bleibt die wirtschaftliche Situation schwierig, da das Schiff weiterhin Verluste erwirtschaftet. Um die Zahlungsfähigkeit des Unternehmens zu sichern, machen sich Horst Rahe und Nikolaus Schües auf die Suche nach einem starken Partner – und werden bei der Konkurrenz, der Norwegian Cruise Line, fündig. Am 12. August 1997 kaufen die Skandinavier die AIDA für 324 Millionen D-Mark und verleasen sie anschließend direkt an das DSR-Tochterunternehmen Deutsche Seetouristik, das ab 1998 unter dem Namen Arkona Touristik firmiert.

Somit kann der AIDA Betrieb zumindest weiterhin aufrecht erhalten werden, sodass für die Gäste an Bord alles unverändert bleibt. Trotzdem bleiben die Zukunftsaussichten ungewiss – nicht zuletzt, weil NCL sich bei der Planung mit dem Schiff nicht über 1999 hinaus festlegen will. Trotz dieser Dramatik will die DSR jetzt den Kampf nicht aufgeben, da alle Beteiligten zu ihr Herzblut in das Projekt investiert haben und viele Arbeitsplätze auf dem Spiel stehen. Daher nutzt die Geschäftsführung die gewonnene Zeit und die weiterhin steigenden Buchungszahlen, um einen Plan in die Tat umzusetzen – den Rückkauf der AIDA. Man gibt nicht auf. In den folgenden Monaten steuert das „Clubschiff" weiterhin auf Erfolgskurs, denn immer mehr Neugierige lassen sich von der schönen neuen AIDA Welt überzeugen. Es geht aufwärts.

Der AIDA Geist in einer schwierigen Zeit

Für den Optimismus und das Stehvermögen aller Beteiligten nach dem Verlust der AIDA spricht, dass die DSR exakt am Tag des Verkaufs am 12. August 1997 mit der konzeptionellen Planung für die nächsten Schiffe beginnt. Diese werden schließlich in den Jahren 2002 und 2003 als die Schwesterschiffe AIDAvita und AIDAaura in Dienst gestellt.

Im Verlauf des Jahres 1998 wird der Deutschen Seereederei klar, dass sie trotz der guten Geschäftsentwicklung weder den Rückkauf der AIDA aus eigener Kraft finanzieren noch die geplanten Investitionen in zwei weitere Schwesterschiffe alleine aufbringen kann. Daher beginnt die Suche nach einem geeigneten Partner. Im Sommer 1998 werden Verhandlungen mit der führenden Kreuzfahrtgesellschaft Carnival Corporation aufgenommen, und schließlich wird eine Absichtserklärung über den Verkauf der Marke AIDA unterzeichnet. Die operative Leitung soll weiterhin in Rostock bleiben. Doch die Entwicklung nimmt eine unerwartete Wendung: Da sich in den zentralen Punkten keine Einigung erzielt lässt, scheitert der Vertrag in letzter Minute, sodass die DSR im Frühjahr 1999 mit leeren Händen dasteht. Für AIDA bedeutet dies einen herben Rückschlag – die Kooperation mit Carnival hätte Stabilität garantiert und die Finanzierung neuer Schiffe ermöglicht. Da der Chartervertrag mit Norwegian Cruise Line (NCL) in wenigen Monaten ausläuft, droht nun sogar das Aus für das gesamte AIDA Konzept.

Dann nimmt die Entwicklung eine rasche und erfreulicherweise Wendung. Horst Rahe wendet sich an Lord Sterling, den Vorsitzenden der britischen Traditionsreederei P & O, und präsentiert ihm seine Vorstellungen für die Zukunft von AIDA. Sterling zeigt sofort Interesse an einer Zusammenarbeit mit der jungen Marke. Dank des ausgezeichneten persönlichen Verhältnisses zwischen den Unternehmern wird die Vereinbarung bereits nach wenigen Wochen abgeschlossen. In dieser Zeit erhält Horst Rahe Unterstützung von Lars Clasen, der als zweiter Geschäftsführer hinzukommt und bereits seit 1993 geschäftsführender Gesellschafter der DSR ist.Während P & O die Mehr-

Bild: Dassel / Pexels

heitsbeteiligung übernimmt, bleibt Arkona Touristik an dem Joint Venture AIDA Cruises aber finanziell beteiligt. Mit dieser neuen Partnerschaft gehören die finanziellen Schwierigkeiten des Unternehmens der Vergangenheit an.

▲ Die 2002 in Dienst gestellte AIDAvita ist ein leicht vergrößertes Schwesterschiff der ersten AIDA. Optisch unterscheidet sich das neue Schiff von diesem vor allem durch seine breitere Brücke.

EIN BEEINDRUCKENDES COMEBACK

Kurz nach dem Beginn der neuen Geschäftsbeziehung gelingt am 9. September 1999 der Rückkauf des Schiffes – die AIDA kehrt heim. Wenig später schließt das Unternehmen mit der MTW-Werft in Wismar einen Vertrag über den Bau von zwei weiterentwickelten Schwesterschiffen, deren Ablieferung für 2002 und 2003 vorgesehen ist. AIDA hat nicht nur die schweren Anfangsjahre überstanden, sondern ist auch auf Wachstumskurs gegangen. Das „Clubschiff" ist endgültig auf dem Kreuzfahrtmarkt angekommen.

Als im November 2000 die Kiellegung des zweiten Schiffes mit der Baunummer 003 erfolgt, erhält die AIDA einen Zunamen – ab 2001 heißt sie AIDAcara, denn das Unternehmen hat sich entschieden, den Firmennamen

Wie wird man Taufpatin oder Taufpate bei AIDA?

Einen festen Weg gibt es nicht. Die Entscheidung treffen Geschäftsleitung und Marketing gemeinsam – und der Blick darauf hat sich im Laufe der Jahre verändert.

„Am Anfang lief das ganz klassisch", erinnert sich Christian Schönrock. „Für neue, große Schiffe wollte man auch bekannte Persönlichkeiten." Zunächst wurden daher etwa die Ehefrauen des Bundespräsidenten oder des Bundeskanzlers angefragt, später auch prominente Gesichter wie Heidi Klum. „Das brachte natürlich zusätzliche Aufmerksamkeit und Glamour."

Mit der Zeit rückte jedoch stärker in den Vordergrund, wofür AIDA steht: Nähe, Offenheit und Zugänglichkeit. Deshalb wurden später auch Taufpatinnen aus den eigenen Reihen gewählt – aus Reisebüros, dem Vertrieb oder direkt von Bord. Ein besonderes Beispiel war die Taufe von AIDAstella, bei der mehrere Frauen beteiligt waren, die selbst an Entwicklung und Betrieb des Schiffes mitgewirkt hatten.

„Heute sucht man gezielt Menschen aus, die wirklich zur Marke passen", sagt Schönrock. „Prominenz kann helfen, ist aber nicht entscheidend. Wichtig ist, dass die Taufpatin die Identität von AIDA glaubwürdig verkörpert."

Bild: © Autor

künftig in alle Schiffsnamen zu integrieren. So tauft am 4. Mai 2002 Doris Schröder-Köpf, die Ehefrau des damaligen Bundeskanzlers Gerhard Schröder, das zweite Schiff auf den Namen AIDAvita. Am 12. April 2003 erhält das nahezu baugleiche Schwesterschiff mit der Baunummer 004 den Namen AIDAaura. Taufpatin ist das deutsche Model Heidi Klum.

In dieser Zeit gliedert der Mischkonzern P&O sein Kreuzfahrtgeschäft aus und bringt es unter dem Namen P&O Princess an die Börse. Kurz darauf beginnen zwischen P&O Princess, der zweitgrößte Kreuzfahrtreederei der Welt, und der Royal Caribbean Cruise Line, dem drittgrößtem Anbieter, Verhandlungen über eine Fusion. Daraufhin reagiert der Marktführer, die amerikanische Carnival Corporation, und macht den Aktionären von P&O Princess ein Übernahmeangebot, welches diese annehmen. Somit gelangt auch AIDA Cruises, bis dahin ein Teil von P&O, in den Besitz des Marktführers und wird Teil des italienischen Tochterunternehmens Costa Crociere in Genua. Der Hauptsitz von AIDA Cruises ist bis heute Rostock.

▲ AIDAaura ist ab 2003 das dritte Schiff der Kussmund-Flotte. Sie und AIDAvita haben eine Länge von knapp 203 Metern und 633 Gästekabinen. Die Besatzung besteht aus rund 389 Personen.

DREI BESONDERE SCHIFFE

Mit AIDAcara beginnt die Geschichte der Kussmund-Flotte. Sie ist das „Urschiff", auf dem zentrale Ideen erstmals Gestalt annehmen: offene, ineinander übergehende Bereiche, Buffetrestaurants, die AIDA Bar und ein Raumgefühl, das sich bis zum Pooldeck fortsetzt. „Alles soll wie eine zusammenhängende Landschaft wirken", sagt Christian Schönrock. „Auf einem kleineren Schiff lässt sich dieses Konzept damals besonders gut realisieren."

Manche Entwicklungen ergeben sich erst aus der Erfahrung. Balkonkabinen spielen anfangs noch keine große Rolle. „Viele Gäste sagen damals, sie bräuchten keinen Balkon", erzählt Christian Schönrock. „In der Praxis zeigt sich aber schnell: Wenn einer da ist, wollen ihn alle." Denn selbst wenn er nicht ständig genutzt wird, sind genau diese Momente besonders: draußen stehen, aufs Meer schauen, frische Luft und Licht genießen.

Mit AIDAvita und AIDAaura wird das ursprüngliche Konzept konsequent weiterentwickelt. Die beiden Schwesterschiffe sind „wie zweieiige Zwillinge", sagt Schönrock: im Grundgedanken verwandt, aber größer, moderner und in vielen Bereichen verbessert. Pooldeck, Restaurants, Bars und Spa werden ausgebaut, zugleich kommen mehr Balkonkabinen hinzu. Auch technisch machen die Neubauten einen deutlichen Schritt nach vorn. Während AIDAcara noch mit klassischem Antrieb fährt, setzt man bei AIDAvita und AIDAaura bereits auf dieselelektrische Technik. Bei dieser wird die von Dieselmotoren erzeugte mechanische Energie mit Hilfe von Generatoren in elektrische Energie umgewandelt. Diese treibt dann Elektromotoren an, die wiederum die Schiffspropeller bewegen.

Eine wichtige Rolle spielt dabei die Werft in Wismar. „Wir hatten dort einen jungen, engagierten Partner, bei dem wir unsere Ideen sehr gut einbringen können", sagt Schönrock. So entstehen zwei Schiffe, die nicht nur funktional, sondern auch gestalterisch überzeugen. Rückblickend zeigt sich, wie durchdacht das Design bereits damals ist.

Auch das Angebot an Bord wird breiter. Ursprünglich ist AIDA stärker als Clubkonzept für Erwachsene gedacht. „Aber schnell wird klar, dass wir die ganze Bandbreite der Gesellschaft ansprechen wollen – also auch Familien." Entsprechend wachsen Kinderangebote und familienfreundliche Bereiche deutlich.

Von Beginn an geht es darum, sich bewusst von der traditionellen Kreuzfahrt abzugrenzen. „Wir wollen keinen altbackenen Stil fortführen", sagt Schönrock. „Deshalb vermeiden wir den Begriff ‚Kreuzfahrt' anfangs sogar bewusst und stellen stattdessen einen neuen, frischen Urlaubsstil in den Vordergrund."

„Eines Tages schickte uns das Marketing von AIDA einen Song mit dem Titel „Sea Cruise and Sunny Days", erinnert sich Ernie Noelle. „Sofort war klar: Daraus machen wir mehr als nur ein Lied. Wir entwickelten dazu den ersten Clubtanz – einfach, eingängig und so gestaltet, dass möglichst viele Gäste mitmachen konnten."

Ein besonderer Moment war für Ernie die Taufe von AIDAvita Anfang Mai 2002 in Warnemünde, die er moderieren durfte. „Auch dort tanzten wir den Clubtanz zu Sea Cruise and Sunny Days'. Auf der Bühne standen außerdem DJ Bobo und die No Angels. Rund 10 000 Menschen feierten mit uns – und das im strömenden Regen."

Bild: © AIDA Cruises

▼ Blick in den Maschinenraum der ersten AIDA (später AIDAcara). Der Antrieb besteht aus vier Dieselmotoren des Typs MAN B&W 6L48/60. Diese treiben über Getriebe zwei Propeller an. Die Gesamtleistung beträgt 21 720 kW. Die Höchstgeschwindigkeit liegt bei rund 21 Knoten (39 km/h).

AIDA Objekt Die Bordkarte

Dieser „Multipass" mit der Abbildung des Schiffes hat mehrere Funktionen: Er dient als Zugangsausweis zum Schiff nach einem Ausflug, als Öffner für die Kabinentür und als Bezahlkarte an Bord. Für viele AIDA Gäste ist dieses Stück Plastik auch ein Souvenir, das nach einer Kreuzfahrt häufig seinen Weg in das Fotoalbum findet.

▼ Blick nach vorne auf das Pooldeck mit Liegestühlen, Whirlpool, Holzdeck und freier Sicht auf das Meer. Die zugelassene Passagierzahl beträgt maximal 1339.

Bild: © AIDA Cruises

Vielleicht machte gerade das diesen Abend so unvergesslich: ein neues Schiff, ein toller Tanz, große Namen auf der Bühne und ein Publikum, das sich vom Wetter nicht im Geringsten bremsen ließ.

Nach der Übernahme durch Carnival geht Horst Rahe mit der DSR seine eigenen Wege, Lars Clasen hingegen bleibt und ist von 1997 bis 2004 als AIDA Präsident tätig. Geblieben sind auch viele Beteiligte, die auch in den schwierigen Jahren nie ihren Glauben an den Erfolg verloren haben. Und die Macherinnen und Macher haben nun noch ambitioniertere Pläne: Während AIDAcara, AIDAvita und AIDAaura bereits die Weltmeere befahren, entsteht in den Büros des AIDA Projektteams und auf den Reißbrettern von Partner Ship Design bereits die nächste Generation innovativer Kreuzfahrtschiffe. Die Überwindung der Herausforderungen der ersten Jahre lassen sich mit den Worten des römischen Philosophen Lucius Annaeus Seneca zusammenfassen:

> *„Ein richtiger Steuermann fährt mit zerrissenem Segel, und wenn er die Takelage verloren hat, zwingt er dennoch den entmasteten Rumpf des Schiffes auf Kurs."*

Ein Rundgang durch das erste Clubschiff

Wir stehen an Bord von AIDAcara, die bei ihrer Indienststellung 1996 noch schlicht AIDA heißt. Den Rundgang übernimmt Volker Zausch, der erste Kapitän von AIDA Cruises – ein Mann, der dieses Schiff nicht nur kennt, sondern dessen Entstehung aus nächster Nähe erlebt hat. Schon auf den ersten Blick wird deutlich: AIDAcara bringt ein Konzept auf den Markt, das später zur DNA der Marke wird: das Clubschiff – modern, unkompliziert und bewusst frischer als vieles, was man bis dahin kennt.

Bild: © Partner Ship Design

Bild: © AIDA Cruises

Volker Zausch führt uns zunächst auf die unteren Passagierdecks. Dort liegen die 590 Kabinen unterschiedlicher Kategorien. Sie zeigen bereits, dass AIDAcara nicht nur für klassische Paare oder ältere Kreuzfahrer gedacht ist. Viele Kabinen lassen sich mit bis zu vier Personen belegen – passend zu Familien, Freunden und jüngeren Gästen, die Kreuzfahrt als gemeinsamen Urlaub erleben wollen. Man spürt, dass hier ein anderes Publikum mitgedacht wird: weniger Gala, mehr Gemeinschaft; weniger Distanz, mehr Urlaub.

Besonders komfortabel sind die Suiten im vorderen Bereich von Deck 7: vier Premium-Suiten mit eigenem Sonnendeck über dem Bug sowie zwölf Junior-Suiten mit Balkon. Für ein Schiff dieser ersten AIDA Generation ist das bemerkenswert, denn Komfort wird hier nicht steif inszeniert, sondern mit Nähe zum Meer verbunden. Erst nach den Umbauten von 2005 kommen 44 zusätzliche Balkonkabinen hinzu; 1996 prägen noch vor allem klassische Außen- und Innenkabinen das Bild. Zausch weiß um diese Entwicklung – und man hört ein wenig Stolz heraus, wenn deutlich wird, wie viel von dem späteren AIDA Gefühl hier bereits angelegt ist.

Mit Ausnahme der Rezeption liegen die öffentlichen Bereiche auf den oberen Decks. Hier entfaltet sich das eigentliche Neue des Schiffes. AIDAcara ist nicht einfach ein kleiner Kreuzfahrer mit anderem Namen, sondern ein Experiment in Bordleben. Viele Einrichtungen, die später selbstverständlich zur AIDA Welt gehören, entstehen hier erstmals. „Man musste den Gästen damals auch erst einmal zeigen, dass Kreuzfahrt anders sein kann", könnte man sagen – und genau das gelingt diesem Schiff.

Das Markt Restaurant steht für eine neue Art des Essens an Bord: nicht das formel-

◀ Entwurfszeichnung einer Balkonkabine (hier AIDAvita) mit Bett, Baldachin, Sitzgruppe, Schreibtisch und farbigem Textilkonzept.

▲ Kabine auf AIDAcara mit farbkräftiger Ausstattung, Sitzgruppe, Schreibtisch und Balkonzugang im Design der frühen AIDA Ära.

Bild: © Partner Ship Design

▲ Entwurfsillustration des Markt Restaurants: offene Restaurantflächen, Palmenmotiv und Meerblick zeigen die geplante Atmosphäre.

Bild: © AIDA Cruises

▶ Umsetzung des Konzepts für das Markt Restaurant mit Holzstühlen, grüner Teppichzone und offenen Blickachsen zum hellen Innenbereich.

Bild: © AIDA Cruises

◀ Treppenhaus mit farbigem Deckenelement, Kunstflächen des Kussmund-Schöpfers Feliks Büttner und umlaufender Reling im Innenbereich.

▼ Sternbar in der AIDA Bar mit zentraler Theke, goldenen Akzenten und rotem Teppich als markanter Treffpunkt an Bord.

le Galadinner mit festen Sitzordnungen, sondern ein offener, unkomplizierter Bereich mit Auswahl, Bewegung und zwanglosem Kommen und Gehen. Essen wird Teil eines lockeren Tagesablaufs – für 1996 ein deutlicher Bruch mit vielen Erwartungen an Kreuzfahrt. Wer hier isst, muss nicht erst fragen, ob die Krawatte richtig sitzt. Der Teller ist wichtiger als das Protokoll.

Ein weiterer prägender Ort ist die sternförmige AIDA Bar. Sie ist nicht nur Theke, sondern Treffpunkt und Mittelpunkt des Schiffes. Hier zeigt sich das neue AIDA Gefühl besonders deutlich: Gäste sollen sich begegnen, stehen bleiben, ins Gespräch kommen – offen und ungezwungen. Auch der AIDA Shop gehört zu den Einrichtungen, die auf AIDAcara erstmals realisiert werden und später auf weiteren Schiffen wiederkehren.

Bild: © AIDA Cruises

Ganz vorn im Bug liegt das Theater. Es erstreckt sich über zwei Decks und bietet Platz für bis zu 700 Zuschauer. Statt klassischer Sesselreihen prägen amphitheaterähnliche Sitzbänke den Raum. Dadurch wirkt die Atmosphäre weniger distanziert und förmlich, die Bühne rückt näher an die Gäste heran. Auch hier zeigt sich: AIDAcara will Kreuzfahrt entkrampfen und Gemeinschaft ermöglichen. Für einen Kapitän, der sonst Kurs, Wetter und Manöver im Blick hat, muss dieser Raum fast wie ein zweites Steuerhaus gewirkt haben – nur dass hier nicht das Schiff, sondern die Stimmung gelenkt wird.

Wellness und Bewegung sind von Anfang an feste Bestandteile des Konzepts. Der Spa-Bereich umfasst rund 1100 Quadratmeter, hinzu kommen ein Golfsimulator sowie ein Volleyball- und Basketballfeld. Urlaub an Bord soll mehr sein als Liegestuhl und Abendprogramm. Auf dem Sonnendeck findet sich zudem ein abgetrennter FKK-Bereich – ein weiteres Zeichen für die legeren Freiräume des neuen Clubschiffs.

Am Ende des Rundgangs wird deutlich, warum AIDAcara für das Unternehmen so wichtig ist. Für Volker Zausch ist sie nicht einfach das erste Schiff einer später erfolgreichen Marke, sondern ein mutiger Anfang. Viele Elemente, die später selbstverständlich erscheinen – das Markt Restaurant, die sternförmige AIDA Bar, der AIDA Shop, das offene Theater

▼ Theaterbereich mit Bühne, Leinwand und blauen Sitzreihen; die offene Deckstruktur bindet Unterhaltung in den Schiffsraum ein.

Bild: © AIDA Cruises

Fitnessbereich mit Rudergeräten, Laufbändern und Kraftmaschinen in einer offenen Innenraumgestaltung.

sowie die Verbindung von Wellness und Sport – entstehen hier zum ersten Mal.

1996 wirkt dieses Schiff wie ein Gegenentwurf zur traditionellen Kreuzfahrtwelt. Heute lässt sich erkennen, wie klar AIDA schon am Anfang eine eigene Sprache entwickelt: leger, farbiger, offener und weniger hierarchisch. AIDAcara ist kleiner als spätere Generationen, doch sie enthält bereits die wichtigsten Bausteine der Marke. Und wenn Volker Zausch durch dieses Schiff führt, spürt man: Hier spricht nicht nur ein Kapitän über Decks, Kabinen und öffentliche Räume. Hier zeigt jemand mit leiser Freude den Ursprung eines Lebensgefühls, das auf See begann – und bis heute Teil von AIDA ist.

Poolbereich mit Whirlpool, Liegestühlen und Blick auf die weißen Aufbauten und Brücke. Dieser Abschnitt ist der Crew vorbehalten. Diese besteht aus rund 389 Personen.

Bild: © AIDA Cruises

„Man darf das Schiff nicht an einen einzigen Anker und das Leben nicht an eine einzige Hoffnung binden."

Epiktet (50 – 138 n. Chr.), griechischer Philosoph

VON DEN CLUBSCHIFFEN ZUR VIELSEITIGEN FLOTTE

DIE SELECTION-KLASSE

3

◄◄ Die SPHINX-Klasse ist mit sieben gebauten Schiffen die zahlenmäßig größte Baureihe von AIDA. Durch die Modernisierung im Rahmen des EVOLUTION-Programms ab 2025 heißt die Baureihe nun SELECTION-Klasse.

AUFBRUCH IN DIE GROSSE AIDA ÄRA

Es ist das Jahr 2002. In Rostock sitzen die Verantwortlichen von AIDA Cruises zusammen und blicken stolz auf das, was sie in nur wenigen Jahren geschaffen haben. Die ersten drei Clubschiffe – AIDAcara, AIDAvita und AIDAaura – haben den deutschen Kreuzfahrtmarkt verändert. Und während die Kussmund-Flotte auf den Weltmeeren Erfolge feiert, setzt sich an Land die Erkenntnis durch: Das bisherige Konzept ist erst der Anfang.

Für die Reederei ist der Weg nach vorn eindeutig: Sobald die vorhandenen Einheiten dauerhaft voll ausgelastet sind, kann die Marke AIDA nur durch neue Schiffe weiter wachsen. Und dieses Prinzip wird AIDA in Zukunft zielgerichtet verfolgen.

In den „wilden Anfangsjahren" zwischen 1996 und 2002 ist das Unternehmen jedoch noch nicht in der Lage, weitere Schiffe zu bestellen, da sich das neuartige Clubschiff-Konzept zunächst am Markt etablieren muss – ein Erfolg, der keineswegs von Anfang an garantiert war. Als sich zeigt, dass das Konzept begeistert, beginnt 2002/03 der Flottenzuwachs mit den beiden Neubauten AIDAvita und AIDAaura.

In diese Zeit fallen auch die Planungen für eine nachfolgende Klasse von Clubschiffen. Die Beteiligten sind Vertreter von AIDA, dem lang-

Video
AIDAdiva
Kiellegung

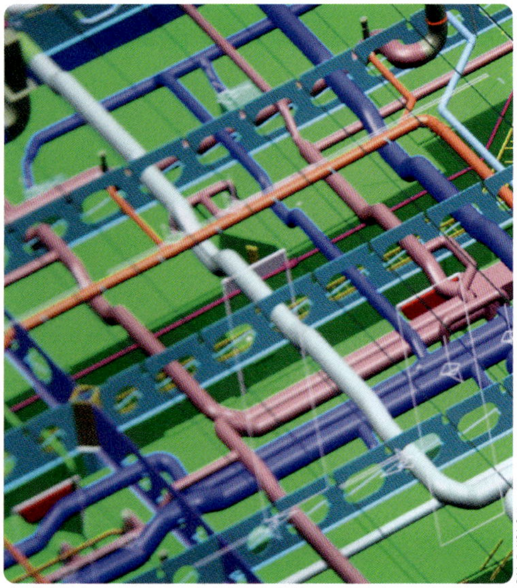
Bild: © AIDA Cruises

▲ Die SPHINX-Klasse entsteht mit Hilfe von Virtual Reality (VR). Diese dient zur effizienten und kostensparenden Planung sowie zur Designoptimierung. Mit digitalen 3D-Modellen kann man das Schiff vor dem Bau virtuell begehen, um z. B. die Ergonomie zu überprüfen.

Bild: © AIDA Cruises

◄ Ein maßstabsgetreues Modell des Typschiffes AIDAdiva in der AIDA Firmenzentrale in Rostock. Hochwertige Modelle dienen u. a. als Kommunikationswerkzeuge, um Kunden und Partnern das Design oder Konzept eines geplanten oder im Bau befindlichen Schiffes zu veranschaulichen.

jährigen Geschäftspartner Partner Ship Design, dem amerikanischen Mutterkonzern Carnival sowie der Meyer Werft in Papenburg an der Ems. Aus dem Vorhaben wird schnell Realität: Zwischen 2007 und 2013 werden insgesamt sieben Schiffe der SPHINX-Klasse vom Stapel laufen und das Bild der Marke AIDA für viele Jahre prägen – eine Zeit kontinuierlicher Expansion, in der das Rostocker Unternehmen Schritt für Schritt zur führenden Kreuzfahrtmarke Deutschlands aufsteigt.

DER SCHRITT INS GROSSE FORMAT

2004 wird der Vertrag für den Bau der ersten beiden Schiffe unterzeichnet. Die Meyer Werft, renommiert für ihre Qualität und Innovationsfreude, übernimmt die Aufgabe, die AIDA Vision in Stahl zu formen. Die Planer wissen: Diese Schiffe müssen etwas ganz Neues darstellen. Sie sollen die Leichtigkeit und den Charme der kleinen Clubschiffe behalten, aber deutlich mehr Platz und Komfort bieten.

Mit einer Länge von rund 252 bis 253 Metern und einer Breite von etwa 32 Metern sind sie fast 40 Meter länger als AIDAcara. Sie verfügen über eine Vermessung von 69 200 bis 71 300 BRZ und können je nach Belegung rund 2050 bis 2500 Gäste aufnehmen – fast das Doppelte der ersten AIDA Generation. Diese neue Größenordnung – in Kombination mit der rasch wachsenden Zahl der Schiffe – markiert AIDAs endgültigen Eintritt in die Liga der großen internationalen Kreuzfahrtmarken. Die SPHINX-Klasse entsteht auch nach dem ursprünglichen Gedanken des Clubschiffes. Sie bietet große und zentrale Bereiche, die möglichst viele Gäste gleichzeitig aufnehmen, weitläufige Außenflächen und wie ihre Vorgänger eine Diskothek mit Außenbereich.

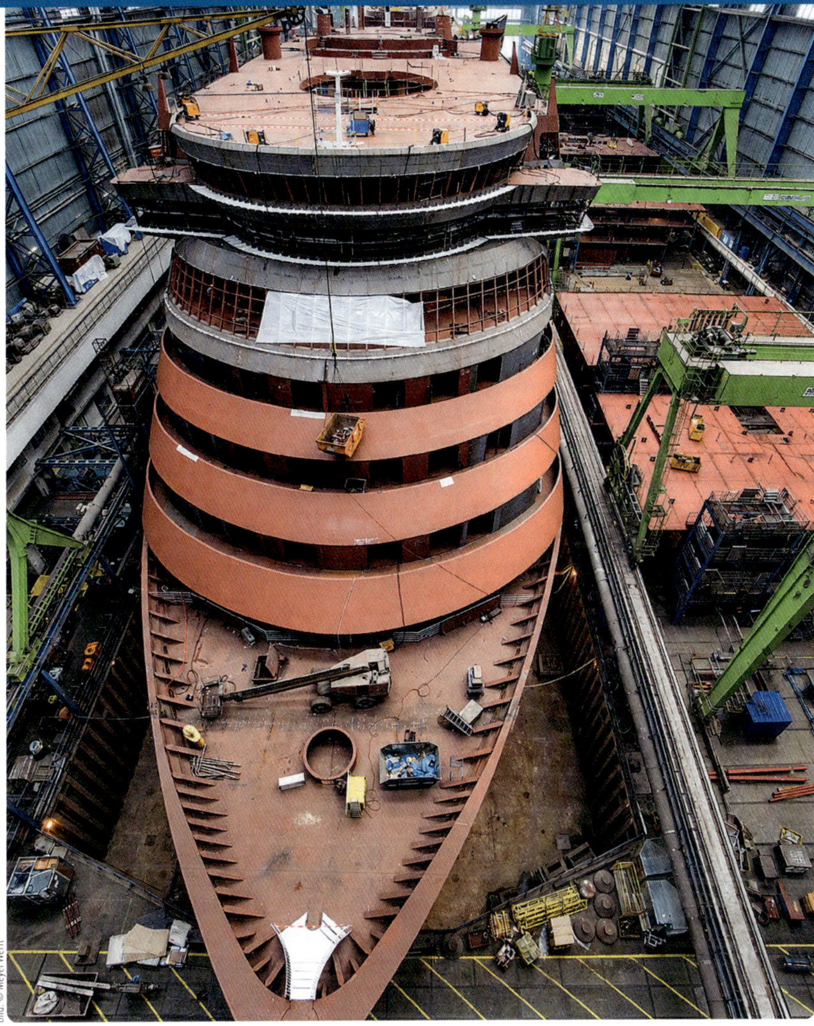
Bild: © Meyer Werft

▲ Das Typschiff AIDAvida im fortgeschrittenen Baustadium im Trockendock der großen Bauhalle der Meyer Werft in Papenburg.

FORM FOLGT ERLEBNIS

Es ist der 10. März 2007: Am Pier der Meyer Werft in Papenburg liegt die – noch ungetaufte – AIDAdiva. Sie ist der erste Vertreter der neuen Klasse, bereit zur Ablieferung an ihren neuen Eigner. Alle Beteiligten spüren deutlich: Hier beginnt etwas Neues. Die Baunummer 659 ist nicht einfach ein weiteres Schiff – sondern die logische Fortsetzung eines erfolgreichen Produktes, das in der deutschen Kreuzfahrtbranche seit einigen Jahren für Aufsehen sorgt. Diesem denkwürdigen Datum sind mehr als 500 Arbeitstage vorausgegangen: Nach der

Bild: © Meyer Werft

▲ Der Brückenaufbau von AIDAmar nach dem Aufsetzen auf den Schiffskörper. Diese Sektion ist zwar schon lackiert, besitzt aber noch keine Innenausstattung.

▶ Die SPHINX-KLASSE entsteht in Sektionsbauweise. Hier erhält die zweite Einheit, AIDAbella, ihr Vorschiff per Kran.

Bild: © Meyer Werft

Planungsphase erfolgt am 28. Oktober 2005 der sogenannte „Brennstart" – so nennt man in der Werft den Schnitt der ersten Stahlplatte und somit den offiziellen Baubeginn. Über 10 000 Fachleute aus vielen Bereichen sind an diesem Projekt beteiligt.

Am 3. März 2006 hallen Trommeln durch das Baudock der Meyer Werft. Mit einer beeindruckenden Show feiern Mitarbeiter, Pressevertreter und geladene Gäste die offizielle Kiellegung. Traditionell wird dabei eine Münze unter den Kiel gelegt – als Ausdruck des Wunsches, dass sowohl dem Schiffsbauer als auch dem künftigen Eigner niemals das Geld ausgehen möge. Seit über 200 Jahren werden im Emsland Schiffe gebaut.

EIN NOVUM AUF EINEM KREUZFAHRTSCHIFF

Bei einem Abendessen beim Italiener kam die Frage auf, das traditionelle Bordtheater infrage zu stellen: Warum einen abgeschlossenen Zuschauerraum bauen, wenn Unterhaltung auch mitten im Herzen des Schiffes stattfinden kann? Aus dieser Überlegung entstand das Theatrium. Die Wortschöpfung aus „Theater" und „Atrium" spiegelt die Funktion wider – eine Kombination aus Theaterbühne und Atrium, die das Unterhaltungserlebnis nachhaltig verändert. Tagsüber ist hier Treffpunkt und Bühne für kleinere Events, abends Hauptbühne für Shows, Musicals und zentrale Entertainment-Inszenierungen. Das Theatrium ist als offener, lichtdurchfluteter Raum gestaltet. So etwas hat es zuvor noch nicht gegeben.

Anders als in einem spärlich beleuchteten Saal mit festen Sitzreihen öffnet sich im Theatrium eine weitläufige und lichtdurchflutete Fläche über mehrere Decks. Die Atmosphäre erinnert an einen lebendigen Markt-

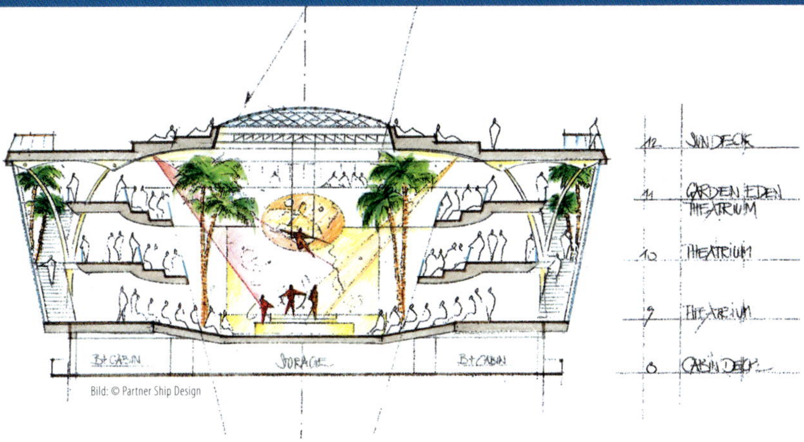

Bild: © Partner Ship Design

◀ Entwurf für das Theatrium in der Schiffsmitte von der Firma Partner Ship Design.

▼ Befestigung des riesigen Rahmens für die markante Glasfront am Theatrium.

Bild: © Meyer Werft

▼ Die Glasfront des Theatriums prägt das Erscheinungsbild der SPHINX-Klasse. Manche Fans vergleichen diese Struktur augenzwinkernd mit einem Kaffeefilter – und nennen sie daher „Melitta-Klasse". Die Fensterfläche und die Lichtkuppel über dem Theatrium hüllen dieses in Tageslicht.

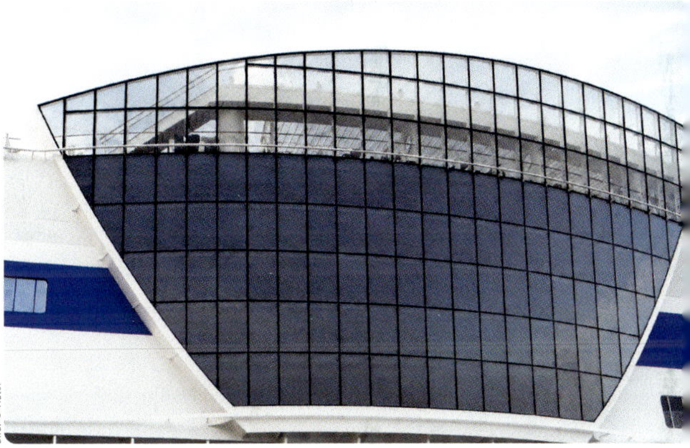
Bild: © Autor

AIDA Objekt Bugplattform auf AIDAdiva

Dieser Platz auf dem Vorschiff ist ein echtes Alleinstellungsmerkmal, da es ihn nur auf AIDAdiva gibt. Hier erleben Gäste und Crew das Meer besonders intensiv und hautnah. Der unverstellte Blick nach vorn schafft einzigartige Momente, vermittelt Freiheit und regt zu dem TITANIC-Filmzitat „Ich bin der König der Welt" an. Bild: © Meyer Werft

platz mit zentraler Bühne, an dem man zufällig vorbeikommt, kurz verweilt, sich bei Interesse hinsetzt oder gezielt einen Platz sucht. Selbst aus den umliegenden Bars und Cafés lässt sich das Geschehen auf der Bühne entspannt verfolgen – ein Ansatz, der die sonst übliche Trennung zwischen Gastronomie und Entertainment bewusst aufhebt.

„Einen solchen Keil mitten ins Schiff zu schneiden, wirkt zunächst eigentlich unlogisch", erklären die Schiffbauarchitekten Kai Bunge und Siegfried Schindler von der Hamburger Firma Partner Ship Design. „Ein Schiff bewegt sich schließlich – da fragt man sich schnell: Kann das überhaupt funktionieren?

Bild: © AIDA Cruises

▲ Das Theatrium von AIDAdiva im Rohbau. Zwei künstlerische Darstellungen vermitteln einen Eindruck, wie dieser wichtige Ort nach der Fertigstellung aussehen wird.

▼ Das fertige Theatrium von AIDAdiva. Der vordere Bühnenbereich lässt sich je nach Veranstaltung anheben oder absenken. Der Boden des kreisförmigen Teils lässt sich bis auf das darunterliegende Deck herablassen, sodass zum Beispiel Künstlerinnen und Künstler aus der Tiefe auf die Bühne gefahren werden können. Mit jeder neuen Schiffsklasse wird die Bühnenkonstruktion aufwendiger. Die Sitzflächen unten erhalten später Rückenlehnen.

Bild: © Autor

Wir sind zwar keine Statiker, aber wir haben logisch gedacht, Vorschläge entwickelt und gemeinsam mit der Meyer Werft Lösungen erarbeitet, die dieses Konzept möglich gemacht haben. Ein zentrales Element ist der große Deckendom, der das lichtdurchflutete Theatrium mit dem Sonnendeck verbindet. Riesige seitliche Fensterfronten über drei Decks lassen diesen multifunktionalen Raum fast mit der Umgebung verschmelzen. Das Theatrium bündelt verschiedene Funktionen: Theater, Atrium, Bars und Service-Punkte greifen hier zu einem offenen, lebendigen Mittelpunkt an Bord ineinander."

Dieser offene Aufbau erfüllt zudem einen praktischen Zweck: In einem klassischen Theater sitzt man während der gesamten Vorstellung relativ gebunden und hat kaum Möglichkeiten, zwischendurch etwas zu trinken oder den Raum zu verlassen. Im Theatrium bleiben die Gäste flexibel: Sie können eine Show mit einem Cocktail genießen, spontan vorbeischauen oder nur kurz einen Blick auf die Bühne werfen. Diese offene Atmosphäre verlangt den Künstlerinnen und Künstlern eine besondere Präsenz ab. Sie müssen die Aufmerksamkeit des Publikums immer wieder neu gewinnen und halten – denn wer nicht begeistert ist, kann jederzeit weitergehen. In einem klassischen, geschlossenen Bordtheater ist die Situation für die Künstler einfacher: Die Gäste betreten bewusst einen separaten Raum, nehmen Platz und richten ihre Aufmerksamkeit von Anfang an stärker auf die Bühne. Sie sind vom übrigen Bordleben abgekoppelt, bleiben in der Regel für die Dauer der Vorstellung sitzen und lassen sich weniger leicht ablenken. Dadurch entsteht ein konzentrierteres Umfeld, in dem die Künstler nicht permanent gegen Geräusche, Bewegung und vorbeigehende

Gäste anspielen müssen. Für AIDA ist das ein kluges Konzept – und für viele Gäste eine angenehme, ungezwungene Form der Unterhaltung. Und: Das gläserne Dach ermöglicht sogar einen Blick auf den Sternenhimmel.

„Mit dem Theatrium wird auch die Bühnentechnik anspruchsvoller", sagt Dominik Wendler, Manager Entertainment Technics. „Wir haben verfahrbare Bühnenpodien, eine bewegliche LED-Wand, die sich in sechs einzelne Elemente auffächern lässt, und eine Flugeinrichtung für unsere Flugakrobaten – alles mitten im Theatrium." Die Bühne wird damit flexibler. Einzelne Elemente können sich bewegen, die LED-Wand verändert das Bühnenbild, und Artisten können über dem Raum eingesetzt werden. Unterhaltung wird dadurch ein noch stärkerer Teil des gesamten Bordlebens.

Während das Theatrium inzwischen auf allen Schiffen der Kussmund-Flotte zum Stan-

Bild: © Susanne Müller

▲ Bei Auftritten, Vorträgen und anderen Veranstaltungen schaut die Person auf der Bühne auf drei Decks (9, 10, 11) mit zuhörenden Gästen.

▼ Der Vergleich zwischen AIDAcara (rechts) und AIDAdiva (links) zeigt den Größenzuwachs vom ersten Schiff zur SPHINX-Klasse. Während Erstere bis zu 1339 Gäste mitführen kann, sind es auf Letzterer bis zu 2500.

Bild: © Martin Helmers

Bild: © Autor

◀ Der Blick Richtung Bug auf AIDAdiva zeigt die großzügig angelegten Sonnen- und Pooldecks. Tagsüber bieten sie mit den Bars viel Raum zum Entspannen. Am Abend verwandelt sich der Bereich in eine Veranstaltungsfläche für Konzerte und Partys.

▼ Der Blick Richtung Heck zeigt den ringförmigen Pool, der die Lichtkuppel des darunterliegenden Theatriums umgibt.

dard gehört, haben auch einige andere Marken innerhalb des Carnival Mutterkonzerns dieses Konzept in abgewandelter Form übernommen. Kein Kreuzfahrtunternehmen hat sich jedoch so konsequent vom ehrwürdigen Theater verabschiedet wie AIDA.

Bild: © Autor

ERLEBNISWELT AN BORD

An Bord fühlt man sich – ganz im AIDA Stil – wie in einem schwimmenden Cluburlaub. Schon beim Einsteigen in Hamburg oder Palma bemerkt man das lebendige Ambiente: Überall dominieren helle, warme Farben und verspielte Designelemente, die an einen karibischen Urlaubsort erinnern. Anstelle eines förmlichen Dresscodes herrscht eine ungezwungene Atmosphäre. Die Crew trägt lässige Poloshirts, und die Gäste bewegen sich in kurzen Hosen und Bikinis über die sonnendurchfluteten Decks. Typisch sind die Selbstbedienungs-Buffets, an denen sich jeder Gast fast rund um die Uhr bedienen kann – von Burger und Pizza über internationale Salatbars bis zu Fisch- und Fleischspezialitäten. Die großen Tischgruppen in den Restaurants laden dazu ein, mit Freunden oder Familienangehörigen gemeinsam zu speisen, Freunde zu treffen oder neue Leute kennenzulernen. So sind etwa die charakteristischen sternförmigen AIDA Bars zentrale Treffpunkte: Man genießt einen Cocktail oder Kaffee, während im Theatrium parallel eine Show läuft.

Auf dem großzügigen Sonnendeck mit drei Pools, mehreren Whirlpools und Liegestuhlbereichen lässt sich der Meerblick genießen. Hier pulsiert das Bordleben tagsüber weiter: Es gibt Aktivitäten auf dem Freideck, Wasserspiele im Pool oder einfach entspanntes Sonnenbaden zur Musik aus den Lautsprechern. Die Mittags- und Nachmittagszeit können Gäste am meist gut frequentierten „Club-Deck" ver-

Bild: © Torsten Lehmann

Bild: Reverent / Pixabay

▲ Der großzügige Body & Soul Organic Spa ist vom Ambiente eines tropischen Regenwalds geprägt. Neben Whirlpool und Ruhezonen umfasst er Sauna- und Massageangebote; der FKK-Bereich ist separat angelegt.

▲ Doppelkabine an Bord von AIDAluna. Jedes Schiff der SPHINX-Klasse besitzt eine eigene Farbpalette bei Oberflächen, Bodenbelägen und Sitzbezügen.

Bild: © Autor

◀ Das Pooldeck mit seiner Bühne und offenen Bars wird abends zur Fläche für Konzerte und Partys.

Bild: © Autor

◀ Die Tanzfläche der einstigen Anytime Bar (heute Ocean Club) ist ein beliebter Treffpunkt für Nachtschwärmer. Von hier gelangt man auch auf das Außendeck.

▼ Der Time Tunnel führt in die Disko Anytime Bar am Heck auf Deck 12. Am Ende dieses Ganges öffnet sich automatisch die Tür zu beiden Seiten.

bringen, das ein wenig an eine sommerliche Strandpromenade erinnert. Am Abend verwandelt sich das Theatrium in einen Showsaal: Musicals, Akrobatik und Konzerte werden dort in großer Kulisse aufgeführt. Dieses offene Bühnenkonzept macht das Bord-Entertainment zum gemeinschaftlichen Erlebnis – ganz anders als die oft zurückhaltender gestalteten Atrien klassischer Kreuzfahrtschiffe. All dies unterstreicht den Grundgedanken: Die Reise selbst soll Teil des Urlaubs werden – eine Feier auf dem Meer, bei der Begegnungen, Aktivität und Spaß im Vordergrund stehen.

Während die ersten drei Schiffe – AIDAdiva, AIDAbella und AIDAluna – fast identisch konstruiert sind, entscheidet sich die Reederei, die nächsten vier Schiffe ab 2010 als modifizierte SPHINX-II-Klasse bauen zu lassen. „Da die Stabilität des Schiffskörpers es möglich machte, erhielten die neuen Schiffe im vorderen Bereich ein weiteres Deck, sodass rund 60 Gästekabinen hinzugefügt werden konnten", erklärt Partner Ship Design. „Hinzu kamen auch zwei weitere Restaurants und ein absolutes Novum – eine Brauerei auf See." Die vier Einheiten dieses zweiten Bauloses erhalten die Namen AIDAblu, AIDAsol, AIDAmar und AIDAstella.

Bild: Aline Dassel / Pexels

ANTRIEB UND SCHIFFSKÖRPER

Nach dem Prinzip des dieselelektrischen Antriebs erzeugen vier leistungsstarke 9-Zylinder-Dieselgeneratoren des Typs Caterpillar-MaK 9M43C mit jeweils 9000 kW elektrische Energie. Diese versorgt Elektromotoren, die wiederum die beiden Schiffspropeller bewegen. So erreicht die SPHINX-Klasse eine Geschwindigkeit von rund 22 Knoten, also etwa 41 Kilometern pro Stunde. Die Steuerung erfolgt über zwei Ruder. Um möglichst effizient unterwegs zu sein, sind die Propeller strömungsoptimiert.

Die Unterwasserfarbe auf Silikon-Basis verringert die Reibung im Wasser. Zum Manövrieren in Häfen und bei niedrigen Geschwindigkeiten sind in Bug und Heck jeweils zwei Querstrahlsteueranlagen installiert. Die dynamische Positionierung ermöglicht dem Schiff, eine vorgegebene Position genau einzuhalten. Zusätzlich wird Abwärme genutzt, also Wärme, die beim Betrieb der Maschinen ohnehin entsteht. Sie kann zum Beispiel für die Wasseraufbereitung eingesetzt werden. Ein weiterer Fortschritt folgt 2011 mit AIDAsol: Sie ist das erste Kussmund-Schiff, das im Hafen Landstrom nutzen kann. Dadurch müssen die Generatoren während der Liegezeit weitgehend nicht laufen – ein wichtiger Schritt, um Emissionen im Hafen zu reduzieren.

Bild: © Meyer Werft

▲ Auf AIDAmar, dem sechsten Schiff der SPHINX-Klasse, wird einer der vier 9-Zylinder-Dieselgeneratoren des Typs Caterpillar-MaK 9M43C mit einer Leistung von 9000 kW eingebaut.

AIDA Objekt
Figur auf dem Pooldeck

Diese stillen „Crewmitglieder" (hier auf AIDAmar) dienen als dekorative Blickfänge und verstärken die Urlaubsatmosphäre. Sie unterstützen das Markenimage, schaffen einen Wiedererkennungswert, bieten beliebte Fotomotive für Gäste und fördern die Orientierung an Bord als Treffpunkte. Bild: © Autor

EINE DIVA GLEITET IN IHR ELEMENT

Nach rund elf Monaten Bauzeit ist es so weit: Das Schiff berührt erstmals das Wasser – ein Moment, den die Werft als „Aufschwimmen" bezeichnet. Wie es seit Jahrhunderten üblich ist, wird dabei am sogenannten Stepmast eine Glücksmünze samt kurzer Botschaft befestigt. Dieser symbolische Akt soll dem neuen Schiff eine lange, sichere und erfolgreiche Reisezeit bescheren – ganz ähnlich einem Richtfest, nur eben für einen schwimmenden Bau, der rund 300 Millionen Euro kostet.

Etwa ein halbes Jahr vor der Jungfernfahrt muss AIDAdiva das Baudock verlassen. Der Grund: der Einbau des gewaltigen Schornsteins. Dieses Bauteil aus Stahl und Aluminium bringt 35 Tonnen auf die Waage und misst 12 Meter in der Höhe, 25 Meter in der Länge und 18 Meter in der Breite.

Der Übergang von AIDAcara, AIDAvita und AIDAaura zur SPHINX-Klasse ist ein mutiger Schritt. Viele glauben, dass ein Schiff mit

Bild: © AIDA Cruises

▲ AIDAdiva bei ihrer Emspassage in Richtung Emden am 10. März 2007. Zahlreiche Menschen begrüßen das neue Schiff.

über 2000 Betten auf dem Markt keine Akzeptanz finden würde. Doch das Gegenteil tritt ein: Größere Schiffe eröffnen ganz neue Möglichkeiten und finden schnell großen Zuspruch. Eine wichtige Erkenntnis hat sich dabei bewährt: Erfolg ist kein Kissen, auf dem man sich ausruhen kann – der Wille zur Weiterentwicklung bleibt entscheidend. Nachdem die technischen Prüfungen sowie die Maschinenerprobung erfolgreich abgeschlossen sind, wird AIDAdiva am 4. März 2007 aus dem überdachten Baudock manövriert. Am 10. März erfolgt die Überführung über die Ems in Richtung Emden, wo die Endausrüstung stattfinden soll. Dafür schließt man in der Nacht gegen 1:00 Uhr das Emssperrwerk und staut den Fluss anschließend auf rund 1,10 Meter über dem mittleren Tidehochwasser (entspricht 2,70 Meter über Normalhöhennull) an. Gegen 22:00 Uhr desselben Tages erreicht das fast fertige Schiff die Liegestelle in Oldersum, bevor es um 3:15 Uhr das Sperrwerk passiert.

TAUFE IM GROSSEN STIL

Da zum ersten Mal seit 1995 wieder eine Endausrüstung in Emden erfolgt, bereitet die Stadt dem Kussmund-Schiff einen feierlichen Empfang, der einer Diva würdig ist: Am Außenhafen leuchten Fackeln am Deich, begleitet von einem Feuerwerk. Bereits am 11. März 2007 folgt die erste Probefahrt auf der Nordsee. Nach der offiziellen Übergabe an die Reederei am 16. April nimmt AIDAdiva Kurs auf Hamburg und trifft dort zwei Tage später ein.

Bild: © Pexels

▶ Ob Schiffstaufen, Paraden oder Hafengeburtstage: Bei großen Events dürfen die Kussmund-Schiffe nicht fehlen: AIDAsol (links) und AIDAstella (rechts) bei ihrer Teilnahmen am Hamburger Hafengeburtstag 2014.

Während der „AIDA Days" vom 18. bis 22. April 2007 verwandelt sich der Hamburger Hafen in ein leuchtendes Farbenmeer, während sich am Elbufer mehrere hunderttausend Menschen versammeln, um ein außergewöhnliches Schauspiel mitzuerleben: Die Taufe von AIDAdiva am 20. April. Die Verwaltungsfachangestellte Maria Galleski, die zuvor von den Lesern des Hamburger Abendblatts zur Patin bestimmt worden war, vollzieht den Akt. Mit mindestens 200 Scheinwerfern, 30 Lasern, 2000 Neonröhren sowie einem beeindruckenden Höhenfeuerwerk schafft der Berliner Lichtkünstler Gerd Hof eine unvergessliche Inszenierung. AIDA Taufen gelten seit jeher als spektakuläre Ereignisse – Momente, die mit ihren eindrucksvollen Bildern dauerhaft in Erinnerung bleiben. Am 30. April 2007 bricht AIDAdiva schließlich zu ihrer elftägigen Jungfernfahrt von Hamburg nach Palma de Mallorca auf.

▲ AIDAbella im kanadischen Montreal im Jahre 2013. Die SPHINX-Klasse ist sehr beliebt bei Fern- und Weltreisen.

▼ Wie jedes AIDA Schiff bringt auch die SPHINX-Klasse neue Ideen mit sich – vom Theatrium bis hin zum ersten Brauhaus auf hoher See auf AIDAblu, AIDAsol, AIDAmar und AIDAstella.

Bild: © Slavik / Pexels

▲ AIDAstella, das siebte und letzte Schiff der SPHINX-Klasse, erreicht den Hafen Las Palmas auf Gran Canaria. Zum Manövrieren sind in Bug und Heck jeweils zwei Querstrahlsteueranlagen installiert.

▼ Die SPHINX-Klasse besitzt wie alle modernen Kreuzfahrtschiffe eine computergesteuerte Anlage zur automatischen Positionierung mit der Bezeichnung „Dynamisches-Positionier-System" (DPS), um ohne Ankern oder Festmachen eine bestimmte Position zu halten.

Bild: © Autor

Bild: © Pixaline / Pexels

◀ Bei Sonnenuntergang begibt sich AIDAmar auf eine neue Kreuzfahrt. Momente wie diese bleiben gerne im Gedächtnis – besonders dann, wenn die AIDA Auslaufmusik erklingt.

EVOLUTION – AUS SPHINX WIRD SELECTION

2024 kündigt AIDA das größte Modernisierungsprogramm der Unternehmensgeschichte an: Unter dem klangvollen Namen EVOLUTION werden die sieben Schiffe der SPHINX-Klasse ab Anfang 2025 bis 2028 umfassend erneuert. AIDA investiert dafür einen hohen dreistelligen Millionenbetrag – und entwickelt die SPHINX-Klasse zur SELECTION-Klasse weiter.

Für Christian Schönrock, Vice President Future Design, ist das Programm vor allem ein klares Bekenntnis zu einer Schiffsgeneration, die AIDA bis heute prägt. „EVOLUTION dient der grundlegenden Modernisierung der SPHINX-Klasse", erklärt er. „Diese Schiffe sind weiterhin sehr erfolgreich und bei unseren Gästen ausgesprochen beliebt. Gleichzeitig haben sie mittlerweile ein gewisses Alter erreicht. Neben laufenden Wartungen, Teppicherneuerungen oder Anstrichen war deshalb eine umfassendere Erneuerung notwendig."

Dabei geht es nicht darum, ältere Schiffe nur optisch aufzufrischen. Aus Sicht der Entwickler steckt in ihnen weiterhin großes Potenzial. „Strategisch wurde entschieden, dass sie technisch und konzeptionell so gut sind, dass sie noch viele Jahre das Rückgrat der Flotte bilden können", sagt Christian Schönrock. Genau deshalb investiert AIDA gezielt in ihre Modernisierung.

Bier aus Meerwasser: So funktioniert's

So außergewöhnlich es klingt: Auf AIDA Kreuzfahrtschiffen wird Bier teilweise direkt aus aufbereitetem Meerwasser gebraut – ein besonderes Erlebnis für Gäste. Während der Fahrt auf offenem Meer wird Wasser angesogen, über Membranen entsalzt und anschließend mit Nährstoffen versetzt, bevor es in den bordeigenen Brauanlagen mit Gär- und Lagertanks weiterverarbeitet wird; solche Brauereien gibt es an Bord seit der SPHINX-II-Klasse und somit auf AIDAblu, AIDAsol, AIDAmar und AIDAstella. Der Braumeister überwacht dabei die Qualität streng nach dem deutschen Reinheitsgebot, entwickelt neue Biersorten und lädt zu Brauseminaren ein. In diesen etwa 1,5 bis 2 Stunden dauernden Kursen erhalten Gäste ab 16 Jahren spannende Einblicke in Brauprozess, Geschichte und Geschmacksvielfalt – inklusive Führung durch die Anlage und Verkostung. Die Frage stand anfangs im Raum: Kann das überhaupt funktionieren? Schließlich ist ein Schiff ständig in Bewegung. Doch nach genauer Planung und vielen Tests war klar: Es geht – und es funktioniert hervorragend.

Zum Wohl!

Bild: © Adobe Stock

▲ AIDAluna ist das zweite Schiff, das in die Werft Chantier Naval in Marseille geht. Sie profitiert von den Erfahrungen, die bei der zuvor durchgeführten Modernisierung von AIDAdiva gesammelt wurden.

Video
AIDAluna Ausdocken

EVOLUTION bedeutet daher mehr als neue Farben, Möbel oder Oberflächen. Es ist eine Weiterentwicklung des gesamten Produkts. Die Schiffe sollen vielfältiger, moderner und komfortabler werden, ohne ihren ursprünglichen Charakter zu verlieren. Erfolgreiche Konzepte von neueren Schiffen wie AIDAprima, AIDAperla, AIDAnova oder AIDAcosma werden aufgenommen und passend auf die bestehenden Schiffe übertragen.

Eva Störmer aus Wuppertal ist als Hoteldirektorin praktisch die Gastgeberin für mehrere tausend Gäste und zugleich verantwortlich für einen komplexen Hotelbetrieb auf See. Sie erlebt diese Entwicklung besonders nah am Gast. „Mit EVOLUTION sind die Schiffe vielfältiger und gemütlicher geworden", sagt sie. „Viele Bereiche fühlen sich an wie eine kleine AIDAnova oder AIDAcosma – warm, einladend und mit viel Liebe zum Detail."

Auch technisch wird die Flotte zukunftsfähiger aufgestellt. Effizienz, Nachhaltigkeit und moderne Abläufe spielen ebenso eine Rolle wie das Gästeerlebnis an Bord. Christian Schönrock verweist auf AIDAdiva als starkes Beispiel: „Trotz ihrer Indienststellung im Jahr 2007 ist sie nach der Renovierung gemessen an der Gästezufriedenheit – dem Net Promoter Score – unser beliebtestes Schiff." Für ihn zeigt das, wie richtig der Ansatz ist: Die Substanz ist gut, die Akzeptanz bei den Gästen hoch, und mit der richtigen Weiterentwicklung können diese Schiffe noch viele Jahre erfolgreich zum Einsatz kommen. So verbindet EVOLUTION Tradition und Innovation. Die Schiffe bleiben vertraut, erhalten aber neue Stärke.

RUNDGANG ÜBER DIE MODERNISIERTE AIDAluna

Als erfahrene Hoteldirektorin kennt Eva Störmer AIDAluna seit vielen Jahren. Sie weiß, was die Gäste an der heutigen SELECTION-Klasse, der früheren SPHINX-Klasse, besonders schätzen: die Überschaubarkeit, die Nähe zum Meer, die persönliche Atmosphäre und dieses vertraute AIDA Gefühl. Nach AIDAdiva ist AIDAluna das zweite Schiff der Klasse, das im Rahmen von EVOLUTION modernisiert wird. AIDAbella ist das dritte – die vier weiteren Schwestern folgen bis 2028. Dabei geht es nicht um eine einzelne Maßnahme, sondern um die Weiterentwicklung einer ganzen Schiffsklasse – mit kleinen Unterschieden von Schiff zu Schiff, aber mit einem gemeinsamen Ziel: AIDA nimmt das Feedback seiner Gäste ernst und übersetzt es in sichtbare, spürbare Verbesserungen.

Das Leitbild lautet: mehr Vielfalt, mehr Komfort, bessere Orientierung – und ein noch stärkeres Gefühl, sich an Bord zu Hause zu fühlen. Die Details wirken einzeln oft klein, ergeben zusammen aber ein neues Ganzes.

Bei einem gemeinsamen Rundgang weist Eva darauf hin, wie sich Bekanntes und Neues verbinden. Wer AIDAluna aus den späten 2000er-Jahren kennt, spürt sofort, dass sich die Atmosphäre verändert hat. Die vertraute Grundstruktur bleibt erhalten – die großzügigen Außendecks, das offene Theatrium, die klar gegliederten öffentlichen Bereiche –, doch vieles wirkt heller, ruhiger und hochwertiger. Kräftige Farben und starke Kontraste weichen einem harmonischeren Gesamtbild. „Das Schiff wirkt frischer und moderner, aber immer noch wie AIDAluna", sagt Eva.

Der Rundgang beginnt in den Kabinen. Hier lassen neue Teppiche, hellere Materiali-

Bild: © AIDA Cruises

◂ Hoteldirektorin Eva Störmer schätzt die Vorzüge des EVOLUTION-Programms.

▾ Das über drei Decks reichende Theatrium wirkt nun hochwertiger und gemütlicher. Es bleibt weiterhin das soziale Zentrum an Bord.

Bild: © Autor

▸ Das auf den größeren Schiffen vorhandene French Kiss Restaurant ist auch auf der SELECTION-Klasse (hier AIDAbella) sehr beliebt.

Bild: © Torsten Lehmann

en, modernisierte Badezimmer und überarbeitete Farbkonzepte die Räume luftiger und entspannter wirken. Warme Naturtöne und indirekte Beleuchtung ersetzen frühere kräftige Akzente. „Man merkt sofort, dass die Kabinen stärker auf Erholung ausgerichtet sind", sagt Eva. „Sie sollen nicht laut wirken, sondern den Gast ankommen lassen." Praktische Details gehen auf Gästefeedback zurück.

▾ Das neue Yacht Club Restaurant (hier AIDAdiva) wird von den Gästen ebenfalls positiv angenommen.

Bild: © Martin Helmers

Von den Kabinendecks führt der Weg ins Herzstück des Schiffes: das Theatrium. Neue Farben, hochwertigere Materialien und kleine Komfortverbesserungen lassen es wärmer erscheinen. Es bleibt Bühne, Treffpunkt und sozialer Mittelpunkt zugleich. „Dieser offene Bereich steht weiterhin für Unterhaltung und Events, aber auch für den gemütlichen Austausch bei einem Getränk", erklärt Eva. „Hier kommt man gerne an, lässt den Alltag hinter sich und lässt die Kulisse auf sich wirken." Eine sichtbare Neuerung sind die Rückenlehnen auf den Sitzflächen auf Deck 9.

Auch die Restaurants verändern sich. Auf AIDAluna wurde etwa aus dem Bella Vista auf Deck 10 der Yacht Club, ein Deck höher entstand aus dem East Restaurant das French Kiss. Die kulinarischen Bereiche wirken heller und offener, die Bars erinnern stärker an moderne Hotels. Holz, Metall, Glas und warme Lichtstimmungen treten an die Stelle früherer Clubschiff-Farben. Trotzdem bleibt die Grundidee erhalten: Bars sind kommunikative Orte, keine exklusiven Distanzräume.

Ein weiterer wichtiger Punkt ist die Orientierung. AIDAluna und ihre Schwesterschiffe sollen effizient funktionieren, ohne unpersönlich zu werden. Klarere Laufwege, bessere

Bild: © Martin Helmers

Beschilderung, stärker differenzierte Aufenthaltsbereiche und neue Touchscreen-Displays helfen dabei. Für Eva ist das zentral: „Ein Schiff kann noch so schön gestaltet sein – wenn sich Gäste nicht gut zurechtfinden oder Bereiche nicht intuitiv funktionieren, fehlt etwas. Design muss an Bord immer auch praktisch sein."

Auf den Außendecks zeigt sich der Wandel ebenfalls: überarbeitete Poolbereiche, neue Liegeflächen und modernisierte Außengastronomie schaffen mehr Aufenthaltsqualität. Zugleich bleibt die Nähe zum Meer erhalten – eines der Markenzeichen dieser Klasse. Die neue Lanai Bar am Heck auf Deck 10 verstärkt dieses Gefühl besonders. Sie rückt die Gäste näher ans Wasser und schafft neue Lieblingsplätze für Auslaufmomente. „Das Meer ist auf diesen Schiffen immer sehr präsent", sagt Eva. „Diese Nähe wollten wir nicht verlieren. Sie ist Teil ihres Charmes."

Auch Wellness- sowie Familienbereiche werden auf heutige Reisegewohnheiten abgestimmt. Neue Materialien, modernisierte Saunen und ruhigere Rückzugsflächen zeigen, dass viele Gäste heute neben Aktivität und Unterhaltung auch Erholung, Individualität sowie hochwertige Auszeiten suchen.

▲ Die AIDA Anytime Bar wurde in Ocean Club umbenannt. Der modernisierte Treffpunkt für Nachtschwärmer bietet nun neue Sitzbereiche sowie einen frischeren Look.

Im Hintergrund verändert sich ebenfalls viel: technische Systeme, Anlagentechnik und Betriebsabläufe werden modernisiert. Für die Gäste soll alles leichter, angenehmer und zeitgemäßer wirken; für den Betrieb werden die Schiffe effizienter und zukunftsfähiger.

Am Ende des Rundgangs wird deutlich, was EVOLUTION für AIDAluna und ihre Schwesterschiffe bedeutet: Sie werden nicht neu erfunden, sondern auf Basis vieler Gästerückmeldungen weitergedacht. Die modernisierte SELECTION-Klasse verbindet die erfolgreiche Grundidee der SPHINX-Klasse mit heutigen Ansprüchen an Komfort, Design, Technik und Aufenthaltsqualität. „Für mich ist das Schönste, dass die Gäste ihr Schiff wiedererkennen – und trotzdem etwas Neues entdecken", sagt Eva Störmer. „Es fühlt sich vertraut an, aber wärmer. Man hat weiterhin das Gefühl, nach Hause zu kommen."

Bild: © AIDA Cruises

„Mut steht am Anfang des Handelns, Glück am Ende."

Demokrit von Abdera, griechischer Philosoph
(ca. 460 v. Chr. – 370 v. Chr.)

EINE FLOTTE VOLLER NEUER CHARAKTERE

DIE HYPERION-KLASSE

4

◀◀ Die HYPERION-Klasse ist mehr als eine neue AIDA Generation. Sie ist ein Schritt vom klassischen Clubschiff hin zu einem umfassenden Resortkonzept.

Als AIDA Anfang der 2010er-Jahre die HYPERION-Klasse plant, geht es längst nicht mehr nur um ein weiteres Schiff, sondern um eine neue Stufe des Markenversprechens. Die Reederei hatte mit der SPHINX-Klasse bewiesen, dass große Clubschiffe funktionieren, dass man mit dem Theatrium ein eigenes Entertainment-Modell schaffen kann und dass die deutsche Kreuzfahrt ein Publikum für ungezwungene, lebendige Urlaubsformen hat. Die aktiven Schiffe sind erfolgreich, aber nicht darauf ausgelegt, weiteres Wachstum zu tragen oder neue Zielgruppen ganzjährig ab Deutschland anzusprechen. AIDA steht vor einer strategischen Entscheidung: Weiterentwicklung im bestehenden Rahmen oder ein klarer Sprung in eine neue Dimension.

Die Entscheidung fällt zugunsten dieses Sprungs: Die nächste Generation der Kussmund-Schiffe soll nicht nur größer, sondern auch vielseitiger werden – und zugleich das vertraute Clubgefühl bewahren. Das Ziel ist ein Schiff, das verstärkt als eine eigenständige Urlaubsdestination fungieren soll: Ein Resort auf See.

Bild: U.S. DVIDS

▲ Erprobung maßstabsgetreuer Rumpfformen in einem speziellen Wasserbecken. Die 1913 gegründete Hamburgische Schiffbau-Versuchsanstalt (HSVA) zählt weltweit zu den führenden Einrichtungen für Modellversuche. Sie untersucht und optimiert das hydrodynamische Verhalten von Schiffen, um u. a. deren Energieverbrauch zu reduzieren.

EFFIZIENZ UND INNOVATIONEN

Die HYPERION-Klasse gilt als besonders effizient konstruiert. Sie ist nicht plötzlich entstanden, sondern das Ergebnis eines langen Weges. „Zuerst haben wir AIDAcara konzipiert. AIDAvita und AIDAaura waren dann eine Weiterentwicklung – also eine Evolution des bestehenden Produkts“, erinnert sich Christian Schönrock, Vice President Future Design im Hause AIDA. „Danach haben wir noch einmal ganz neu angefangen – mit einem weißen Blatt Papier. Daraus entwickelte sich die SPHINX-Klasse (heute SELECTION-Klasse), die etwa 50 Prozent größer ist. Dabei entstanden viele neue Ideen wie das Theatrium, neue Restaurant- und Barkonzepte, größere Spa- und Kinderbereiche, weiterentwickelte Außenbereiche und mehr Balkonkabinen. Da sich diese Schiffe als sehr erfolgreich erwiesen, bauten wir insgesamt sieben Einheiten. Parallel dazu haben wir wieder ganz von vorne angefangen, um den nächsten großen Schritt zu machen – in Richtung Innovation, Effizienz und Umweltfreundlichkeit. Zu diesem Zweck haben wir von Grund auf ein komplett neues Schiff entwickelt.“

MADE IN JAPAN

„Mit unserem Konzept sind wir zu verschiedenen Werften gegangen“, erklärt Christian Schönrock. „Viele hatten Respekt vor der Komplexität. Da wir sehr genau wussten, was wir wollten, sollte die Werft den neuen Schiffstyp nicht selbst entwickeln, sondern lediglich unsere Vorgaben umsetzen. Schließlich fiel unsere Wahl auf Mitsubishi Heavy Indus-

▲ Die Kiellegung von AIDAprima erfolgt am 30. Juni 2013.

▲ Christian Schönrock legt in der Bauwerft in Nagasaki eine Münze unter die erste Kielsektion von AIDAprima. Dieser traditionsreiche maritime Brauch soll Schiff, Werft und Besatzung Glück bringen – und symbolisch dafür stehen, dass Auftraggeber und Werft stets über ausreichende Mittel verfügen.

▲ Die im Bau befindliche AIDAprima von schräg vorne aufgenommen. Unten im Bug sind drei Querstrahlruder erkennbar. Der Rumpf entsteht in enger Zusammenarbeit zwischen AIDA und der HSVA. Versuche bestätigen, dass bei den geplanten Dienstgeschwindigkeiten von 13 bis 18 Knoten (24 bis 33 km/h) vor allem der Strömungswiderstand gegenüber dem Wellenwiderstand maßgeblich ist. Daraus resultiert ein innovatives Rumpf- und Bugdesign mit nahezu senkrechtem Steven und ohne klassischen Bugwulst.

▲ Buganansicht von AIDAprima. Das Deck ist bereits aufgesetzt. Anders als bei den Vorgängerklassen ist dieses nicht begehbar, sondern dient als Dach für das Vorschiff.

Bild: © Partner Ship Design

▲ Blick nach vorne auf die massive Brückennock auf der Backbordseite.

Bild: © Partner Ship Design

▲ Der nahezu fertiggestellte Schiffskörper von AIDAprima kurz vor dem Auftragen des weißen Anstrichs.

Bild: © AIDA Cruises

▲ Japanische Werftangehörige posieren vor dem komplett lackierten Rumpf von AIDAprima, damit es so aussieht, als würden sie das Schiff anheben. Dieses verfügt über das Mitsubishi Air Lubrication System (MALS). Dieses Luftschmierungssystem stößt kleine Luftblasen unter dem Schiffsboden aus, die nach hinten wandern. Somit reduzieren diese Luftblasen die benetzte Oberfläche, was für einen geringeren Reibungswiderstand des Rumpfes sorgt und so den Treibstoffverbrauch senken kann.

tries (MHI) im japanischen Nagasaki, da dieses Unternehmen uns ein gutes Gesamtangebot machte. Zudem wollte MHI sich damals im Kreuzfahrtsegment etablieren." Obwohl die Japaner in der Vergangenheit bereits einige Kreuzfahrtschiffe gebaut haben, stellt die HYPERION-Klasse eine besondere Herausforderung dar: Sie ist eine vollständige Neuentwicklung mit hoher technischer, gestalterischer und organisatorischer Komplexität. Für MHI bedeutet dieses Projekt daher auch einen intensiven Lernprozess.

Gerade bei einem solchen Neubau müssen Design, Konstruktion, Abläufe und Zulieferstrukturen sehr eng ineinandergreifen. Dazu gehören auch spezielle Prozesse wie der Umgang mit vorgefertigten Kabinen oder die präzise Abstimmung zahlreicher Gewerke. In der Praxis zeigt sich, dass einzelne Strukturen und Abläufe weiterentwickelt werden müssen.

Eine zusätzliche Herausforderung besteht darin, dass mit dem Bau begonnen wird, während das Design noch nicht vollständig abgeschlossen ist. Bei einem Kreuzfahrtschiff dieser Größenordnung sind jedoch lange Planungs- und Konstruktionsphasen entscheidend; insgesamt dauern Entwicklung und Bau eines neuen Schiffes oft rund fünf Jahre. Wenn Bau und Detailplanung zu stark parallel laufen, können Verzögerungen entstehen. Genau diese Lernkurve prägt das Projekt. Der Abstimmungsaufwand ist größer als zunächst angenommen, und der Zeitplan muss angepasst werden.

Der ursprüngliche Kosten- und Zeitrahmen lässt sich deshalb nicht halten. AIDAprima soll zunächst bereits 2015 ausgeliefert werden; geplant ist sogar eine besondere 86-tägige Überführungsreise von Japan nach Europa, die Gäste buchen können. Durch die Verzögerungen verschiebt sich die Fertigstellung jedoch um etwa ein Jahr. Die Übergabe an AIDA erfolgt schließlich im März 2016; das Schwesterschiff AIDAperla wird im April 2017 ausgeliefert.

Für Mitsubishi Heavy Industries ist das Projekt wirtschaftlich sehr herausfordernd. Je nach Quelle entstehen der Werft Verluste von mehreren hundert Millionen Euro pro Schiff. Ein Grund dafür ist, dass MHI wegen der Verzögerungen Vertragsstrafen an den Auftraggeber zahlt und damit einen erheblichen Teil der Baukosten selbst trägt. Nach Abschluss des Projekts richtet Mitsubishi Heavy Industries den Fokus wieder stärker auf den Bau von Marineschiffen. AIDAprima und AIDAperla erhalten keine weiteren Schwesterschiffe. Dennoch sind sie ein wichtiger Meilenstein: Mit der HYPERION-Klasse erhält AIDA zwei innovative Schiffe, die das Kussmund-Konzept erfolgreich in eine neue Größenordnung übertragen. „Letztendlich entstanden zwei technisch wie qualitativ herausragende Schiffe", schwärmt Christian Schönrock. „Sie zeugen von einer außergewöhnlich hohen Bauqualität und einer Ausführung, die bis ins Detail überzeugt." Die Baukosten betragen pro Schiff je nach Quelle über 500 Millionen Euro. Spektakuläre Taufen begleiten die Jungfernfahrten. Am 7. Mai 2016 vollzieht die junge Schauspielerin Emma Schweiger (die Tochter Til Schweigers) den Taufakt im Rahmen des 827. Hamburger Hafengeburtstages. Dieser findet vor den Landungsbrücken mit Feuerwerk und Lichtinszenierung statt.

Während die Reederei AIDAprima als *„prototype of a whole new AIDA generation"* beschreibt, ist die HYPERION-Klasse nicht nur eine Weiterentwicklung, sondern der Übergang von der bekannten AIDA Erlebniswelt zu einer deutlich größeren, fein gegliederten und technisch anspruchsvolleren Generation. Mit rund 300 Metern Länge, etwa 37,6 Metern Breite und 18 Decks markieren diese Schiffe einen deutlichen Schritt nach vorn. Sie bieten Platz für etwa 3300 Gäste in 1643 Kabinen und maximal 4350 bei voller Belegung. Da-

Bild: © AIDA Cruises

▲ Der Bau der HYPERION-Klasse stellt MHI vor komplexe Aufgaben: Konstruktion, technische Auslegung, Produktionsorganisation und der Aufbau effizienter Kreuzfahrtschiffprozesse müssen rasch zusammengeführt werden. Fertigkabinen, neue Abläufe und zahlreiche Abstimmungen zeigen, wie anspruchsvoll Projekte dieser Größenordnung sind.

Bild: © Martin Helmers

▲ Die Aufbauten der HYPERION-Klasse können in verschiedenen Farben erstrahlen und so besondere Lichtstimmungen für Anlässe wie Schiffstaufen, Konzerte, Hafengeburtstage und Paraden erzeugen.

mit liegen sie deutlich über den Schiffen der SPHINX-Klasse, die mit rund 252 Metern Länge, 1100 Kabinen und 14 Decks deutlich kompakter ausfallen.

Als sogenannte Neopanamax-Kreuzfahrtschiffe können AIDAprima und AIDAperla nur die neuen und breiteren Schleusen des Panamakanals passieren, um so vom Atlantik in den Pazifik und wieder zurück zu gelangen. Für die alten Schleusen sind sie zu breit.

EIN INNOVATIVER ANTRIEB

AIDAprima und AIDAperla nutzen einen modernen dieselelektrischen Antrieb mit Dual-Fuel-Technik. Als Hauptmaschinen dienen drei Dieselmotoren des Typs Caterpillar-MaK-12VM43C mit je 12 000 kW Leistung sowie ein zusätzlicher dual-fuel-fähiger Diesel-/Gasmotor des Typs Caterpillar-MaK 12VM46DF mit 10 800 kW. Während Erstere konventionell mit Schweröl oder Marine-Diesel laufen, ist Letzterer auf zwei verschiedene Treibstoffe ausgelegt. „Die Dual-Fuel-Motoren können wahlweise mit herkömmlichem Flüssigkraftstoff wie Marine-Gasöl oder mit Flüssigerdgas, also Liquefied Natural Gas, betrieben werden. Der Einsatz von LNG führt zu einer deutlichen Reduzierung von Emissionen, insbesondere von Schwefelverbindungen, und ist damit ein echter Fortschritt im Hinblick auf den Umweltschutz", sagt Christian Rosenthal, der als Leitender Ingenieur (Chief Engineer) auf der SPHINX- bzw. SELECTION-Klasse sowie der HYPERION-Klasse tätig ist. In seiner Funktion ist er für den gesamten technischen Bereich an Bord einschließlich der Maschinen, Elektrotechnik, IT und Kommunikation zuständig. „Wir können wahlweise HFO (Heavy Fuel Oil – Schweröl), schwefelreduziertes HFO (VLSFO) oder Marine-Gasöl (MGO) verwenden. Wann welcher Treibstoff zum Einsatz kommt, hängt vom Fahrtgebiet des Schiffes ab. Die Verwendung von HFO setzt aufgrund des höheren Schwefelgehaltes immer den Betrieb

AIDA Objekt – Die Flasche zur Taufe

Die Champagner-Flasche der Taufe von AIDAperla, signiert von vielen Beteiligten. Model und Moderatorin Lena Gercke ist die Taufpatin am 30. Juni 2017 in Palma de Mallorca. Die feierliche Zeremonie findet abends im Hafen statt, begleitet von Kapitän Boris Becker und einem Auftritt von Künstlern aus „The Voice of Germany". Die Flasche ist heute an Bord von AIDAperla ausgestellt. Bild: © Autor

Bild: © Jukka Jaara / Pexels

◀ AIDAprima in einem norwegischen Fjord. Die Reduzierung der Emissionen hängt von verschiedenen Faktoren ab. Das Antriebskonzept von AIDAprima ist ein Schritt in die richtige Richtung.

von Abgasreinigungssystemen voraus. Wo der Einsatz dieser Anlagen nicht erlaubt ist, muss grundsätzlich mit Marine-Diesel (oder LNG auf der nachfolgenden HELIOS-Klasse) gefahren werden. Dies gilt zum Beispiel für die meisten europäischen Häfen. In den Polargebieten ist der Betrieb mit HFO ebenfalls verboten. Der Vorteil dieses Treibstoffes ist in erster Linie der Preis, da er wesentlich günstiger als Marine-Diesel ist."

Zur Reduzierung von Emissionen sind an Bord umfassende technische Systeme installiert: Dazu gehören Abgaswäscher, sogenannte Scrubber, zur Verringerung von Schwefeloxiden sowie eine moderne Abgasnachbehandlungsanlage. Letztere trägt seit 2016 durch Partikelfilter zur deutlichen Reduktion von unverbrannten Kohlenwasserstoffen (Ruß) und durch Katalysatoren zur deutlichen Reduktion von Stickoxiden bei. Ein Ballastwasser-Aufbereitungssystem verhindert zudem, dass invasive Organismen mit dem Ballastwasser ausgebracht werden. Darüber hinaus sind AIDAprima und AIDAperla für die Nutzung von Landstrom ausgestattet und können im Hafen entsprechend emissionsärmer betrieben werden. Seit 2022 testet AIDA zudem den Einsatz von Biotreibstoffen.

BATTERIEBETRIEB AUF AIDAprima

Im Rahmen einer Werftliegezeit im Frühjahr 2022 erhält AIDAprima das bisher größte maritime Batteriespeichersystem mit insgesamt 1.760 Batteriemodulen. Zur Unterbringung sind umfangreiche Umbauten nötig, um Platz für zwei Batterieräume zu schaffen. Das System der norwegischen Firma Corvus Energy besitzt eine Kapazität von 10 Megawattstunden. Es kann bei verschiedenen Fahrmanövern auf See, beim An- und Ablegen oder während der Hafenliegezeit zugeschaltet werden, um Energie zur Verfügung zu stellen. Christian Schönrock, Vice President Future Design, beschreibt den Einsatz von Batteriesystemen nicht als einfache technische Ergänzung, sondern als Lernprozess im realen Schiffsbetrieb. Entscheidend sei, die Technologie nicht isoliert zu betrachten, sondern zu verstehen, was sie an Bord tatsächlich leisten kann – und was nicht.

„Unser Ziel war es, diese Technologie im realen Betrieb zu testen", erklärt Christian Schönrock. „Wir wollten verstehen, wie eine Batterie in dieser Größenordnung mit den bestehenden Systemen an Bord zusammenspielt. Es geht eben nicht nur darum, eine Batterie einzubauen, sondern darum, sie unter echten Bedingungen zu betreiben und ihre konkreten Effekte zu analysieren."

Dabei können Batterien durchaus wichtige Aufgaben übernehmen. „Sie können die Betriebssicherheit erhöhen, weil sie im Störfall kurzfristig Energie bereitstellen", sagt Christian Schönrock. „Außerdem helfen sie dabei, Leistungsspitzen im Bordnetz auszugleichen. Das kann zu einem stabileren und gleichmäßigeren Betrieb beitragen."

Als alleinige Antriebslösung für große Kreuzfahrtschiffe sieht er Batterien jedoch nicht. „Für den Antrieb großer Schiffe sind Batterien nach heutigem Stand nicht geeignet", erklärt er. „Die Energiemenge, die man für lange Distanzen benötigt, lässt sich mit heutigen Batteriesystemen nicht bereitstellen." Sinnvoll sei ein batterieelektrischer Betrieb eher bei kleineren Schiffen, etwa Fähren oder leichten Einheiten auf kurzen Strecken.

Wichtig ist für Christian Schönrock auch die Frage, woher der Strom zum Laden kommt. „Eine Batterie ist nur so klimafreundlich wie die Energie, mit der sie geladen wird", sagt er. „Wenn der Strom aus fossilen Quellen stammt, entstehen die CO_2-Emissionen eben an anderer Stelle. Für das Klima zählt aber die Gesamtmenge der Emissionen – nicht der Ort, an dem sie entstehen."

Deshalb müsse man Batterietechnologie immer im Gesamtzusammenhang bewerten. Sie könne Prozesse verbessern, den Betrieb stabilisieren und einzelne Systeme optimieren. „Batterien sind ein sinnvolles Zusatzsystem", fasst Christian Schönrock zusammen.

▼ Durch den Betrieb ihres Batteriespeichersystems liefert AIDAprima wertvolle Erkenntnisse für die Entwicklung und den Einsatz zukünftiger batteriegestützter Antriebe.

Bild: © AIDA Cruises

„Sie ersetzen aber keinen konventionellen Antrieb. Wir testen diese Technologie weiter, um besser beurteilen zu können, welchen Nutzen sie für zukünftige Anwendungen wirklich haben kann."

DER AZIPOD®-ANTRIEB

Eine Innovation in der Kussmund-Flotte sind leistungsfähige Antriebsgondeln, die nun weitgehend klassische Ruderanlagen ersetzen. Chief Engineer Christian Rosenthal geht auf die Vorteile ein: „Im Gegensatz zu ihren Vorgängern besitzen AIDAprima und AIDAperla keine festen Propeller wie noch die SPHINX-Klasse, sondern zwei Azipod®-Antriebe des Typs ABB XO2100 mit jeweils 14 000 kW Leistung pro Einheit. Hier befinden sich elektrische Antriebsmotoren und Propeller in Gondeln unter dem Rumpf, die sich um 360° drehen lassen. Das macht diese Schiffe wesentlich manövrierfähiger. Die Heckstrahlruder, die aufgrund des klassischen dieselelektrischen Antriebs auf der SPHINX-Klasse eingesetzt werden, fallen auf der HYPERION-Klasse weg. Am Bug hingegen befinden sich drei Querstrahlruder."

Bild: © Autor

▲ AIDAperla am Cruise Terminal Rotterdam. Gegenwärtig baut der Hafen seine Landstromkapazitäten für Handels- und Kreuzfahrtschiffe aus. AIDAperla und AIDAprima sind häufig zu Gast in Rotterdam.

EIN RUNDGANG AUF AIDAprima

Der erste Schritt an Bord führt uns nicht in eine klassische Empfangshalle, sondern in eine räumlich inszenierte Übergangszone – die AIDA Plaza auf Deck 6 und 7. Unser Rundgang be-

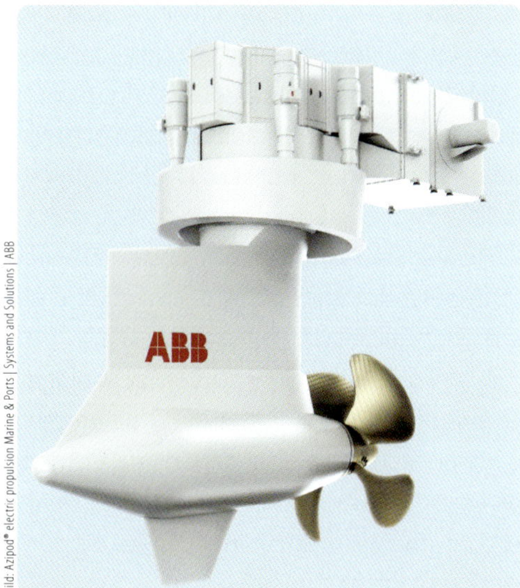

Bild: Azipod® electric propulsion Marine & Ports | Systems and Solutions | ABB

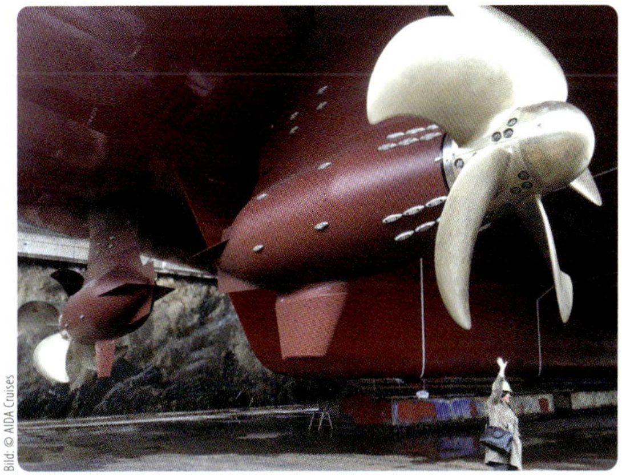

Bild: © AIDA Cruises

◄ Die Azipod®-Propellergondeln haben einen Durchmesser von 5,2 Metern und wiegen jeweils 25,7 Tonnen. Der komplette Azipod® XO2100 hat ein Gewicht von rund 200 Tonnen.

◄ AIDAprima und AIDAperla sind die ersten AIDA Schiffe mit Azipods®. Die nachfolgende und größere HELIOS-Klasse erhält diesen Antrieb ebenfalls.

Bild: © Michael Mep / Pexels

◂ Ganz vorne im Bug gibt es eine wenig bekannte Außenfläche für den besonderen Blick auf das Meer.

Bild: © Autor

▴ Die Gäste betreten AIDAprima durch die AIDA Plaza im Vorschiff. Diese funktioniert als Schnittstelle für die weitere Orientierung.

ginnt bewusst hier, denn sie liegt im vorderen Bereich des Schiffes und funktioniert wie eine urbane Schnittstelle zwischen Ankommen und Erleben. Statt eines klar definierten Anfangs entfaltet sich vor uns eine Art Boulevard – mit Shops, offenen Fassaden, Blickachsen und einem subtil gesteuerten Bewegungsfluss.

Schon an dieser Stelle lässt sich das zentrale Prinzip der HYPERION-Klasse erkennen: Größe wird nicht monumental inszeniert, sondern durch Gliederung überschaubar gemacht. Die Wege verzweigen sich früh, die Räume öffnen sich seitlich, und die Gästeströme verteilen sich fast schon intuitiv. Diese Gestaltung folgt der Logik der Schiffsarchitekten von Partner Ship Design, nach der nicht einzelne Räume isoliert gedacht werden, sondern das Zusammenspiel aus Kabinen, öffentlichen Bereichen und Bewegungsachsen.

DAS VORSCHIFF – ENTERTAINMENT, SPA UND EIN VERSTECKTER ORT

Gehen wir nun weiter in Richtung Bug, erreichen wir auf der Steuerbordseite den Nightfly Club. Dieser bietet Live-Entertainment für Erwachsene – dort verbinden sich Varieté, Burlesque, Komödie und Musik in einem intimeren Rahmen, als es im Theatrium möglich ist. Dieser Bereich ergänzt die großen öffentlichen Räume um eine bewusst kleinere, nach innen gerichtete Abendkultur. Wenn wir durch den Club hindurchgehen, erreichen wir einen Bereich, der im ersten Moment fast übersehen werden könnte – und gerade deshalb architektonisch besonders interessant ist: Die Spray Bar liegt hier als zweigeschossige Panoramalounge, ergänzt durch einen offenen und überdachten Bereich ganz vorne am Schiff. Kreuzfahrt-Blogger beschreiben sie gerne als „bow location" mit einer kleinen Außenfläche für einen besonderen Blick nach vorn. Neben dem Nightfly Club lädt die Diskothek D6 – der Name leitet sich von Deck 6 ab – auf der Backbordseite als Tanzort mit DJs und Beats bis zum Morgengrauen ein.

Bild: © Autor

◀ Im Nightfly Club zeigt sich eine bewusst reduzierte, intime Form des Entertainments. Varieté, Musik und Comedy finden in einem Rahmen statt, der Nähe erlaubt – ein klarer Gegenentwurf zur Weite des Theatriums.

INS ZENTRUM – DAS THEATRIUM ALS SOZIALER KERN

Nun begeben wir uns ins Innere des Schiffes und gelangen zum zentralen Raumgefüge – dem Theatrium. Wie auf der SPHINX- bzw. SELECTION-Klasse bildet es auch hier das Herz. Während klassische Kreuzfahrtschiffe auf abgeschlossene Theater setzen, ist das AIDA Theatrium ein offenes, über die Decks 6, 7 und 8 reichendes Raumkontinuum. Bühne, Durchgang und Aufenthaltsbereich sind hier nicht getrennt, sondern gehen ineinander über. Die Prima Bar liegt als sozialer Ankerpunkt mittendrin, und die umliegenden Ebenen fungieren gleichzeitig als Zuschauerraum, Galerie und Verkehrsfläche.

Das Entscheidende ist nicht nur, was hier stattfindet – Shows, Akrobatik, Live-Musik,

Bild: © Autor

▶ Die Spray Bar ist als zweigeschossige Panoramalounge konzipiert und führt zu der kleinen Außenfläche ganz vorne im Bug.

Bild: © Autor

▶ Blick in ein Treppenhaus, geprägt von hellen Flächen und warmen Farbtönen.

▶ Im Theatrium als dreistöckigem Mehrzweckraum verschmelzen Bühne, Atrium und die Durchgänge zu einem offenen sozialen Kern. Die Prima Bar liegt dort als zentraler Treffpunkt – Shows, Akrobatik und Barleben gehen ineinander über. Tagsüber und abends ist das Theatrium nicht bloß eine Bühne, sondern eine öffentliche Begegnungsstätte auf See.

Bild: © Autor

Vorträge oder Proben –, sondern wie wir es wahrnehmen. Man betritt diesen Raum nicht nur gezielt, sondern durchquert ihn als eine Art zentrale Achse immer wieder. Das Theatrium ist damit zugleich ein Ort und ein Zustand – ein permanent öffentlicher Raum, der sich im Tagesverlauf verändert und dennoch konstant das Herz von AIDAprima bleibt.

Bild: © Autor

DIE VERÄSTELUNG DES ERLEBNISSES – BARS, RESTAURANTS UND WEGE

Vom zentral gelegenen Theatrium aus entfaltet sich nun das eigentliche Geflecht des Schiffes. Wenn wir weitergehen, merken wir schnell: Die HYPERION-Klasse organisiert ihre öffentlichen Bereiche nicht als Ansammlung einzelner Highlights, sondern als Netzwerk miteinander verbundener Optionen.

Mit 12 Restaurants und 18 Bars bzw. Clubs entsteht eine beeindruckende Vielfalt, die weit über bloßen Komfort hinausgeht und zu der Frage führt: Wo gehe ich zuerst hin – und schaffe ich das alles in einer oder zwei Wochen? Entscheidend ist dabei die räumliche Verteilung: Die Angebote liegen nicht nebeneinander, sondern sind über mehrere Decks hinweg verteilt.

◀ Blick in das Weite Welt Restaurant. Die HYPERION-Klasse bietet eine reiche Auswahl an Restaurants, Bars und Clubs.

Die Wege werden dadurch länger, aber auch abwechslungsreicher – und genau das sorgt dafür, dass sich die Gäste auch besser verteilen.

Wenn wir uns die Gastronomie genauer ansehen, erkennen wir ein breites Spektrum – von Buffet-Restaurants wie das Bella Donna, das Markt Restaurant oder das East Restaurant bis hin zu Spezialitäten- bzw. À-la-carte-Restaurants wie dem Brauhaus, Rossini, Casa Nova Ristorante oder Buffalo Steak House. Seit einiger Zeit kann man an Bord auch rein vegan essen. Diese Vielfalt ist kein Selbstzweck. Sie ist die logische Antwort auf die große Gästezahl. Statt Verdichtung entsteht Entzerrung: Viele Menschen verteilen sich auf natürliche Weise, sodass Enge gar nicht erst entsteht oder diese sich schnell wieder auflöst.

ABENDLICHE VERDICHTUNG – CLUB, DISKO UND VERTEILTES NACHTLEBEN

Wenn wir unseren Rundgang gedanklich in den Abend verlegen, verändert sich die Nutzung der Räume deutlich. Während das Theatrium weiterhin als offenes Zentrum für die Shows der AIDA Stars fungiert, entstehen parallel kleinere, stärker fokussierte Erlebnisräume.

Ganz anders ist die Situation in der Diskothek D6. Wenn wir dort vorbeikommen, spürt man sofort: Hier geht es um Verdichtung, Lautstärke und Bewegung bis in die frühen Morgenstunden. Sie ergänzt das Angebot um eine klare Clubfunktion und macht deutlich, dass die HYPERION-Klasse nicht nur ein Familien- oder Wellness-Kreuzer ist, sondern

▼ Die Diskothek D6 lädt zum Tanzen und Feiern ein. Hier findet auch die beliebte Black & White Party statt, bei der die Gäste in Schwarz-Weiß erscheinen. Crewmitglieder können an diesem Event ebenfalls teilnehmen.

Bild: © Martin Helmers

Bild: © Martin Helmers

▲ Der Beach Club ist tagsüber ein heller, palmengesäumter Entspannungsraum und abends eine Bühne für Urlaubsstimmung und Partykultur.

◀ Der Beach Club verfügt über einen Pool, in dem man von innen nach außen schwimmen kann. Abends ist dieser Bereich eindrucksvoll beleuchtet.

▼ Das Four Elements als Activity Deck erweitert die klassische Decknutzung um Action, Kletterelemente und Wasserrutschen. Hinzu kommen vier Lounges, ein 3100 m² großer Spa-Bereich, ein 4484 m² großes Sonnendeck und sechs Pools.

Bild: © Autor

Bild: © Autor

◀ Auf der Bühne im Beach Club gibt es abends Konzerte und Lasershows. Rechts befindet sich die sternförmige AIDA Bar.

auch die Tradition des Nachtlebens der AIDA Clubschiffe weiterführt. Hinzu kommt der Beach Club als Bühne für Bands und tanzende Gäste direkt neben der Pool-Landschaft. Entscheidend ist die Verteilung. Es gibt nicht den einen Ort für den Abend, sondern mehrere Optionen parallel. Das Schiff wird so zur Plattform mehrerer Events.

Bild: © Martin Helmers

NACH AUSSEN – BEWEGUNG, LICHT UND OFFENE HORIZONTE

Nun verlassen wir die Innenräume und erkunden die Außenbereiche der 300 Meter langen AIDAprima. Hier öffnet sich das Raumkonzept erneut – diesmal in Richtung Licht, Luft und Bewegung. Ein zentraler Punkt ist der Beach Club auf den Decks 15 und 16, der unabhängig vom Wetter funktioniert. Unter einer durchsichtigen und UV-durchlässigen Folienkuppel entsteht eine tropische Atmosphäre: Palmen, Pool und Lichtinszenierung schaffen eine Umgebung, die eher an ein Resort als an ein Schiff erinnert.

Direkt neben dem Beach Club liegt mit dem Four Elements ein deutlich aktiver gestalteter Bereich. Dort sehen wir Wasserrutschen, den Klettergarten, die große LED-Wand und offene Bewegungsflächen. Hier wird das Schiff selbst zur Spielfläche – besonders für Familien, aber nicht nur für diese. Gerade dieser kinderfreundliche Bereich hebt die HYPERION-Klasse von ihren Vorgängern ab.

Nach wenigen Schritten gelangen wir zu einem der beiden Skywalks, die sich im Heck-

▲ Ein charakteristisches Merkmal der HYPERION-Klasse sind die zwei Panoramaaufzüge mit den Skywalks auf beiden Seiten des Achterschiffes. Skywalks sind auch an Land beliebt, weil sie spektakuläre Ausblicke bieten.

Bild: © Martin Helmers

◀ Das Patio Deck vorne auf Deck 16. Dieser exklusive, blickgeschützte Sonnenbereich mit Infinity Pools, Whirlpools und einer eigenen Bar ist den Gästen der Suiten und Panoramakabinen vorbehalten.

Bild: © Aman Chaurasi

▲ Der großzügige Fitnessbereich auf AIDAperla mit einer Vielzahl von Trainingsgeräten.

Bild: © Reyyan / Pexels

◄ Die Lanai Bar am Heck auf Deck 7 ist ein beliebter Treffpunkt für Gespräche.

bereich auf beiden Seiten auf Deck 15 befinden. Für mich sind diese eine klare architektonische Geste, die den Blick nach außen lenkt – und nach unten, denn sie liegen rund 45 Meter über dem Meer. Für manche Gäste ist der Gang über den durchsichtigen Glasboden eine kleine Mutprobe, die gerne „live" mit der Handy-Kamera festgehalten wird. Nicht weit von hier befindet sich der Jogging-Parcours für die Gäste, die gerne laufen.

RUHEPOLE – RÜCKZUG, SPA UND EXKLUSIVE BEREICHE

Nach all der Bewegung ist es nun an der Zeit, auch die ruhigere Seite des Schiffes kennenzulernen. Neben Aktivität und Unterhaltung gibt es einen bewusst gestalteten Gegenpol: ruhige Rückzugsbereiche. Wenn wir zum Patio Deck vorne auf Deck 16 gehen, spüren wir sofort den Unterschied. Mit seinen Infinity Pools ist es ein bewusst abgeschirmter Bereich für die Gäste der Suiten und Panoramakabinen. Hier tritt die Inszenierung in den Hintergrund, und der Blick auf das Meer wird zum zentralen Element.

Ähnlich verhält es sich im Body & Soul Organic Spa-Bereich auf den Decks 7 und 8 im Vorschiff: Ruhe, Entspannung und räumliche Weite stehen hier im Mittelpunkt und bilden bewusst einen Ausgleich zur Dynamik der öffentlichen Zonen. Er erstreckt sich über 3100 m² und bietet fünf Saunen, Indoor- und Outdoor-Jacuzzis sowie zwei Sonnendecks – eine Kathedrale der Entspannung. Im Fitnessbereich finden wir zahlreiche Laufbänder, Crosstrainer, Fahrräder für das Indoor Cycling, Krafttrainingsgeräte und einen Freihantelbereich.

Auch das Lanai Deck auf den Ebenen 7 und 8 gehört in diese Kategorie. Wenn wir dort entlanggehen, kann oft der Weg das Ziel sein –

eine Promenade nah am Wasser, ein Raum der entspannten Bewegung. Insgesamt verfügen AIDAprima und AIDAperla jeweils über eine Sonnendeckfläche von 4484 m^2 sowie sechs Pools.

Was zunächst wie ein großes Kreuzfahrtschiff erscheint, zeigt sich Schritt für Schritt als fein strukturiertes System aus Wegen, Räumen und Optionen. Das zentrale Prinzip, das wir unterwegs erkundet haben, ist die Verteilung – von Menschen, von Funktionen, von Erlebnissen. Das Herz bleibt dabei das Theatrium – wenngleich es weniger dominant erscheint als auf der SPHINX-Klasse. Und genau darin liegt eine wichtige Innovation der HYPERION-Klasse: Sie macht ein sehr großes Schiff nicht anonym, sondern differenziert erfahrbar – Schritt für Schritt, Raum für Raum.

Bild: © Autor

► Eine lichtdurchflutete Balkonkabine mit hellen und warmen Farbtönen.

◄ Im Wave Club (Teens Lounge) auf Deck 15 finden Jugendliche im Alter von 12 bis 17 Jahren einen eigenen Rückzugsort.

Bild: © Autor

Bild: © Autor

◄ Die Lanai Bar ist das Herzstück für Meerblick und Entspannung.

Bild: © AIDA Cruises

„Mache keine kleinen Pläne – sie haben nicht die Kraft, Menschen zu bewegen."

Daniel H. Burnham (1846–1912), leitender Architekt der Weltausstellung 1893

EINE SCHWIMMENDE ERLEBNISWELT

DIE HELIOS-KLASSE

5

◀◀ AIDAnova ist das Typschiff der HELIOS-Klasse. Da innerhalb der Carnival Corporation weitere Einheiten für verschiedene Marken gebaut werden, trägt dieselbe Schiffsklasse je nach Reederei unterschiedliche Namen: Bei Costa Crociere heißt sie EXCELLENCE-Klasse; bei Carnival Cruise Line und P&O Cruises XL-Klasse.

2018 beginnt mit der Indienststellung von AIDAnova eine neue Phase für AIDA Cruises. Es ist kein einfacher Flottenzuwachs, sondern die direkte Konsequenz aus den Erfahrungen der vorhergehenden HYPERION-Klasse. Diese hat gezeigt, dass das Clubschiff-Prinzip auch in deutlich größeren Dimensionen funktionieren kann. Gleichzeitig stellt sie die Frage, wie weit sich das Erlebnis noch erweitern lässt, ohne seine Leichtigkeit zu verlieren. Die neue HELIOS-Klasse setzt genau hier an. Sie macht Größe beherrschbar.

Als langjähriger Leiter der Neubauabteilung und Vice President Future Design hat Christian Schönrock die Entwicklung der Schiffe der Kussmund-Flotte maßgeblich mitgeprägt: „Technologisch stellt die HELIOS-Klasse einen bedeutenden Entwicklungsschritt dar. Während mit AIDAprima und AIDAperla erste Grundlagen gelegt wurden – insbesondere beim Einsatz der LNG-Antriebstechnologie – wurde dieses Konzept in der HELIOS-Klasse umfassend umgesetzt."

GROSSE SCHIFFE, VIELE WELTEN

Mit rund 337 Metern Länge, einer Breite von etwa 42 Metern und einer Vermessung von rund 183 900 BRZ gehört AIDAnova bei ihrer Indienststellung im Jahr 2018 zu den größten Kreuzfahrtschiffen der Welt. AIDAnova bietet je nach Quelle und Bemessung in 2626 Gästekabinen Platz für bis zu 6554 Gäste; an Bord arbeiten rund 1500 Crewmitglieder. 2022 folgt mit AIDAcosma ein Schwesterschiff.

Die Bedeutung dieser neuen Klasse zeigt sich jedoch nicht allein in ihrer Größe, Kabinenzahl oder Maschinenleistung, sondern vielmehr darin, wie AIDA diese Dimensionen nutzt. Denn Größe ist in der HELIOS-Klasse kein Selbstzweck. Stattdessen zeigt AIDA mit dieser Generation, dass das Unternehmen nicht mehr nur als deutsche Clubschiff-Marke auftritt, sondern als hoch professioneller Anbieter eines breit zugänglichen und zugleich differenzierten Kreuzfahrterlebnisses. Die HELIOS-Klasse ist daher nicht bloß ein Produkt, sondern eine strategische Aussage: AIDA

▶ Kiellegung von AIDAnova (Baunummer S. 696) im September 2017 auf der Meyer Werft: Den traditionellen Glückscent unter den ersten von insgesamt 90 Blöcken legen die beiden Auszubildenden Louisa Tröbner (AIDA) und Martin de Boer (Meyer Werft).

Bild: © Meyer Werft

Bild: © Meyer Werft

▲ Zur Taufe von AIDAnova in Papenburg am 31. August 2018 findet ein Open-Air-Konzert mit dem französischen DJ David Guetta statt. Der Taufakt selbst wird durch die vierköpfige Familie Mirza aus Hessen vollzogen, die sich vor einer Jury gegen viele Bewerber durchgesetzt hat. Eine eindrucksvolle Lichtshow macht die Taufe von AIDAnova zu einem emotionalen Höhepunkt: Das Schiff verwandelt sich in ein leuchtendes Schauspiel aus Farben, Bewegung und festlicher Atmosphäre. AIDAnova wird am 12. Dezember 2018 an die Reederei übergeben.

will wachsen und in den Ferien verstärkt Familien ansprechen, außerhalb der Ferien aber ebenso Paare, Alleinreisende und andere Zielgruppen erreichen – ohne das Gefühl von Freiheit und Individualität aufzugeben.

Die unmittelbare Vorgeschichte liegt in den Erfahrungen der HYPERION-Klasse. AIDAprima und AIDAperla zeigen, dass sich das AIDA Prinzip auch auf größere Schiffseinheiten übertragen lässt. „Von dieser Klasse wurden letztlich nur zwei Schiffe gebaut, obwohl ursprünglich weitere Einheiten geplant waren", erklärt Christian Schönrock. „Parallel dazu arbeiteten wir bereits an der Entwicklung der HELIOS-Klasse." Diese neue Schiffsgeneration wird von Beginn an brei-

Bild: © Meyer Werft

◄ Nach dem ersten Stahlschnitt von AIDAcosma am 15. August 2019 in der Meyer Werft in Papenburg erfolgt am 15. Oktober 2019 die offizielle Kiellegung in der Neptun Werft in Rostock. Hier entsteht die Maschinensektion mit den Tanks. Diese trifft im März 2020 per Schlepper in Papenburg ein.

Video
AIDAnova
Bau & Ausdocken

Video
AIDAcosma
Emspassage

Bild: © Meyer Werft

▶ Die achteren Aufbauten von AIDAcosma in einem fortgeschrittenen Baustadium. Dieser Bereich wurde gegenüber dem Schwesterschiff AIDAnova modifiziert, da hier u. a. ein Infinity Pool seinen Platz findet.

Bild: © Meyer Werft

▲ Die Brückensektion wird per Kran auf die vorderen Aufbauten von AIDAcosma aufgesetzt.

ter gedacht. Sie soll nicht ausschließlich für AIDA funktionieren, sondern auch für weitere Marken innerhalb der Unternehmensgruppe einsetzbar sein. Damit reagiert der Konzern auf Marktbedingungen in Europa und Nordamerika, die den wirtschaftlichen Betrieb größerer Kreuzfahrtschiffe ermöglichen. Ein zentraler Punkt ist die Effizienz. „Größere Schiffe verbrauchen im Verhältnis weniger Energie pro Gast als kleinere Einheiten", sagt Christian Schönrock. Kleinere Schiffe könnten technisch optimiert werden, erreichten diesen strukturellen Vorteil aber nicht in gleichem Maß.

Doch Größe bedeutet nicht nur Wirtschaftlichkeit. Sie schafft auch neue Möglichkeiten für das Urlaubserlebnis an Bord. Viele Angebote lassen sich erst ab einer bestimmten Schiffsgröße sinnvoll realisieren: verschiedene Restaurants und Bars, Freizeit- und Sportbereiche, umfangreiche Kinderangebote, Wellnessflächen und unterschiedliche Rückzugsorte.

„Die Größe schafft die Grundlage für eine größere Angebotsvielfalt", erklärt Christian Schönrock. „Dadurch können wir verschiedene Bedürfnisse und Zielgruppen gleichzeitig ansprechen."

Teil des Konzepts ist, dass sich trotz der Größe nicht alles nach Masse anfühlt. Die ho-

AIDA in der Pandemie

An die Corona-Zeit erinnert sich Christian Schönrock als eine der schwierigsten Phasen in der Geschichte von AIDA, des gesamten Konzerns und der Kreuzfahrtbranche. Lange ist unklar, wie es weitergeht. Planungssicherheit gibt es kaum, Entscheidungen müssen von Woche zu Woche neu getroffen werden.

„Dieses Szenario war in dieser Form nicht vorhersehbar", sagt Christian Schönrock. „Die Situation entwickelte sich Schritt für Schritt, ohne dass wir wirklich langfristig planen konnten." Für AIDA steht dabei von Beginn an ein Grundsatz über allem: die Gesundheit und Unversehrtheit von Gästen und Crew.

„Nach Ausbruch der Pandemie ging es zunächst um eine zentrale Frage: Wie schützen wir alle Menschen an Bord bestmöglich vor einer Infektion, und wie bringen wir sie sicher und gesund nach Hause?" Die Bilder und Nachrichten jener Zeit bleiben vielen bis heute in Erinnerung. „Wir alle denken an die vielen tragischen Todesfälle dieser Zeit – und auch Menschen an Bord von Schiffen blieben davon leider nicht verschont." In der ersten Phase geht es vor allem darum, Passagiere sicher nach Hause zu bringen und die Schiffe entsprechend zu organisieren. Danach folgen die nächsten großen Aufgaben: die Flotte sichern, Crewmitglieder zurückführen und Lösungen für den Stillstand der Schiffe finden.

„Das war organisatorisch enorm aufwendig, extrem arbeitsintensiv und mit sehr hohen Kosten verbunden – bei gleichzeitig null Einnahmen", erklärt Christian Schönrock. Für ein Unternehmen, dessen Geschäftsmodell auf Bewegung, Reisen und Begegnung beruht, ist dieser Stillstand eine historische Ausnahmesituation.

Die ehemalige AIDAcara fährt heute als Astoria Grande. Während AIDAvita nun Blue Dream Melody heißt, fährt AIDAaura unter dem neuen Namen Celestyal Discovery.

Bild: © Fotovegraf / Pexels

Gleichzeitig zeigt die Pandemie, wie verletzlich globale Systeme sind. „Wir haben gelernt, wie schnell sich Rahmenbedingungen grundlegend verändern können", sagt Schönrock. „Und wie wichtig es ist, schnell, verantwortungsbewusst und flexibel zu handeln – als Menschen, als Regierungen und als Unternehmen."

Entscheidend seien in dieser Phase Daten, wissenschaftliche Kompetenz und die Bereitschaft gewesen, auch harte Entscheidungen zu treffen und umzusetzen. Noch wichtiger aber sei der gesellschaftliche Blick gewesen: „Der Schutz der Schwächeren, der Kinder und der älteren Menschen sowie der Zusammenhalt der Gesellschaft müssen höchste Priorität haben – und dabei darf die Würde des Menschen niemals verletzt werden."

Rückblickend bleibt Corona für AIDA eine Zeit enormer Herausforderungen. Doch sie wird auch genutzt, um Strukturen zu überprüfen, Prozesse anzupassen und die Flotte weiterzuentwickeln. „Aus dieser Phase ist heute eine modernere, homogenere und insgesamt effizientere Flotte hervorgegangen", erklärt Christian Schönrock. Auch die Betriebskostenstruktur habe sich im Vergleich zur Zeit vor Corona verbessert.

So bleibt die Pandemie ein tiefer Einschnitt – menschlich, organisatorisch und wirtschaftlich. Gleichzeitig zeigt sich, dass AIDA trotz aller Schwierigkeiten stabil durch diese Phase gegangen ist. „Wir sind insgesamt gestärkt daraus hervorgegangen", sagt Christian Schönrock. „Diese Entwicklung hat wesentlich dazu beigetragen, dass die vergangenen Jahre wirtschaftlich erfolgreich verlaufen sind."

Abschied von den ersten Kussmund-Schiffen

Während der Corona-Pandemie stand die gesamte Kreuzfahrtbranche unter erheblichem wirtschaftlichem Druck. In dieser Situation, so Christian Schönrock, habe AIDA die Flotte strategisch überprüft. „Wir mussten entscheiden, wie wir die Flotte für die Zukunft aufstellen", beschreibt er den Prozess. Dabei fiel die Wahl auf eine Verjüngung und stärkere Fokussierung.

AIDAcara, AIDAvita und AIDAaura waren zu diesem Zeitpunkt ältere und kleinere Einheiten, die perspektivisch ohnehin ersetzt oder außer Dienst gestellt worden wären. Mit zunehmendem Alter steigen Betriebskosten, Warten und technischer Aufwand deutlich. Deshalb entschied sich das Unternehmen, die Flotte moderner und effizienter auszurichten. „Emotional war das nicht leicht", sagt Schönrock sinngemäß. „Aber strategisch und wirtschaftlich war die Trennung nachvollziehbar."

Bild: © Meyer Werft

▶ Die Trägerkonstruktion für das Dach des Beach Clubs vor der Montage.

he Gästezahl wird durch die Größe des Schiffes und die Verteilung der Angebote auf viele Bereiche relativiert. Wer Ruhe sucht, findet andere Orte als diejenigen, die Unterhaltung, Sport oder Familienangebote nutzen möchten.

So wird die HELIOS-Klasse zur logischen Weiterentwicklung: größer, effizienter und vielseitiger – aber weiterhin mit dem Anspruch, das AIDA Gefühl von Freiheit, Auswahl und individueller Urlaubsgestaltung zu bewahren.

Bild: © Meyer Werft

▶ AIDAcosmas Kussmund begrüßt die Werftangehörigen. Anders als die HYPERION-Klasse erhält die HELIOS-Klasse kein Luftschmiersystem (MALS) zur Verringerung des Wasserwiderstands. Während Mitsubishi dieses bei der HYPERION-Klasse bereits vertraglich inkludiert hat, wäre es bei der Meyer Werft für die HELIOS-Klasse ein Extra gewesen. Da zudem keine Leistungsgarantie für die tatsächliche Treibstoffeinsparung übernommen wird, ist der Business-Case für AIDA nicht mehr gegeben.

MADE IN GERMANY

Die Einheiten der HELIOS-Klasse entstehen wie die SPHINX- bzw. SELECTION-Klasse auf der Meyer Werft in Papenburg. Während das Typschiff AIDAnova dort entwickelt, gebaut und abgeliefert wird, entsteht AIDAcosma ebenfalls im Meyer-Verbund, wobei das Maschinenraummodul samt LNG-Tanks auf der Neptun Werft in Warnemünde gebaut und anschließend nach Papenburg überführt wird. Im Jahr 2020 wird die Ablieferung von AIDAcosma aufgrund der weltweiten COVID-19-Pandemie zunächst auf den Herbst 2021 verschoben. Am 10. Juli 2021 verlässt das Schiff schließlich das Baudock. Die Indienststellung ist zwischenzeitlich für Dezember 2021 geplant, wird wegen weiterer Verzögerungen jedoch auf das Frühjahr 2022 verlegt.

In dieser Zeit fällt auch die wirtschaftliche – und für viele emotionale – Entscheidung, sich von den kleinen und älteren Clubschiffen AIDAcara, AIDAvita und AIDAaura zu trennen, um sich auf eine modernere und effizientere Flotte zu konzentrieren.

Bild: © Meyer Werft

▲ Am 10. Juli 2021 verlässt AIDAcosma das Baudock. Am 21. Dezember 2021 erfolgt die Übergabe an AIDA in Bremerhaven. Der Gästebetrieb beginnt am 26. Februar 2022 mit einer Nordsee-Kreuzfahrt. Die Taufe erfolgt am 9. April 2022 in Hamburg durch die deutsche Bahnradsportlerin und zweifache Olympiasiegerin Kristina Vogel.

DIE ARCHITEKTUR DER VIELFALT

AIDA hat sich über Jahre mit einem offenen, leichten und beweglichen Bordgefühl profiliert. Das Theatrium der bisherigen Schiffe steht genau dafür: für Durchlässigkeit, informelle Begegnung, einen Raum, der Bühne und Alltag gleichzeitig ist. In der HELIOS-Klasse bleibt dieses offene Prinzip zwar erhalten, doch es verändert seinen Stellenwert. Auf einem Schiff mit mehr als 5000 Gästen reicht ein zentraler Identitätsraum allein nicht mehr aus. Offenheit muss strukturiert werden. Freiheit braucht Wegführung. Vielfalt verlangt klar definierte Zonen. Die HELIOS-Klasse arbeitet deshalb noch stärker als die HYPERION-Klasse mit Erlebnisclustern, mit Bereichen, die klarer voneinander unterscheidbar sind, ohne völlig voneinander isoliert zu wirken. Dies ist eine subtile, aber fundamentale Verschiebung: Das Clubschiff wird zum System zahlreicher Teilwelten. Nicht die eine große Mitte trägt alles, sondern viele aufeinander abgestimmte Bereiche.

Bild: © Meyer Werft

▲ Da das Hallentor der Werft für die Durchfahrt mit montiertem Schornstein zu niedrig ist, wird dieser erst außerhalb der Halle eingebaut und dessen Verkleidung aufgesetzt.

Bild: © AIDA Cruises

▲ Anders als ihr Schwesterschiff AIDAnova verfügt die hier abgebildete AIDAcosma nicht über einen überdachten Four Elements-Bereich. Stattdessen bietet sie zusätzliche Freiflächen und einen Infinity Pool am Heck auf Deck 16. Dort befindet sich auch eine Boulderwand als Ersatz für den Klettergarten auf AIDAnova.

Obwohl AIDAnova und AIDAcosma nahezu baugleich sind, gibt es einen auffälligen Unterschied, wie die Schiffsarchitekten Kai Bunge und Siegfried Schindler von Partner Ship Design erklären: „Während AIDAnova ähnlich wie AIDAprima und AIDAperla im Heckbereich über das Four Elements mit Klettergarten und Wasserrutschen verfügt, erhielt die später gebaute AIDAcosma an dieser Stelle einen neuen Außenbereich. Dieser besteht aus einem Infinity Pool sowie einer offenen Fläche für verschiedene Entertainment-Arten. Somit hat das Schiff einen Vorteil bei Fahrten in wetterstabilen Zonen und die AIDA Flotte erhält insgesamt eine größere Flexibilität."

Die HELIOS-Klasse übersetzt die AIDA Idee in eine Form, die auch mit einer extremen Schiffsgröße umgehen kann. Restaurants, Bars, Außenflächen, Entertainmentzonen, Rückzugsräume, Aktivbereiche, Spa, Familienangebote und Sporteinrichtungen müssen nicht nur vorhanden sein, sondern so angeordnet werden, dass eine Überforderung vermieden wird. Denn mit zunehmender Schiffsgröße steigt auch die Gefahr, dass Vielfalt an Bord nicht als Bereicherung wirkt, sondern in Unübersichtlichkeit umschlagen kann. Dass diese Balance zentral ist, zeigt sich auch an den Zahlen: AIDAcosma etwa bietet 17 Restaurants und 23 Bars, dazu großzügige Pool-Landschaften, Indoor-Spielbereiche, eine Boulderwand, eine Laufstrecke sowie eine Sauna mit Meerblick. Diese Vielfalt ist kein schmückendes Beiwerk. Sie ist der Kern des neuen Geschäftsmodells.

Gerade für AIDA als Marke ist diese Frage zentral. Denn die HELIOS-Klasse ist nicht nur eine technische oder architektonische Expansion, sondern auch eine kulturelle. Sie verschiebt die Wahrnehmung des Unternehmens. Früher stand AIDA stärker für das überschaubare Clubschiff mit bewusst informeller Prägung. Nun tritt die Reederei mit Schiffen auf, die in ihrer Größenordnung mit internationalen Mega-Linern konkurrieren. Das hat Folgen. Einerseits gewinnt die Marke an Strahlkraft, Schlagkraft und internationaler Präsenz. Andererseits stellt sich die Frage, wie viel von der ursprünglichen Unmittelbarkeit erhalten bleibt. Ein sehr großes Schiff kann großzügig wirken, aber auch anonym. Es kann Freiheit versprechen, aber ebenso das Gefühl eines durchgeplanten Systems erzeugen. Die HELIOS-Klasse muss also stets beides zugleich leisten: Sie muss groß sein und trotzdem nach AIDA aussehen, sich wie AIDA anfühlen und wie AIDA funktionieren.

Hinzu kommt die technologische Dimension: 2013 erfolgt die Indienststellung der VIKING GRACE der finnischen Reederei Viking Line als erstes großes Fährschiff mit einem Flüssigerdgasantrieb (LNG). Fünf Jahre später ist die weitaus größere AIDAnova das erste Kreuzfahrtschiff, das vollständig mit Flüssigerdgas (LNG) betrieben werden kann. Der Betrieb mit klassischem Diesel ist ebenfalls möglich. Im Gegensatz zur HYPERION-Klasse verfügen sie und AIDAcosma über eigene Flüssigerdgastanks und können daher nicht nur im Hafen, sondern auch während der Fahrt auf See mit LNG betrieben werden. Anders als bisher im Betrieb befindliche Dual-Fuel-Motoren lassen sich die vier Caterpillar-MaK-Maschinen des Typs 16VM46DF direkt mit LNG starten. Somit lassen sich bereits im Hafen Partikelemissionen und Stickoxidemissionen erheblich reduzieren. Für den Notfall gibt es zwei Caterpillar-3516C-HD-Notdiesel mit je 2095 kW Leistung, von denen jeder allein die Grundfunktionen an Bord aufrechterhalten kann.

„AIDA hat sich früh entschieden, konsequent auf Flüssigerdgas (LNG) als Treibstoff zu setzen", erklärt Christian Schönrock. „Bei der Entwicklung der HELIOS-Klasse wurde deshalb festgelegt, die Schiffe mit Dual-Fuel-Motoren auszustatten. Diese werden überwiegend mit LNG betrieben, können aber auch mit konventionellem Schiffsdiesel fahren. Diese Entscheidung fiel zu einem Zeitpunkt, als die notwendige LNG-Infrastruktur vielerorts noch kaum vorhanden war. Zwar existierten bereits LNG-Terminals, jedoch fehlten vielerorts die Möglichkeiten, die Schiffe direkt zu betanken. Dafür werden spezielle Bunkerschiffe benötigt. In der Anfangsphase wurde die Versorgung teilweise dadurch sichergestellt, dass LNG-Tanker die Kreuzfahrtschiffe begleiteten. Damit wurde eine Entwicklung angestoßen, die den Ausbau der LNG-Infrastruktur in der Schifffahrt beschleunigte.

Heute ist LNG eine etablierte Technologie im Kreuzfahrtbereich. Parallel zur Wahl des Treibstoffs wurde auch die Energieeffizienz der Schiffe umfassend optimiert. Größere Einheiten sind dabei grundsätzlich effizienter als kleinere – sowohl beim Antrieb als auch im Bordbetrieb. Dadurch fällt der Energieverbrauch pro Gast auf großen Schiffen geringer aus.

Bei der technischen Umsetzung konnten wir auf den Erfahrungen mit vorhandenen Schiffen wie AIDAprima und AIDAperla aufbauen. Gleichzeitig wurden viele Systeme weiterentwickelt oder neu konzipiert. In enger Zusammenarbeit mit der Meyer Werft entstanden so Schiffe, die in vielen technischen Bereichen über den bisherigen Stand hinausgingen. Die HELIOS-Klasse bildet damit die Grundlage für viele heutige Entwicklungen im Kreuzfahrtschiffbau. Und wenn auch einzelne Komponenten – wie zum Beispiel die Motoren – inzwischen weiter verbessert wurden, entspricht das grundlegende Konzept dieser Baureihe weiterhin dem aktuellen Stand der Technik."

Gleichzeitig zeigt sich an der HELIOS-Klasse auch, dass LNG als wichtiger Zwischenschritt zu verstehen ist. Der Einsatz von Flüssigerdgas reduziert klassische Luftschadstoffe

▼ Die finnische VIKING GRACE ist das erste große Fährschiff mit LNG-Antrieb.

Bild: © Bernhard Post

deutlich und markiert gegenüber älteren, konventionell angetriebenen Kreuzfahrtschiffen einen erheblichen technologischen Fortschritt. Dennoch bleibt LNG ein fossiler Energieträger. Die Entscheidung dafür steht daher weniger für einen abgeschlossenen Zielzustand als vielmehr für einen ernsthaften, kostenintensiven und industriepolitisch bedeutsamen Schritt hin zu einer emissionsärmeren Kreuzfahrt. Wie bereits bei der HYPERION-Klasse kommen auch bei den Schiffen der HELIOS-Klasse Azipod®-Gondeln zum Einsatz, die sowohl zum Antrieb als auch zur Steuerung dienen.

EIN SCHIFF FÜR DIE GANZE FAMILIE

Ein weiterer Schlüssel zum Verständnis der HELIOS-Klasse ist ihre Rolle als Familienschiff, die sie von der HYPERION-Klasse übernommen hat und verstärkt darstellt. Ihre enorme Größe erlaubt es, Familienangebote nicht mehr nur zu integrieren, sondern sie zu einem Kern zu machen. Indoor-Spielplätze, Sportdeck, Wasserrutschen, eine weit gefächerte Gastronomie, zahlreiche Kabinen unterschiedlicher Kategorien und differenzierte Unterhaltungsflächen – all dies macht AIDAnova und AIDAcosma besonders attraktiv für Mehrgenerationenreisen. Die Familie ist hier nicht nur eine Zielgruppe unter vielen, sondern eine Art organisatorisches Leitbild. Das ist für AIDA strategisch klug, denn Familien bringen Planbarkeit, eine hohe Nachfrage in Ferienzeiten, Mehrfachbuchungen und ein großes Bedürfnis nach Sicherheit, Komfort und Angebotsvielfalt. Gerade ein Schiff mit sehr vielen Gästen kann dieses Bedürfnis besser bedienen als kleinere Einheiten, weil es parallel Ruhe, Aktivität, Kinderprogramm und Erwachsenenräume bereitstellen kann.

Doch auch diese Ausrichtung hat ihre Spannung. Je stärker ein Schiff Familien in den Mittelpunkt stellt, desto bewusster müssen Ruhe und Exklusivität gestaltet werden. Auf der HELIOS-Klasse wird damit eine zweite Logik sichtbar: Parallel zu einer familienfreundlichen Hauptstruktur wächst der Bedarf an differenzierten Rückzugsräumen. Das betrifft nicht nur Spa- und Ruhebereiche, sondern das gesamte Bordgefühl. Dies erfordert eine sensible Balance: Das Schiff darf lebendig sein,

▲ 2018 ist AIDAnova das weltweit erste Kreuzfahrtschiff, das vollständig mit Flüssigerdgas (LNG) betrieben werden kann – auf See sowie im Hafen. Die vier massiven Dual-Fuel-Motoren des Typs Caterpillar MaK 16VM46DF mit je 15 440 kW können bei LNG-Betrieb die Emissionen von Feinstaub, Schwefeloxiden, Stickoxiden und Kohlendioxid deutlich reduzieren.

aber nicht zu laut; es soll vielfältig wirken, die Gäste aber nicht überreizen; es muss generationsübergreifend funktionieren, ohne oberflächlich zu werden.

Darin liegt vielleicht ihre tiefere Bedeutung für die geplanten Neubauten ab 2030. Die wichtigste Lehre von AIDAnova und AIDAcosma ist nicht einfach „noch größer" oder „noch innovativer", sondern der Anspruch, dass Komplexität kuratiert werden muss. Künftige Schiffe werden nicht allein daran gemessen werden, wie viele Gäste sie aufnehmen oder wie viele Restaurants sie zählen, sondern daran, wie klug sie Energie, Wegeführung, Zielgruppenzufriedenheit und Aufenthaltsqualität zusammenbringen. Für AIDA ergeben sich daraus mindestens vier Richtungen.

Erstens wird die Antriebsfrage weiter an Bedeutung gewinnen. Die HELIOS-Klasse zeigt, dass frühes technisches Vorangehen markenbildend sein kann. Für Schiffe ab 2030 wird daraus folgen, dass alternative Kraftstoffe, hybride Systeme, Landstromintegration, Energiespeicherung und möglicherweise neue Formen emissionsarmer Bordenergie nicht als Zusatz, sondern als Grundstruktur gedacht werden müssen.

Zweitens lehrt die HELIOS-Klasse, dass extreme Größe nur dann trägt, wenn sie räumlich lesbar bleibt. Künftige Neubauten werden deshalb noch stärker mit klaren Teilwelten, besserer Orientierung und differenzierterem Gästefluss arbeiten müssen.

Drittens zeigt die Klasse, wie bedeutend Familien als Marktsegment geworden sind – und zugleich, dass ein zukunftsfähiges Schiff parallele Bedürfnisse präziser ausbalancieren muss.

Viertens schließlich macht die HELIOS-Klasse deutlich, dass AIDA als Marke nur dann glaubwürdig bleibt, wenn Technik, Erlebnis und Haltung zusammenpassen. Die Gäste sehen nicht jede Maschine. Aber sie spüren, ob ein Schiff in sich stimmig ist.

Am Ende ist die HELIOS-Klasse Triumph und Übergang zugleich. Sie ist Triumph, weil sie AIDA in eine neue industrielle und technologische Dimension führt, weil sie das Unternehmen sichtbar modernisiert und so mit AIDAnova einen innovativen Meilenstein für Kreuzfahrtschiffe hervorbringt. Sie ist Übergang, weil sie gerade durch ihren Erfolg neue Fragen formuliert: nach echter Dekarbonisierung, nach der Zukunft des großen Familienschiffes, nach dem Verhältnis von Produkttreue und Megaschiff. Sie liefert nicht die endgültige Antwort, sondern ein belastbares Fundament, auf dem AIDA seine Antworten für die 2030er-Jahre bauen kann.

▼ Der Hotelbereich von AIDAcosma bietet 21 verschiedene Kabinenvarianten – von Einzelkabinen über Innen-, Meerblick- und Balkonkabinen bis hin zur großzügigen Penthouse-Suite.

Bild: © AIDA Cruises

Bild: © Thorsten Schweer

▲ Blick in das Treppenhaus mit hochwertigen Materialien und aufwendiger Beleuchtung.

Damit stellt sich auch die Frage, in welche Richtung sich die Schiffsgröße künftig entwickeln wird. Während Royal Caribbean International mit den hochmodernen Kreuzfahrtgiganten der ICON-Klasse – ausgelegt für bis zu 7600 Gäste und 2350 Besatzungsmitglieder – derzeit die größten Schiffe ihrer Art betreibt, werden die neuen AIDA-Schiffe kleiner ausfallen als die HELIOS-Klasse. „Grundsätzlich bieten alle Schiffsklassen unterschiedliche Eigenschaften und Einsatzmöglichkeiten", sagt Christian Schönrock. „Gleichzeitig wird die Entwicklung kontinuierlich fortgeführt, sodass auch zukünftige Schiffsgenerationen weitere technische und konzeptionelle Neuerungen enthalten werden."

EIN RUNDGANG AUF DER HELIOS-KLASSE

Der erste Schritt an Bord

Betreten wir AIDAnova oder AIDAcosma, erwartet uns keine Plaza wie auf der HYPERION-Klasse, sondern ein dicht gestalteter Ankunftsbereich mit der Rezeption in der Schiffsmitte auf Deck 6. Wir beginnen hier unseren Rundgang, denn hier liegen in Richtung Bug wichtige erste Orientierungspunkte: pixels Fotowelt, Kunstgalerie, Art Bar, AIDA Shoppingwelt, Juwelier & Accessoires und Kiosk. Erst dahinter, also weiter Richtung Schiffsmitte und Heck, beginnt die große gastronomische Achse mit Tokyo Bar, Rossini Bar, Sushi House, Rossini Restaurant, Teppanyaki Asia Grill, East Restaurant, Time Machine Restaurant und Bella Donna Restaurant.

Das ist kein klassischer Empfang, sondern eine bewusst gemischte Zone aus Orientierung, Handel, ersten Getränken und unmittelbarer Verteilung. Genau darin zeigt sich die Grundidee dieser Klasse: Man kommt nicht einfach an, sondern blickt sofort auf ein System aus Wegen, Blickachsen und Optionen. AIDAnova hat laut Reederei-Angaben 2626 Gästekabinen, AIDAcosma sogar 2732. Bei solchen Zahlen ist eine offene, auf mehrere Funktionen verteilte Ankunftszone nicht Stilfrage, sondern betriebliche Notwendigkeit. Sie arbeitet effizient, auch wenn sie auf Erstfahrer zunächst fast ein wenig wie das Foyer eines schwimmenden Resorts wirkt.

Der vordere Bereich

Gehen wir weiter nach vorn, zeigt die HELIOS-Klasse sehr deutlich, dass sie den Vorderraum anders denkt als ein Schiff, das dort zuerst Aussicht und stille Bugromantik inszeniert. Der Bug ist hier kein ruhiger Sehnsuchtsort, sondern Teil eines hoch verdichteten Programmbereichs. Auf Deck 7 liegen vorne die Wellness Oase, das Studio X, die Rock Box Bar, The Cube, Casino Bar, Casino und Street Food. Auf AIDAnova kommen zusätzlich die Zen Lounge und der Mystery Room hinzu. Auf AIDAcosma entfällt diese Kombination, dafür ist das gas-

▸ Das hochmoderne Studio X ist eine interaktive Event-Location, in der täglich Fernsehformate, Gameshows und das tägliche Bord-TV live produziert werden.

Bild: © Autor

tronomische Angebot auf Deck 7 anders weiterentwickelt.

Besonders anschaulich wird das im Studio X, das sich auf beiden Schiffen im vorderen Bereich befindet und über Deck 6 beziehungsweise Deck 7 erschlossen wird. AIDA beschreibt es als das größte TV-Studio auf See, in dem mehrere hundert Gäste live dabei sein können, wenn bekannte TV-Formate, Gameshows und weitere Unterhaltungsformate produziert werden. Gleich daneben schlägt die Rock Box Bar einen anderen Ton an: Live-Musik, Pub-Atmosphäre, Mitsingen, ein bewusst etwas rauerer Gegenpol zur Großraumästhetik eines Studios. The Cube wiederum ist Lounge, Bar und Clubfläche zugleich. So entsteht im Vorderteil der HELIOS-Klasse kein einzelner Höhepunkt, sondern ein ganzes Bündel unterschiedlicher Abendstimmungen nah beieinander.

Bild: © Autor

▴ The Cube ist ein beliebter Hotspot für Nachtschwärmer. Partys finden hier oft bis in die frühen Morgenstunden statt.

Das pulsierende Zentrum

Wenn wir uns nun vom vorderen Bereich zurück in die Schiffsmitte bewegen, gelangen wir in das eigentliche Herz: das Theatrium auf den Decks 6, 7 und 8. Zentral liegen hier die Nova Bar bzw. Cosma Bar, dazu auf Deck 7 die Loge 7 Bar. Dadurch bleibt das Theatrium zugleich Bühne, Treffpunkt, Verkehrsachse, Schaufenster des Bordlebens – und wie bei den beiden Vorgängerklassen auch Orientierungspunkt: Wer zum Restaurant möchte, wer zur Bar geht, wer vom Spa kommt oder später ins Studio X will, landet früher oder später wieder hier. Gerade für Gäste, die zum ersten Mal an Bord sind, ist das wichtig: Man versteht dieses Schiff nicht sofort über Decknummern, sondern über wiederkehrende Räume.

Die Verästelung des Erlebnisses

Von diesem Zentrum aus verzweigt sich das Schiff in einer Weise, die man erst im Gehen wirklich versteht. AIDA führt AIDAnova aktuell mit 18 Restaurants, 16 Bars & Clubs, drei Lounges und 15 Pools; AIDAcosma mit 17 Restaurants, 17 Bars & Clubs, drei Lounges und ebenfalls 15 Pools. Diese beeindrucken-

Bild: © Autor

Bild: © Thorsten Schweer

den Zahlen verraten, dass die HELIOS-Klasse nicht als ein großer Ort auf See konzipiert ist, sondern als ein Netz aus vielen kleineren und unterschiedlichen Aufenthaltsbereichen.

Kulinarisch wird das auf reizvolle Weise konkret. Auf Deck 5 liegt auf beiden Schiffen achtern das Markt Restaurant. Auf Deck 6 beginnt nach dem Theatrium Richtung Heck eine lange gastronomische Folge: Tokyo Bar, Rossini Bar, Sushi House, Rossini Restaurant, Teppanyaki Asia Grill, East Restaurant, Time Machine Restaurant und Bella Donna Restaurant.

Auf Deck 7 differenzieren sich die Schiffe stärker. Auf AIDAnova folgen nach dem vorderen Entertainment- und Casinobereich sowie dem Theatrium unter anderem French Kiss – Die Bar, Mystery Room, French Kiss – Die Brasserie, Veganes Restaurant, Best Burger @ Sea, Ocean's – Das Fischrestaurant, Yacht Club Restaurant, Lanai Deck und Lanai Bar. Auf AIDAcosma liegt an vergleichbarer Stelle statt Mystery Room und veganem Restaurant das Beach House Restaurant; dazu kommen French Kiss – Die Brasserie, Best Burger @ Sea, Ocean's – Das Fischrestaurant, Yacht Club Restaurant, Lanai Deck und Lanai Bar. Auch hier ist die Richtung klar: vom zentralen Bereich weiter nach achtern, bis zum Heck mit Lanai Deck und Lanai Bar.

▲ Blick in das Theatrium: AIDA beschreibt diesen Bereich als das „schönste Wohnzimmer der Meere" mit 360°-Bühne und Hightech-Ausrüstung für Weltklasse-Entertainment.

▲ Die Bühnenpodien lassen sich flexibel in verschiedene Positionen fahren. Zusammen mit vier Punktzügen für artistische Flugbewegungen entsteht eine Show, die nicht nur auf die Bühne begrenzt bleibt, sondern den gesamten Raum des Theatriums einbezieht.

Auf Deck 8 befinden sich vorn das große Body & Soul Organic Spa, der Sportbereich, Friseur, Nail Spa und Parfümerie. In der Mitte bleibt das Theatrium präsent; darum herum liegen unter anderem Hemingway Lounge, Café Mare, Eisbar und Vinothek. Weiter achtern folgt auf AIDAnova die Kombination aus Ristorante Casa Nova, Churrascaria Steakhouse und Brauhaus; auf AIDAcosma sind es Ristorante Mamma Mia, Churrascaria Steakhouse und Brauhaus. Für den Gast ist das faszinierend und zugleich ein wenig unerbittlich: Die Auswahl ist so groß, dass man nicht alles schaffen kann. Genau daraus entsteht ei-

Bild: © Martin Helmers

◀ Im Fischrestaurant entsteht der Eindruck, als sei man in den Tiefen des Meeres. AIDAcosma verfügt über 17 Restaurants. Dazu zählen auch verschiedene Spezialitätenrestaurants, unter anderem für asiatische und französische Küche sowie Pizza und Burger. Ergänzt wird das Angebot durch 17 Bars & Clubs.

ne neue Form von Luxus, aber auch ein leichter Druck zur Entscheidung – fast, als müsse man auf einem einzigen Schiff mehrere parallele Urlaube zugleich organisieren.

Abendliche Verdichtung

Am Abend zeigt die HELIOS-Klasse, wie konsequent sie ihr Nightlife verteilt. Das Theatrium bleibt Showzentrum, aber es ist längst nicht mehr der einzige Brennpunkt. Die Rock Box Bar setzt auf Live-Musik in Pub-Atmosphäre, The Cube auf Clubbetrieb, die Loge 7 Bar auf das entspannte Dabeisein am Rand des zentralen Trubels. Dazu kommt das Studio X mit TV-Formaten, Gameshows und Live-Produktionen. Weiter achtern schafft die Lanai Bar am Heck einen ruhigeren Gegenpol, während der Beach Club tagsüber Urlaubslandschaft und abends Partyfläche sein kann.

Diese Mehrgleisigkeit ist die eigentliche Stärke der HELIOS-Klasse im Abendbetrieb: Nicht alle müssen an denselben Ort, und gerade deshalb fühlt sich die hohe Gästezahl oft kleiner an, als sie ist. Andererseits wird das Schiff dadurch auch permanent ereignishaft. Wer Stille sucht, muss sie aktiver suchen als auf den kompakteren, stärker zentrierten Kussmund-Schiffen.

Weitere Erlebniswelten

Verlassen wir jetzt die Innenräume, öffnet sich die HELIOS-Klasse nach außen auf eine Weise, die im Kern vertraut wirkt, im Detail aber bereits die Unterschiede zwischen AIDAnova und AIDAcosma zeigt. Der Beach Club gehört auf beiden Schiffen zu den prägenden Orten. AIDA

▼ Die HELIOS-Klasse verfügt über einen 3545 m² großen Spa-Bereich mit verschiedenen Angeboten.

Bild: © Autor

Bild: © Autor

▲ Darf auf einem Kussmund-Schiff nicht fehlen: Die sternförmige AIDA Bar im Beach Club.

beschreibt ihn als lichtdurchflutetes Urlaubsparadies mit Wasserlandschaft und AIDA Bar; unter dem UV-lichtdurchlässigen Foliendom herrschen unabhängig vom Wetter sommerliche Temperaturen. Tagsüber entspannen Gäste unter Palmen, abends wird der Bereich zur Fläche für Live-Musik, DJs und Beachpartys.

Auf AIDAnova bleibt außerdem das Four Elements auf den Decks 16 und 17 der große Familienanker; dazu kommen der Klettergarten, die Wasserrutsche Racer, das Fuego Restaurant, Best Pizza @ Sea, Game Center, Wave Club Teens Lounge, Mini Club, Kids Club und das 5. Element. Diese Kombination aus Beach Club und Activity Deck ist die Antwort auf die Frage, wie man auf einem so großen Schiff Bewegung, Wetterunabhängigkeit und Verteilung zugleich organisiert und mehrere Generationen von AIDA Gästen anspricht.

AIDAcosma verschiebt dieses Konzept spürbar. Sie hat kein Four Elements in der Form der AIDAnova, sondern setzt auf Deck 16 stärker auf offene Außenbereiche mit Meerblick und das Ocean Deck am Heck. Hier befinden sich Infinity Pool, Whirlpool, Ocean Bar, Bühne und darüber zusätzliche Sonnendecks. Darüber hinaus gibt es auf AIDAcosma den Fun Park Kids auf Deck 16 sowie auf Deck 17 das Sportaußendeck mit Boulderwand, außerdem den Beach Club, die AIDA Bar, die AIDA Lounge, den Kids Pool, den Skywalk sowie die Wasserrutsche Racer.

Damit wird AIDAcosma im Außenraum dramaturgisch klarer: achtern Panorama und Weite, mittschiffs der wetterfeste Beach Club, im Familienbereich Action. Das ist attraktiv und zeitgemäß, verstärkt aber auch die Resort-Logik des Schiffes. An Seetagen werden diese Außenbereiche zu echten Magneten: großartig für alle, die Vielfalt und Auswahl lieben – und mitunter vielleicht etwas anstrengend für jene, die sich an Bord eines Schiffes mit mehr als 6000 weiteren Gästen nach einem einzigen, überschaubaren Rückzugsort sehnen.

▼ Das Four Elements mit Klettergarten als Aktivitäts- und Erlebnisbereich für die ganze Familie.

Bild: © Autor

Rückzug zu den Ruhepolen

Gerade deshalb sind die Ruhepole auf der HELIOS-Klasse wichtiger, als sie auf den ersten Blick wirken. Der Body & Soul Organic Spa mit einer Größe von 3545 m² liegt im vorderen Be-

Bild: © Autor

Bild: © Autor

▲▶ Auf AIDAcosma ist die Doppel-Wasserrutsche Racer ein absolutes Highlight. Auf dieser können zwei Personen in zwei parallelen Röhren gegeneinander antreten. Die Zeit wird automatisch gemessen und am Ende auf Displays angezeigt.

reich auf Deck 8; die Wellness Oase befindet sich auf Deck 7 ganz vorn. In Verbindung mit Sport, Outdoor-Fitness, Minigolf, Friseur, Nail Spa und Loungezonen entsteht hier ein eigener Gegenentwurf zum trubeligen Theatrium und zum Beach Club. Auch das Lanai Deck mit der Lanai Bar am Heck auf Deck 7 liefert seinen Beitrag zur „Entschleunigung". Es ist kein spektakulärer Ort im Sinne des höhergelegenen Ocean Decks, sondern eher ein entspannender Blick über das Kielwasser.

Fazit des Rundgangs

Am Ende dieses Rundgangs bleibt für mich vor allem ein Eindruck: Die HELIOS-Klasse ist kein einzelner großer Raum, sondern eine schwimmende Abfolge von Erlebniswelten. Ihre Architektur verteilt Ankunft, Entertainment, Gastronomie, Familienbereiche, Nachtleben und Rückzug so gekonnt, dass ein Schiff mit 337 Metern Länge und mehreren tausend Gästen oft erstaunlich beherrschbar wirkt.

Gleichzeitig ist das Erlebnis weniger konzentriert, weniger eindeutig, teilweise fast wie eine Mall mit vielen Eindrücken direkt nacheinander. Wer das liebt, wird die HELIOS-Klasse als großzügig und frei empfinden. Wer auf See eher nach Reduktion sucht, spürt schneller, dass die AIDA Entwickler hier Größe nicht kaschieren, sondern sehr geschickt organisieren.

Bild: © Thorsten Schweer

▲ Der Infinity Pool von AIDAcosma bietet einen malerischen, unverbauten Blick auf das Meer sowie die Heckwelle und ist von einer transparenten Glasscheibe eingefasst, die den namensgebenden „Endlos-Effekt" erzeugt.

Bild: © AIDA Cruises

„Du wirst die Welt niemals richtig genießen, bis nicht das Meer durch deine Adern fließt, dich der Himmel zudeckt und die Sterne dich krönen."

Thomas Traherne (1636–1674),
englischer Theologe und Schriftsteller

„SIE HABEN URLAUB!“
EINE REISE ÜBER DAS MEER

6

◄◄ AIDAcosma gleitet dem Mittelmeer entgegen - nicht nur als Kreuzfahrtschiff, sondern als schwimmende Erlebniswelt, die für Gäste und Crew selbst zur Destination voller Licht, Leben und besonderer Momente wird.

DER ALLTAG ENDET, DIE REISE BEGINNT

Als die vierköpfige Mülheimer Familie Schweer die Gangway betritt, bleibt sie kurz stehen. Der Alltag ist noch nah: die Terminalhalle im Rücken, die Koffer in der Hand, die letzte Nachricht auf dem Handy gerade gelesen. Vor ihnen liegt AIDAcosma, größer als gedacht, offener, farbiger und lebendiger als ein Hotel oder Ferienclub an Land. Schon der erste Schritt an Bord macht deutlich: Jetzt beginnt nicht nur eine Reise. Jetzt beginnt eine eigene Zeit.

Der erste Eindruck ist überwältigend. „Wow – groß, schön, schick", erinnert sich Vater Thorsten. Auch Mutter Nina und die beiden Töchter Clara (18) und Johanna (16) sind von Größe und Einrichtung beeindruckt und fragen sich zunächst, wie man sich auf so vielen Decks zurechtfinden soll. „Ich fand alles sehr schön eingerichtet", sagt Johanna, „und habe mich trotzdem gefragt, wie man hier den Überblick behält." Nina beschreibt den Moment ähnlich: riesig, aber sehr gelungen – und zugleich mit der Frage verbunden, wie man sich in diesem neuen Kosmos orientieren soll. Die Unsicherheit weicht jedoch schnell der Vorfreude, das Schiff nach und nach zu entdecken.

Für Beate, Wahl-Hamburgerin und allein reisend, ist dieser Moment vertraut. Sie kennt AIDA, das erste Ankommen, den Blick nach oben auf den Schiffskörper, die Mischung aus Orientierung und Vorfreude. Und doch fühlt sich jeder Einstieg anders an – wegen der Route, des Wetters, der Menschen und der besonderen Atmosphäre an Bord. Das Schiff ist vertraut und wirkt doch auf jeder Reise neu. Ihre Verbindung zur Kussmund-Flotte ist auch persönlich. Beates Liebe zu AIDA ist auf ihre Tochter Sarah übergesprungen. Nach vielen gemeinsamen Reisen ging Sarah 2020 selbst an Bord – zunächst als Scout und 2022/23 schließlich auch als Weltreisereporterin.

So erlebt Beate die Kreuzfahrten nicht nur als Gast, sondern auch aus einer Nähe heraus, die vielen Reisenden verborgen bleibt. „Im August 2026 trete ich meine 25. AIDA Reise an", erzählt sie. „Mal mit der Familie, mal mit Freunden, teilweise zu Besuch bei Sarahs Einsätzen, aber auch schon ganz allein. Von AIDAvita bis AIDAcosma habe ich alle Schiffsklassen

Bild: © Beate Bernauer

◄ Beate aus Hamburg hat eine langjährige Beziehung zu AIDA.

Bild: © Thorsten Schweer

▼ Vorfreude auf die erste gemeinsame Familienkreuzfahrt: Clara, Johanna, Nina und Thorsten (von l inks nach rechts).

Bild: © Autor

AIDA Objekte
Handtuch & Handtuch-Origami

Im Laufe der Jahre entwickelten sich die gelb-weißen AIDA Handtücher zu einem sichtbaren Markenzeichen an Bord und an Land. Am Pool, auf dem Sonnendeck oder am Strand erzeugen sie ein einheitliches AIDA-Bild – fast wie eine „AIDAsierung" des Urlaubsraums. In den Kabinen wiederum überrascht das Housekeeping die Gäste mit liebevoll gefaltetem Handtuch-Origami: Elefanten, Hunde, Schwanenpaare und andere Figuren gelten seit den frühen AIDA Jahren als beliebter Brauch und als kleines Symbol der Gastfreundschaft.

eigenen Rhythmus, der sich schon in den ersten Minuten an Bord bemerkbar macht.

WOHIN ZUERST?

Gerade am Anfang helfen feste Orientierungspunkte. Thorsten nutzt vor allem die AIDA-App. „Die hat mir sehr geholfen, weil ich mir abends immer einen Überblick verschaffen konnte", erzählt er. „Nach etwa drei Tagen habe ich mich gut zurechtgefunden. Besonders hilfreich waren die Schiffssymbole an den Aufzügen. Dadurch wusste ich sofort, wo Bug und Heck sind." Johanna sucht sich zentrale Punkte. „Das Theatrium liegt sehr zentral, und von dort kommt man eigentlich überall hin." Zusätzlich hilft ihr die große Anzeigetafel mit den Wegweisern.

Beate kennt diesen ersten Moment an Bord: Man fühlt sich kurz klein, nicht verloren, aber umgeben von Möglichkeiten. Gerade darin liegt ein Reiz. Ein AIDA-Schiff ist nie nur ein Ort. Schon im Hafen wirkt es lebendig – als würde mit dem Einstieg für einige Tage ein anderes Leben beginnen.

▼ Die obligatorische Sicherheitseinweisung am ersten Tag. Das Anlegen der Schwimmwesten hat stets das Potenzial für ein Familienfoto.

kennengelernt. Kurzreisen, Mittelmeer, Asien, mehrfach Karibik – es war schon alles dabei. Die längste Fahrt war der letzte Teilabschnitt der Weltreise 2022/23 mit meiner Tochter Sarah."

Familie Schweer ist dagegen zum ersten Mal auf einem AIDA Schiff. Alles ist neu und groß. Clara und Johanna schauen mit dem ungebremsten Blick von Erstfahrern: Wo ist der Pool? Wo gibt es Eis? Sind hier wirklich so viele Restaurants? Thorsten kennt von einer früheren Schnupperkreuzfahrt AIDAluna und merkt schnell, dass AIDAcosma eine andere Dimension darstellt. Nina nimmt den ersten Eindruck stiller wahr: nicht nur die Größe, sondern auch Wege, Licht, Gerüche, Stimmen – und diesen

Bild: © Thorsten Schweer

Bild: © Tim Diercks / Pexels

▲ Das Auslaufen ist für viele ein emotionaler Moment - nicht zuletzt, weil die dazugehörige Musik im Ohr bleibt.

DAS AUSLAUFEN – EIN BESONDERER MOMENT

Sobald sich ein Schiff der Kussmund-Flotte in Bewegung setzt, darf die passende Musik nicht fehlen. Seit 1996 gehört „Orinoco Flow" zum Auslaufen dazu und sorgt zuverlässig für jenen Moment, in dem selbst erfahrene Kreuzfahrer innehalten und aufs Meer schauen. Anfangs erklang die Originalversion von Enya, heute eine Coverversion der Band Solano. Hinzu kommen die eigens für AIDA komponierten Stücke „Sail Away" und „Leinen Los" von Martin Lingnau. Gemeinsam bilden sie den emotionalen Startschuss jeder Reise – ein wenig Gänsehaut, ein wenig Fernweh.

Familie Schweer steht dicht beieinander. Johanna winkt mit beiden Armen, Clara fotografiert mehr die Stimmung als den Hafen, Thorsten sucht nach Worten, findet aber keine. Nina lächelt nur. Beate steht etwas abseits an der Reling. Sie mag dieses Ritual. Auslaufen ist nicht nur Abschied, sondern Loslösen. Das Land verschwindet. Das Meer übernimmt.

„Sie haben Urlaub." Es gibt Sätze, die größer sind als ihre wenigen Worte. Für viele AIDA Gäste gehört diese Begrüßung durch den Entertainment Manager auf den Schiffen der SELECTION-Klasse (vormals SPHINX-Klasse) zu den kleinen Ritualen. Man bekommt ein Glas Sekt gereicht – und für einen Augenblick ist alles gesagt. Der Urlaub beginnt.

Auf AIDAcosma ist dieses Willkommen anders. Das Schiff ist größer, die Abläufe komplexer, die Zahl der Gäste eine andere. Der persönliche Empfang, wie ihn Thorsten auf AIDAluna und Beate auf verschiedenen Schiffen erlebt haben, lässt sich auf einem Kussmund-Schiff dieser Dimension nicht eins zu eins fortschreiben. Und doch bleibt die Aufgabe gleich: Aus dem Ankommen wird Urlaub. Auf den kleineren Schiffen kann ein Satz dieses Gefühl eröffnen; auf AIDAcosma verteilt es sich über Räume, Erlebnisse und Begegnungen. Sie sagt nicht unbedingt: „Sie haben Urlaub." Sie zeigt es.

AN BORD ANKOMMEN – ORIENTIERUNG, STAUNEN, MÖGLICHKEITEN

Ein AIDA-Schiff will entdeckt werden. Familie Schweer braucht dafür deutlich länger als Beate. Sie läuft von einer Ebene zur nächsten, schaut in Restaurants, bleibt im Theatrium stehen und fragt sich, wie man wohl am schnellsten die eigene Kabine wiederfindet. Für Erstfahrer ist gerade dieses langsame Verstehen besonders wertvoll: Ein Schiff ist nicht linear. Es hat eigene Viertel, Übergänge und offene Flächen.

Das große Angebot erlebt die Familie als abwechslungsreich, aber auch herausfordernd. Vor allem zu den Essenszeiten müsse man gut planen, weil es dann oft voll sei. „Wir hatten manchmal das Gefühl, etwas zu verpassen", erzählen sie. Gerade weil das Programm so vielfältig ist, entsteht schnell etwas FOMO (Fear of missing out) – die Sorge, nicht alles mitnehmen zu können. So kommen viele Aktivitäten zusammen, während die Erholung zeitweise zu kurz gerät. Diese Überfülle ist keine Schwäche des Angebots, sondern Teil der Lernkurve einer ersten Reise: Nach einigen Tagen erkennt man, dass Auswahl auch bedeutet, auf manches bewusst zu verzichten.

Beate kennt den Rhythmus einer AIDA Reise inzwischen gut. Für sie liegt der Reiz nicht darin, jeden Programmpunkt mitzunehmen, sondern die passenden Momente zu wählen. „Ich liebe es einfach, die Welt zu erkunden", sagt sie. „Der Koffer ist ausgepackt, und trotzdem sieht man jeden Tag neue Länder oder Städte." Bei AIDA schätzt sie außerdem die Shows am Abend, die Freundlichkeit der Mitarbeitenden und das gute Essen.

Familie Schweer entdeckt schnell, dass AIDAcosma ein Schiff der Möglichkeiten ist. Man kann sich treiben lassen oder gezielt planen, gemeinsam unterwegs sein und doch zwischendurch kleine Inseln für sich finden. Für Neulinge ist das zunächst fast irritierend, weil man auf einem Schiff intuitiv mit einem engeren Rahmen rechnet. Doch AIDA ist ein beweglicher Raum mit vielen Ebenen – und genau deshalb gibt es auf der ersten Reise so viele Eindrücke zu verarbeiten. Gerade darin unterscheiden sich Erstfahrer und Wiederholer: Die einen staunen über die Fülle, die anderen wissen bereits, dass nicht alles an einem Tag erlebt werden muss.

UNTERHALTUNG ALS GRUNDGEFÜHL – DAS SCHIFF LEBT AM ABEND ANDERS

Wenn der Tag zum Abend wird, verändert sich das Schiff spürbar. Das Theatrium füllt sich, die Bars werden lebendiger, die Decks bekommen diesen besonderen Schimmer aus Seeluft und Abendlicht. Jetzt zeigt sich, dass AIDA Unterhaltung nicht als Beiwerk versteht, sondern als Teil der eigenen Identität.

„Teamwork makes the dream work!", sagt der Hamburger Nils Kubon. Seit 2020 ist er Entertainment Manager. Aus seinem größten Hobby, dem Reisen, wurde nach dem Abitur ein Beruf in der Tourismusbranche. 2016 kam er erstmals an Bord eines AIDA Schiffes – zunächst als Gastgeber im lila Polo-Shirt, später als Entertainment Office Manager (EOM), schließlich als Entertainment Manager (EM).

▼ Der erste Seetag auf AIDAcosma ist vor allem für Erstfahrer ein Moment des Ankommens: Man lässt den Alltag hinter sich, findet langsam seinen Rhythmus an Bord und entdeckt Schritt für Schritt die vielen Möglichkeiten des Schiffes. Anfangs ist die Fülle an Eindrücken überwältigend – doch genau daraus entsteht dieses besondere Gefühl, wirklich auf Reise zu sein.

Bild: © AIDA Cruises

Bild: © Nils Kubon

◀ Entertainment Manager Nils Kubon aus Hamburg.

„Die Tätigkeit als EM ist sehr vielseitig und komplex", erzählt Nils. „Gemeinsam mit meinem Team bin ich für den reibungslosen Ablauf des gesamten Bordprogramms verantwortlich." Je nach Schiffsklasse gehören rund 55 bis 80 Mitarbeitende zu seinem Bereich. Dazu zählen scheinbar selbstverständliche Angebote wie die Kinderbetreuung im Kids Club oder TV-Aufzeichnungen ebenso wie Bühnenproduktionen, Live-Musik, Quizformate und Mottopartys. Vieles davon erleben Gäste ganz selbstverständlich – hinter jedem Programmpunkt stehen jedoch Planung, Abstimmung und oft viele Hände. „Damit all das funktioniert, ist eine gute und unkomplizierte Zusammenarbeit mit allen Fachbereichen entscheidend – insbesondere mit Food & Beverage. Was wäre eine gelungene Party ohne die passenden Getränke? Oder ein schöner Cocktail am Abend ohne die richtige musikalische Begleitung?"

Während die Gäste frühstücken, ist Nils meist längst im Einsatz. „Mein Tag beginnt meistens um 8 Uhr", erzählt er. Zunächst verschafft er sich im Büro einen Überblick über die Themen des Tages, dann folgen Besprechungen mit Fachbereichsleitern, Managern und Supervisoren. Später geht es um die Bordzeitung des nächsten Tages, personelle Fragen, die Vorbereitung des Abendprogramms und die Abstimmung der AIDA Prime Time. „An Bord gibt es die scherzhafte Redewendung: Von eins bis vier schläft der Offizier – und gelegentlich trifft das wohl auch auf mich zu", sagt Nils mit einem Lächeln. Am Nachmittag folgen weitere Abstimmungen; am Abend wird er für die Gäste besonders sichtbar. „Zu meinen Aufgaben gehören auch die täglichen

▼ Das Studio X lädt zu verschiedenen Show- und Quizformaten ein, die man zumeist aus dem Fernsehen kennt.

Bild: © Dominik Wendler

Bild: © Nils Kubon

◀ Entertainment Manager Nils moderiert die tägliche Prime Time Show. Zu Gast ist heute 1st TV Operator Louisa Bayer – beide verbindet nicht nur die Arbeit auf demselben Schiff, sondern auch ihre gemeinsame Geschichte als Paar.

Borddurchsagen, die Moderation des Showprogramms auf der Bühne und die AIDA Prime Time, meist allabendlich um 20 Uhr." Nach der letzten Prüfung des laufenden Programms endet sein Arbeitstag oft erst gegen 23:00 oder 23:30 Uhr. „Für viele bin ich – gemeinsam mit dem Kapitän und dem Hotel Director – eines der Gesichter der Reise", sagt er. „Genau das macht diese Aufgabe für mich so besonders: mit Menschen ins Gespräch zu kommen, jeden Tag neue Begegnungen zu erleben und gemeinsam mit meinem Team besondere Momente zu schaffen. Natürlich ist jeder Tag an Bord anders – und genau das ist für mich der besondere Reiz dieses Jobs."

Am Abend geht Familie Schweer früh ins Theatrium, weil die Töchter neugierig sind und die Eltern wissen wollen, was sie erwartet. Beate kommt später dazu oder sitzt schon vorher in einer Bar, hört der Live-Musik zu und beobachtet, wie sich der Raum langsam füllt. Abends erzeugt das Schiff eine andere Art von Öffentlichkeit: intim und groß zugleich. Man sitzt mit Menschen, die man nicht kennt, und hat doch sofort ein gemeinsames Thema – das Erlebnis an Bord.

TECHNIK FÜR GROSSE MOMENTE

Der Wahl-Hamburger Dominik Wendler ist bei AIDA einer der Menschen, die dafür sorgen, dass aus einer Showidee ein Erlebnis auf der Bühne wird. Seine Laufbahn beginnt 2002 mit der Ausbildung zur Fachkraft für Veranstaltungstechnik am Rheinischen Landestheater Neuss. Nach dem Abschluss bleibt er dort als Stage Manager und Inspizient, später bildet er sich zum Meister für Veranstaltungstechnik weiter.

„Meine beruflichen Wurzeln liegen ganz klar im Theater", erzählt Dominik. 2010 sammelt er erste Erfahrung auf See bei TUI Cruises, kehrt zunächst aber noch einmal ans Theater zurück. Nach einer Station an der Deutschen Oper am Rhein wechselt er 2013 zu AIDA Cruises. An Bord arbeitet er sich vom 2nd zum 1st Stage Operator hoch, bevor er 2015 zu AIDA Entertainment nach Hamburg geht. Seit 2016 ist er dort als Manager Entertain-

Bild: © Dominik Wendler

▲ Das Theatrium ist der Herzschlag des Abendprogramms.

ment Technics tätig. Auch privat bleibt AIDA für ihn besonders: An Bord lernt er seine heutige Verlobte kennen.

Als Manager Entertainment Technics ist Dominik mit seinem Team für die gesamte Licht-, Ton- und Bühnentechnik der AIDA Flotte verantwortlich – inklusive Artisten-, Rigging- und Showequipment. Unterstützt wird er von drei Supervisoren für Light, Sound und Stage Technics. „Wir kümmern uns um die technische Weiterentwicklung an Bord, Investitions- und Werftplanung, Budgetthemen, Beschaffung und Erneuerung von Veranstaltungstechnik." Dazu kommen Umbauten, Installationen, Bordbesuche, Arbeitssicherheit, Gefährdungsanalysen sowie die Auswahl, Einsatzplanung und Weiterentwicklung der Veranstaltungstechniker an Bord.

Seine Aufgabe beginnt aber nicht erst, wenn eine Show fertig ist. Schon bei der Entwicklung neuer Formate ist die technische Perspektive entscheidend. Jede Show startet mit einer Idee der Content-Development-Abteilung. Dabei geht es um Fragen wie: Was ist auf dem Showmarkt gefragt? Welche Wünsche gibt es aus der Geschäftsleitung? Und was möchten die Gäste erleben?

Hinter diesen Produktionen steht AIDA Content Production & Development in Hamburg. Dort entstehen neue Shows, Künstlerprogramme, interaktive Formate und digitale Inhalte für Bord-TV und Online-Kanäle; zugleich werden bestehende Produktionen regelmäßig modernisiert – etwa durch neue Kostüme, aktualisierte LED-Inhalte, technische Anpassungen oder überarbeitete Inszenierungen. Auch Familien- und Markenerlebnisse wie die Clubbie Parade werden dort entwickelt, ebenso die weltweiten Castings für Sängerinnen, Sänger, Tänzerinnen, Tänzer, Akrobatinnen und Akrobaten. Wenn ein Showthema feststeht, entwickeln Kreativteams daraus ein Konzept. In einem Workshop an Land prüfen anschließend alle beteiligten Gewerke – Licht, Ton, Bühne, Kostüm, TV sowie Sänger, Tänzer

Bild: © Dominik Wendler

▲ Dominik Wendler, Manager Entertainment Technics

▶ **Entertainment und spektakuläre Shows gehören seit jeher zu AIDA. Was für die Gäste leicht, mitreißend und magisch wirkt, ist das Ergebnis intensiver Vorbereitung, präziser Technik und großartiger Künstler aus aller Welt, die jeden Abend besondere Momente auf die Bühne bringen.**

Bild: © Wolfgang / Pexels

und Artisten –, was technisch und künstlerisch möglich ist. „Manchmal entstehen dort schon konkrete Abläufe", erklärt Dominik. „Vieles wird aber erst an Bord bei der finalen Einrichtung wirklich greifbar."

Dann beginnt die präzise Arbeit der Technik. Licht, Ton und Bühne programmieren ihre Abläufe nach dem Regieplan. Die Choreografie sorgt dafür, dass Darsteller zur richtigen Zeit an der richtigen Position stehen. Alle Shows laufen über Timecode. Das bedeutet: Bühnenbewegungen, Lichtwechsel, Toneffekte sowie Auf- und Abgänge passieren bei jeder Vorstellung exakt an derselben Stelle. „Der Timecode ist die gemeinsame Orientierung für Kunst und Technik", sagt Dominik. „Er hält alle Elemente der Show zusammen."

Gerade auf einem Schiff ist das besonders anspruchsvoll. Die Bühne ist kein festes Theater an Land, sondern Teil eines laufenden Hotelbetriebs auf See. Technik muss sicher, robust, wiederholbar und gleichzeitig spektakulär sein. „Wir prüfen immer: Ist eine Idee realistisch? Ist sie sicher? Und lässt sie sich im täglichen Betrieb an Bord umsetzen?" Auch Charter- und Special Cruises bringen besondere technische Anforderungen mit sich.

So steht Dominik Wendler für einen Bereich, den Gäste meist erst dann bewusst wahrnehmen, wenn alles funktioniert: wenn Licht, Ton, Bühne, Künstler und Timing nahtlos zusammenspielen. Hinter diesem scheinbar mühelosen Moment steckt viel Planung, Erfahrung und Verantwortung – damit aus einer Idee am Ende genau das wird, was AIDA Entertainment ausmacht: ein besonderer Abend auf See.

INTERNATIONALE TALENTE AUF DER BÜHNE

Die AIDA Stars prägen das Entertainment besonders stark. Shows wie „Shine" oder „The Voice of the Ocean" sprechen verschiedene Generationen an, wenn Sängerinnen, Sänger, Tänzerinnen, Tänzer und Akrobaten die Bühne zum Leben erwecken. Manche Inszenierungen entwickeln eine besondere Dynamik: Plötzlich singen auch Gäste mit, die zuvor eher zurückhaltend wirkten. Aus Unterhaltung wird gemeinsames Erleben. Genau darin liegt eine besondere Stärke von AIDA: Das Programm bleibt zugänglich, wirkt aber dennoch professionell und emotional. Es ist nicht nur Teil des Tagesprogramms, sondern für viele ein Höhepunkt der Reise.

AIDA Star wird man in der Regel über ein internationales Casting. Gesucht werden Sängerinnen, Sänger, Tänzerinnen, Tänzer und Musicaldarsteller, die nicht nur stimmlich oder tänzerisch überzeugen, sondern auch die besondere Energie für eine Bühne auf See mitbringen. Nach dem Casting folgt meist eine intensive Probenphase an Land, häufig in Hamburg. Dort werden die Shows einstudiert, Choreografien geprobt, Stimmen aufeinander abgestimmt und aus einzelnen Künstlerinnen und Künstlern wächst Schritt für Schritt ein Ensemble. An Bord beginnt dann der eigentliche Alltag als AIDA Star. Über mehrere Monate stehen die Künstlerinnen und Künstler regelmäßig auf der Bühne, wirken in unterschiedlichen Shows mit und werden Teil eines

Bild: © Eszter Végvári

▲ Eszter Végvári hat verschiedene Shows in ihrem Programm.

eng verbundenen Teams. Gerade diese gemeinsame Zeit prägt viele von ihnen stark. Die Arbeit ist professionell, fordernd und emotional: Man lebt zusammen, probt zusammen, steht gemeinsam im Rampenlicht und erlebt gleichzeitig die besondere Intensität des Bordlebens.

Auch Eszter Végvári aus dem ungarischen Pápa kam ursprünglich als AIDA Star zu AIDA. Nach ihrer Ausbildung zur Musicaldarstellerin arbeitete sie an großen ungarischen Musiktheatern, in internationalen Produktionen und auf Tourneen, bevor sie über ein Casting an Bord ging und in mehreren hundert Shows mitwirkte. „Die Arbeit mit vielen talentierten Künstlerinnen und Künstlern war für mich beruflich prägend, aber auch menschlich und emotional sehr intensiv", erzählt sie.

Seit rund zehn Jahren ist Eszter AIDA weiterhin eng verbunden – inzwischen jedoch als Gastkünstlerin. Für einzelne Reisen kommt sie mit eigenen Programmen an Bord und ergänzt das bestehende Showangebot um sehr persönliche Bühnenabende. Dazu gehören ein Musicalkonzert, eine Hommage an Marlene Dietrich und ihre Show „Magic", in der starke Frauen und weibliche Selbstbestimmung im Mittelpunkt stehen.

Diese Soloprogramme geben ihr eine andere künstlerische Freiheit als die Arbeit im festen Ensemble. „Als Solokünstlerin werde ich direkt von AIDA für einzelne Reisen gebucht", erzählt Eszter. „Dort ergänze ich mit

Bild: © Eszter Végvári

◄ Gerade die internationalen Künstler, Sänger und Sängerinnen wie Eszter Végvári aus Ungarn machen die Shows so besonders: Sie bringen unterschiedliche Stimmen, Kulturen und Energien an Bord und verwandeln jeden Abend in ein kleines Weltereignis auf See.

meinen Auftritten das bestehende Showprogramm." Meist bleibt sie nur für eine oder zwei Wochen an Bord. Das ist kürzer, konzentrierter und unabhängiger als ein mehrmonatiger Vertrag als AIDA Star – aber auch persönlicher, weil sie ihre eigenen Themen, Geschichten und musikalischen Schwerpunkte mitbringt.

Gerade darin liegt für Eszter der besondere Reiz. Ihre Programme sind nicht nur Unterhaltung, sondern erzählen von Bühnenleidenschaft, starken Frauenfiguren, musikalischen Vorbildern und Momenten, die berühren sollen. Obwohl die kurzen Einsätze manchmal etwas einsam sein können, fühlt sie sich an Bord schnell wieder verbunden. „Ich treffe immer wieder nette Kolleginnen, Kollegen, andere Künstler oder Lektoren", sagt sie.

So führt ihr Weg von der Ensemblekünstlerin zur eigenständigen Gastkünstlerin – mit einer Verbindung zu AIDA, die geblieben ist. Aus dem ersten Casting wurde eine lange künstlerische Beziehung, die bis heute weiterlebt.

Auch Alwin „Yoolio" Schindler blickt auf eine lange gemeinsame Geschichte mit AIDA zurück: Seit 2003 ist der in Siebenbürgen geborene Wahl-Berliner als Jongleur und Comedian im Einsatz. „Seit meinem 14. Lebensjahr stehe ich auf den schönsten Bühnen der Welt und übe meinen absoluten Traumberuf aus", erzählt er. „Die Faszination, Menschen zu unterhalten, hat mich schon mit sieben Jahren gepackt. Mein Bezug zum Meer ist die unendliche Weite, die wundervolle Natur, die uns umgibt, und das Reisen in die ganze Welt." Auf einer längeren Reise hat er meist ein bis zwei Auftritte pro Woche, auf größeren Schiffen oft als Doppelshow.

Darüber hinaus engagiert er sich freiwillig bei Clubtreffen, im Kids Club, beim Flitterwochentreff oder bei Shows für die Crew. „Die größte Herausforderung ist natürlich, auf einem manchmal schwankenden Schiff die Balance zu halten. Für Tänzer ist das schon schwierig – aber ich jongliere ja noch dabei." Manchmal balanciert er sogar eine Sonnenliege oder ein Mountainbike auf dem Kopf. „Das geht ganz schön aufs Genick. Dank gewisser Finessen, auf die ich akribisch achte, ist bisher aber immer alles gutgegangen."

Bild: © Alwin Schindler

▲ Wenn Yoolio auf einem fahrenden Schiff ein Mountainbike auf dem Kopf balanciert, hält das Publikum den Atem an – und der Applaus danach ist jedes Mal mehr als verdient.

Neben den AIDA Stars, Comedians, Magiern und Gastkünstlern gehören auch Lizenzversionen von TV-Shows wie *„Wer wird Millionär?"* oder *„Die Pyramide"* zum Abendprogramm – moderiert von Entertainment Managern wie Nils. Solche Formate passen gut ins Bordleben, weil sie Spannung, Bekanntheit und gemeinsames Mitfiebern verbinden.

Bild: © Autor

◀ Oft sind es auch die kleinen Dinge, die das Publikum verzaubern: etwa das erstaunlich schwierige Balancieren eines ganz gewöhnlichen Glases auf der Nase - ein Moment, der uns erst zum Schmunzeln bringt und dann großen Respekt verdient.

MUSIK, TANZ UND DER MOMENT, IN DEM FREMDE ZU MITREISENDEN WERDEN

AIDA wäre nicht AIDA ohne Musik in den Bars. Dort, wo eine Live-Band spielt, entfaltet das Schiff seinen leichten, verbindenden Charme. Familie Schweer nutzt ganz unterschiedliche Angebote. Thorsten zieht es vor allem in die Rock Box und in die Sauna. „Die Rockmusik hat mir gut gefallen, und von der Sauna war ich positiv überrascht – sie war schön und gar nicht so voll." Clara verbringt gern Zeit am Pool; gemeinsam besucht die Familie einige Shows, den Beach Club und gelegentlich zusammen die Rock Box.

Auf einem Kreuzfahrtschiff muss nicht jede Begegnung geplant sein: Man setzt sich dazu, kommt ins Gespräch und bleibt vielleicht länger als gedacht. Die AIDA Bar im Beach Club ist dafür ein besonderer Ort. Wenn die Band spielt und die ersten Gäste tanzen, entsteht keine aufgesetzte Partystimmung, sondern ein gemeinsames Aufwärmen. Man darf mittanzen, muss aber nicht; man darf zuhören, beobachten, lachen und später doch noch aufspringen. Genau diese niedrige Schwelle macht viele Abende an Bord so leicht.

Besonders eindrücklich ist die Silent Party im Beach Club. Von außen wirkt sie fast paradox: Menschen tanzen, lachen und singen – und doch bleibt es erstaunlich leise. Erst die Kopfhörer erklären das Bild. Es gibt drei Musikkanäle, die von drei DJs mit jeweils eigener Musik bespielt werden. Jeder hört etwas anderes, aber alle feiern im selben Raum. Genau darin liegt der Witz: Individualität und Gemeinschaft schließen sich nicht aus, sondern ergänzen sich. Familie Schweer verpasst die Party auf dieser Reise, nimmt sie sich aber für das nächste Mal vor. Beate kennt und liebt das Format. Auf einer früheren Reise wurde sie von ihrer Freundin Renate begleitet. Anfangs skeptisch, war diese am Ende begeistert – eine Geschichte, an die Beate gern zurückdenkt.

PARTY DER BEGEGNUNGEN

Die beliebte AIDA Black & White Party gehört zu den Abenden, an denen das Schiff spürbar enger zusammenrückt. Gäste und Crew begegnen sich dann nicht nur im Alltag von Service, Programm und Organisation, sondern feiern gemeinsam – stilvoll, locker und mit viel Energie. Gerade darin liegt der besondere Reiz: Die Gäste erleben die Crew einmal außerhalb ihrer eigentlichen Arbeit, persönlicher, gelöster und nahbarer.

Der Dresscode in Schwarz und Weiß und die entsprechend geschmückten Bereiche an Bord schaffen ein verbindendes Bild, doch das Herz dieser Party ist die Crew selbst. AIDA Scout Andreas Baminger bringt es auf den Punkt: „Die Black & White Party wäre ohne die Crew nicht das, was sie ist." Genau diese Präsenz macht aus einer Musikparty ein echtes Gemeinschaftserlebnis. Musik, Tanz und Gespräche öffnen Türen, Begegnungen entstehen fast von selbst. Für viele Stammgäste ist genau das ein Kern des AIDA Gefühls: Man teilt nicht nur ein Schiff, sondern besondere Momente mit den Menschen, die diese Reise möglich machen.

Der AIDA Tanz „El Tiburón" gehört zu jenen Ritualen an Bord, die viele Stammgäste sofort mit einem Schmunzeln erkennen – ähnlich wie „Orinoco Flow" beim Auslaufen. Neue Gäste lernen meist schneller mit, als sie selbst erwarten. Denn hier geht es nicht um perfekte Schritte, sondern um Teilhabe, gute Laune und dieses besondere Clubgefühl. Der frühere Clubdirektor Ernie Noelle erinnert sich: „‚Den El Tiburón' haben unsere Tänzer auf einer Karibikinsel gesehen, sofort bei der Poolparty vorgeführt und alle tanzten mit. Der Rest ist Geschichte."

DIE ORGANISATION HINTER DEM ENTERTAINMENT

Entertainment Manager (EM) und Entertainment Office Manager (EOM) arbeiten an Bord als enges Team: Der EM ist stärker bei den Gästen präsent, begleitet Veranstaltungen, behält den Überblick und trifft Entscheidungen. Der EOM hält im Hintergrund die organisatorischen Fäden zusammen, koordiniert Programme, Termine und Abstimmungen – damit das, was vorne leicht und unterhaltsam wirkt, zuverlässig funktioniert.

Auf einem Schiff ist jeweils nur ein EOM im Einsatz. Nach mehreren Monaten wird die Position neu übernommen – wie bei Franziska Schwarm und Lara Schöffmann, die dieselbe Aufgabe zu unterschiedlichen Zeiten an Bord ausfüllen.

Franziska aus Grimma bei Leipzig bringt eine besondere Verbindung aus Organisationstalent und Bühnengefühl mit. Schon mit 17 Jahren arbeitet sie nebenberuflich als Tanzlehrerin, später absolviert sie eine Ausbildung zur Rechtsanwaltsfachangestellten und bildet sich parallel zur zertifizierten Tanzpädagogin weiter. „Ich komme aus einer Welt, in der Struktur und Kreativität zusammengehören", könnte sie über ihren Weg sagen – und genau diese Mischung passt zur Rolle als EOM.

Bild: © AIDA Cruises

▲ Entertainment Office Managerin Franziska Schwarm

Im Sommer 2018 beginnt Franziska als Gastgeberin auf AIDAcara. Schritt für Schritt arbeitet sie sich auf den kleinen Schiffen zur Gastgeber Supervisorin hoch. Als diese Einheiten die Flotte verlassen, wechselt sie als EOM auf die heutige SELECTION-Klasse. Kurzzeitig übernimmt sie auch Aufgaben als Four Elements Manager auf der HYPERION-Klasse. Doch dabei merkt sie ehrlich: Ihr Herz schlägt stärker für die kleineren Schiffe.

AIDA Objekt Kopfhörer der Silent Party

Dieses heute sehr beliebte Event entstand nach den Beschwerden von Anwohnern in Rotterdam über die Lautstärke der Partys an Bord von AIDAprima am Liegeplatz. Durch die Nutzung der Kopfhörer können Gäste weiterhin ausgelassen feiern, während die Umgebung von möglichem Lärm verschont bleibt.

Lara Schöffmann aus dem oberösterreichischen Pasching kommt nach ihrem Bachelorstudium in Tourism and Leisure Management 2022 als Rezeptionistin zu AIDA. Später fährt sie als Gastgeberin sowie als Gastgeberin Kids und Teens und arbeitet gezielt auf eine Managementposition hin. „Organisieren hat mir schon immer Spaß gemacht“, sagt Lara. „Manche Kollegen haben gelacht, wenn ich gesagt habe, das sei mein Hobby – aber genau deshalb passt der Job als EOM so gut.“

▲ Entertainment Office Managerin Lara Schöffmann

Bild: © AIDA Cruises

Die EOM unterstützt den EM unmittelbar. „Als rechte Hand des Entertainment Managers ist es wichtig, Termine im Blick zu behalten, Meetings zu planen und das gesamte Programm zu koordinieren“, erklärt Lara. Das zentrale Werkzeug dafür ist der Masterplan – der Reiseplan für das gesamte Schiff. Dort werden Veranstaltungen, Shows, Aktionen und Beiträge anderer Abteilungen zusammengeführt. „Man arbeitet viel mit anderen Departments zusammen und ist die Schnittstelle für das komplette Programm auf dem Schiff“, sagt Lara. Überschneidungen müssen erkannt, Lösungen gefunden und Abläufe so abgestimmt werden, dass für die Gäste ein runder Tages- und Abendablauf entsteht.

Franziska ergänzt den teamführenden Aspekt: „Auf der SELECTION-Klasse gehört auch die Leitung der Gastgeberteams zur EOM-Rolle. Somit bin ich auch die Chefin der Gastgeber. Dazu zählen unterschiedliche Teams wie unsere Gastgeber für Erwachsene, Kids und Teens. Auf der größeren HYPERION- und HELIOS-Klasse ist die EOM-Funktion stärker administrativ ausgerichtet, weil es dort für die Gastgeberbereiche eigene Manager gibt.“

Ein typischer Arbeitstag folgt bei Lara einer klaren Grundstruktur, auch wenn sich an Bord jederzeit etwas ändern kann. Meist beginnt sie gegen 9 Uhr im Office. Zuerst werden Abrechnungen vom Vortag gemacht, der Masterplan angepasst und E-Mails gelesen. Um 10 Uhr folgt das Meeting mit den Führungskräften des Entertainmentbereichs, darunter Entertainment Manager, Entertainment Technical Manager, TV & Film Supervisor, Show Manager, Music Event Manager und EOM.

Danach geht es weiter mit Officearbeit, Abstimmungen und Planungen. Am Nachmittag folgt gemeinsam mit der Bordkommunikation das „AIDA Heute“-Meeting, bei dem die Bordzeitung für den nächsten Tag geprüft wird. Am Abend begleitet Lara oft den Entertainment Manager auf seiner Runde durchs Schiff. „Wir besuchen die Locations und schauen, wie die Veranstaltungen laufen.“ Je nach Reise kommen Masterplan-Meetings, die Koordination von Lektoren und Edutainern, Reiseberichte, Hochzeiten oder Heiratsanträge hinzu. In den Ferien kann auch die Clubbie Parade dazugehören.

AIDAdiva Heute

Mittwoch, 31. Dezember 2025

Aloha! Heute ist Ihr Tag für große Gefühle: Entdecken Sie Honolulu, genießen Sie die Atmosphäre – und feiern Sie später mit uns den Zauber des Neubeginns an Bord. Willkommen 2026!

Jana Didden
Redakteurin Bordkommunikation

WELTREISE 2025

Leinen los für 2026 –
Auf Kurs Richtung Glück

Hi HONOLULU

Nächste Etappe **4.108 Seemeilen (7.608 km) bis Busan, Südkorea**

Gangway **Deck 3** | Liegeplatz **Pier 2** | Alle Gäste an Bord **01.01.2026, 02:30 Uhr** | Liegezeit **08:00 – 01.01.2026, 03:00 Uhr**

25 °C | 07:08 Uhr 18:00 Uhr | 21° 19' N, 157° 50' W

AIDA digital

Letzte Chance für den prickelnden Jahreswechsel
Nur noch bis heute um 12.00 Uhr können Sie Ihre Flasche zum Anstoßen bestellen. Sichern Sie sich rechtzeitig Ihren Champagner oder Schaumwein und starten Sie stilvoll ins neue Jahr!

Gut zu wissen

Umbuchungsschluss für Ihre Ausflüge
Bitte beachten Sie, dass die Fristen für Stornierungen und Umbuchungen je nach Hafen variieren können. Die jeweiligen Stichtage finden Sie am Ausflugs Counter auf Deck 9 sowie im Bordportal in den Hinweisen zu Ihrem Ausflug. Für **japanische Häfen** gilt: Umbuchungen und Stornierungen sind dort **nur bis zwei Wochen** vor dem Ausflug möglich.

Bild: © AIDA Cruises

AIDA Objekt „AIDA Heute“

Der „Tagesprophet“ wartete früher jeden Abend an der Kabinentür und wusste schon, was morgen wichtig wird: Ausflüge, Shows, Öffnungszeiten und kleine Bordgeheimnisse. Inzwischen erscheint die „AIDA Heute“ auf den meisten Reisen digital – moderner, papiersparender und immer griffbereit.

Franziska schätzt besonders, dass kein Tag dem anderen gleicht. „So entsteht keine Hamsterrad-Routine." Große Freude macht ihr, zu beobachten, wie Gastgeberinnen und Gastgeber wachsen und sich entwickeln. Auch Begegnungen mit Crewmitgliedern, Gästen, Künstlern, Lektoren oder Edutainern bedeuten ihr viel. Manche Kontakte dauern nur kurz, hinterlassen aber bleibende Eindrücke.

So stehen Franziska und Lara für eine Funktion, die Gäste selten direkt wahrnehmen, aber ständig erleben: im passenden Programmpunkt zur richtigen Zeit, in einer stimmigen Tagesplanung, einer funktionierenden Hochzeit, einer pünktlichen Show oder einer Bordzeitung, die Orientierung gibt. Der Entertainment Manager ist Entscheider und Gesicht nach vorn – die EOM ist die ordnende Kraft dahinter.

GUTE SEELEN MIT ÜBERBLICK

Wenn an Bord gefeiert wird, gehört Maria Velasquez oft zu den Menschen, die den Abend für die Gäste besonders machen. Die Barkeeperin aus Manila auf den Philippinen bringt viel Erfahrung mit. „An der Bar ist man oft eines der Gesichter des Gästeerlebnisses", erzählt sie. „Man ist Gastgeber, Verkäufer und Ansprechpartner zugleich." Zu ihren Aufgaben gehören Cocktails nach Unternehmensstandards, freundliche Betreuung, Bestandskontrolle sowie Sauberkeit und Sicherheit.

Gerade die Mischung aus sozialem Austausch, Tempo und handwerklichem Können gefällt ihr. Kein Tag verläuft wie der andere, und bei größeren Events ist die Abstimmung mit anderen Abteilungen besonders eng. „Das macht die Arbeit spannend", sagt Maria. „Man muss aufmerksam sein, schnell reagieren und trotzdem immer freundlich bleiben." Auf die Frage nach einem typischen Arbeitstag muss sie lächeln. „Unser Alltag verbindet Gästeservice mit vielen organisatorischen Aufgaben: den Barbetrieb vorbereiten, Getränke ausgeben, reinigen, auffüllen und im Team dafür sorgen, dass alles reibungslos läuft." Die Tage können lang sein, denn die Gäste sollen über viele Stunden hinweg gut versorgt werden.

Die Grundaufgaben sind auf allen Schiffen ähnlich, doch das Umfeld verändert sich je nach Größe. „Auf den großen Schiffen gibt es mehr Bars, mehr Gäste und ein höheres Tempo", erklärt Maria. „Dort muss man besonders schnell und effizient arbeiten. Auf kleineren Schiffen ist der Kontakt zu den Gästen oft persönlicher und vertrauter." Dass die Arbeit fordernd ist, verschweigt sie nicht. „Man arbeitet oft zehn bis zwölf Stunden am Tag, sieben Tage die Woche. Wenn Personal fehlt, kommen zusätzliche Aufgaben dazu. Das kann körperlich und mental anstrengend sein." Auch Heimweh spiele während eines mehrmonatigen Vertrags für viele Crewmitglieder eine Rolle. Trotzdem erlebt sie das internationale Team als Bereicherung. „Es geht nicht nur um unterschiedliche Sprachen. Auch Kommunikationsstile, Akzente oder Vorstellungen von Hierarchie und Teamarbeit können verschieden sein. Deshalb sind Respekt, Geduld und die Bereitschaft, voneinander zu lernen, besonders wichtig." Gerade darin liegt für Maria eine der schönsten Seiten des Bordlebens: „Am Ende fühlt sich die Crew häufig wie eine große Familie an."

Diese Atmosphäre voller Herzlichkeit bleibt auch den Gästen nicht verborgen. Die hart arbeitenden Crewmitglieder begegnen den Gästen beim Frühstück, an der Bar, in den Shows, im Spa, in der Galerie und bei zahllosen kleinen Handgriffen, die oft erst auffallen, wenn

Bild: © Thorsten Schweer

▲ Beim Flanieren über die Decks lässt sich das Schiff Schritt für Schritt entdecken: Hier öffnet sich ein neuer Blick aufs Meer, dort wartet ein stiller Lieblingsplatz – perfekt zum Lesen, Entspannen oder für ein kühles Getränk mit Horizontblick.

sie fehlen würden. Familie Schweer erlebt das Miteinander an Bord als angenehm und verbindend. „Die Menschen grüßen sich im Aufzug und wünschen sich einen schönen Tag“, erzählt Nina. „Man sitzt im wahrsten Sinne des Wortes in einem Boot und fühlt sich schnell wie Teil einer Gemeinschaft.“ Clara erinnert sich an kleine Gespräche und gegenseitige Hilfe. Besonders positiv bleibt der Familie die Crew in Erinnerung. „Sie ist durchweg freundlich, gut gelaunt und sehr gästeorientiert“, sagt Thorsten.

BEGEGNUNG ALS PROGRAMM – GEMEINSAME ZEIT

Die Stärke einer Reise liegt nicht allein in Ausstattung oder Programm, sondern auch darin, wie Menschen einander auf Zeit begegnen. Familie Schweer erlebt das schnell. Clara und Johanna finden Anschluss, Gespräche beginnen an der Bar, auf Deck, im Theatrium oder im Buffetbereich. Ein kurzer Austausch reicht, und plötzlich weiß man, wer die anderen sind, woher sie kommen und was sie auf diese Reise geführt hat. Das Schiff schafft Nähe, ohne sie zu erzwingen: Man kann sich zurückziehen, aber ebenso leicht Teil einer kleinen Gemeinschaft werden.

Beate schätzt besonders, dass sie auch als Alleinreisende an Bord nie allein sein muss. Sie kann Zeit für sich genießen und findet ebenso leicht Anschluss, wenn ihr danach ist. „Durch das clubähnliche Konzept von AIDA findet man schnell Anschluss, auch wenn man alleine reist“, erzählt sie. „Ich habe auf meinen Fahrten viele Freundschaften geschlossen, die schon seit Jahren bestehen.“ Gerade darin liegt für sie der besondere Reiz: Alleinreisende verschwinden nicht im Schatten der Gruppen, sondern gehören selbstverständlich dazu.

Während Clara und Johanna gelegentlich mit anderen jungen Erwachsenen in Kontakt kommen und Nina und Thorsten eigene Gesprächspartner finden, bleibt es der Familie wichtig, sich immer wieder zusammenzufinden. Das gelingt nicht immer von selbst. „Wir hatten an Bord gar nicht so viel gemeinsame Zeit, weil jeder seinen eigenen Aktivitäten nachgegangen ist“, erzählen sie. Über die AIDA Chat-Funktion konnten sie sich gut verabreden und gemeinsame Treffpunkte abstimmen. Auch wenn es bei den vielen unterschiedlichen Aktivitäten manchmal etwas Organisation brauchte, gelang es ihnen so, immer wieder gemeinsame Momente an Bord zu schaffen.

KULINARIK – ESSEN ALS VERGNÜGEN UND TAGESSTRUKTUR

Sobald das Schiff seinen Urlaubstakt gefunden hat, rückt das Essen fast automatisch in den Mittelpunkt. Nicht aus Hunger allein, sondern weil Mahlzeiten Teil des Erlebnisses sind. Für Familie Schweer wird schon das Frühstück zu einem kleinen Abenteuer. Clara und Johanna staunen über die Auswahl, Thorsten handelt pragmatisch: erst Kaffee, dann Überblick, dann zweiter Teller. Nina ist von der Vielfalt beeindruckt.

Beate mag diese kulinarische Freiheit. Für sie geht es nicht automatisch um das Teuerste oder Ausgefallenste, sondern um Atmosphäre: das Buffet als offener Marktplatz der Geschmäcker, das Café als Pause zwischendurch, das Spezialitätenrestaurant als besonderer Genussmoment. Und die Bar ist der Übergang – zum nächsten Programmpunkt oder zum Start in den Abend. Besonders spannend wird es, wenn Essen und Reiseziel zusammenfinden: Eine Rumverkostung in der Karibik macht den Abend anders, weil Geschmack plötzlich mit dem Ort verbunden ist; ein Sake-Tasting in Japan vertieft den Landgang noch einmal auf eigene Weise. Beate nutzt gern ruhigere Zeiten, geht manchmal früher essen und hat später Raum für Musik oder eine Show. Familie Schweer erlebt Essen dagegen oft als Familienritual: Jeder erzählt etwas anderes, und doch sitzen alle am selben Tisch. Gerade auf einer Reise, auf der sich tagsüber jeder auch eigene Wege sucht, werden solche Mahlzeiten zu verlässlichen Inseln. Kulinarik ist Genuss und Kommunikation zugleich.

SERVICE MIT HERZ UND HALTUNG

Wenn Familie Schweer essen geht, erhält sie am Tisch die Speisekarte von Kellnerin Nurul Laily Rahma aus Tangerang, Indonesien. Die junge Frau bringt viel Erfahrung aus Hotellerie, Restaurantservice und Kreuzfahrt mit. Ihre Laufbahn begann in ihrer Heimat, wo sie in verschiedenen hochwertigen Hotels und Restaurants arbeitete. Dort lernte sie, worauf es im Service ankommt: gute Vorbereitung, Aufmerksamkeit, Freundlichkeit und ein Blick für die Wünsche der Gäste.

Als Food & Beverage Assistant Steward hat Laily bei AIDA gelernt, wie wichtig gute Vorbereitung, Teamarbeit und Aufmerksamkeit im Restaurant sind. „Meine wichtigste Aufgabe ist, dafür zu sorgen, dass unsere Gäste im Restaurant einen sehr guten Service erleben", erzählt sie. Dazu gehört, den Steward zu unterstützen, Getränke vorzubereiten, die Station sauber zu halten und Abläufe zuverlässig einzuhalten. Auch mit dem Buchungssystem MXP muss sie sicher umgehen können. Wenn es in anderen Bereichen eng wird, hilft sie auch dem Barteam.

Dabei bleibt Laily nicht nur auf den Restaurantbereich beschränkt. „Manchmal singe ich bei der Eröffnung der AIDA Prime Time", erzählt sie. Dadurch hat sie Kontakt zum En-

▼ Familie Schweer beim Dinner im Beach House Restaurant. Thorstens Schwester Kerstin und ihr Sohn Marvin sind ebenfalls an Bord (die zweite und dritte Person von links).

Bild: © Thorsten Schweer

Bild: © Nurul Laily Rahma

▲ Food & Beverage Assistant Steward Nurul Laily Rahma aus Indonesien.

tertainment-Team und viele Freunde in anderen Abteilungen gefunden. Genau diese Verbindungen machen für sie das Bordleben besonders: Man arbeitet nicht isoliert, sondern im Verbund.

Ihre Motivation ist sehr persönlich. „Ich liebe es, Menschen kennenzulernen, und es ist für mich natürlich, mich um andere zu kümmern." Besonders gern arbeitet sie in Semi-à-la-carte-Restaurants. „Dort kann ich Getränke mixen, Bestellungen vorbereiten und viel über unterschiedliche Gerichte lernen. Das macht mir Spaß."

Ein typischer Arbeitstag beginnt je nach Dienstplan. Wenn Laily um sieben Uhr morgens im Frühstücksservice eingeteilt ist, steht sie gegen sechs Uhr auf, macht sich fertig und geht zur Arbeit. „Ganz wichtig ist: Einchecken nicht vergessen", sagt sie. Danach läuft der Tag nach Funktion und Einsatzbereich. Am Abend freut sie sich oft auf die Crewbar. „Dort treffen wir Freunde, spielen manchmal Spiele oder feiern besondere Anlässe. So wird das Leben an Bord nicht langweilig." Gleichzeitig sagt sie klar: „Wir arbeiten sieben Tage die Woche, und asiatische Crewmitglieder haben oft lange Verträge von sieben bis neun Monaten. Man muss mutig sein, wenn man Seefahrer werden will."

Zwischen den Schiffsklassen bleibt ihre Aufgabe grundsätzlich ähnlich, doch die Belastung unterscheidet sich. Auf kleineren Schiffen ist vieles überschaubarer, auf größeren gibt es mehr Gäste, aber auch mehr Personal und mehr Restaurantkonzepte. Die größte Herausforderung ist für sie die Sprache. Unter der Crew wird meist Englisch gesprochen, mit den Gästen Deutsch. AIDA unterstützt mit Sprachkursen, doch auch im Team braucht es Geduld. Laily begegnet dem mit Offenheit, Humor und Stärke. Privat liebt sie das Reisen, Singen und Fotografieren: „Ich mag es, neue Orte zu sehen, besondere Momente festzuhalten und Menschen aus verschiedenen Ländern kennenzulernen."

SPA, SAUNA, FITNESS UND DIE KUNST DES LOSLASSENS

Wer viel erlebt, braucht auch Ruhe. AIDA versteht Entspannung nicht als bloßen Zusatz, sondern als festen Teil des Urlaubserlebnisses. Der Spa-Bereich ist für viele Gäste ein Gegenpol zum bunten Bordleben. „Um neue Energie zu tanken, gibt es keinen schöneren Ort als das Meer", schwärmt Katrin Hofrichter, Senior Manager Spa & Fitness. „Die frische Seeluft schmeichelt der Haut und pustet den Kopf frei für neue Ideen."

Zu diesem Team gehört Julia Merschendorf aus dem niedersächsischen Werlte. Nach ihrer Ausbildung zur Physiotherapeutin arbeitete sie fünf Jahre in einer Praxis; seit Mai 2024 ist sie für AIDA tätig. Schnell hat sie gelernt, dass das Leben auf einem Kreuzfahrtschiff seinen eigenen Rhythmus hat – eine Mischung aus klarer Struktur, intensiven Arbeitstagen und spontanen Momenten. „Mein Tag beginnt meistens früh", erzählt Julia. „Um 7:30 Uhr klingelt der Wecker, ich mache mich

AIDA Objekt
AIDA Besteckständer

Das ikonische 60-teilige Set aus Edelstahl ist ein fester Bestandteil auf den Restauranttischen der Kussmund-Flotte. Im Laufe der Jahre entwickelt es sich zu einem beliebten Artikel, den AIDA Fans auch erwerben können.

Bild: © Autor

fertig, ziehe meine Uniform an und clocke kurz vor acht ein." Ihr erster Weg führt zur Spa-Rezeption. Dort prüft sie ihren Tagesplan, verschafft sich einen Überblick über die gebuchten Behandlungen und bereitet ihren Raum vor. Von 8:00 bis 12:00 Uhr dreht sich alles um die Gäste. „Die Bandbreite reicht von einer 20-minütigen Schulter-Nacken-Massage bis zu 80-minütigen Ganzkörperanwendungen", sagt sie. „Kein Tag ist wie der andere. Manchmal ist der Plan voll, manchmal entstehen kleine Lücken."

Diese nutzt sie, um den Raum vorzubereiten, Produkte und Handtücher nachzufüllen oder sich mit Kolleginnen und Kollegen auszutauschen. Pausen verbringt Julia je nach Liegezeit ganz unterschiedlich. „Manchmal leihe ich mir ein Crew-Bike, gehe mit Kollegen essen oder shoppen, oder wir machen im Hafen einen kleinen Ausflug. An anderen Tagen passiert einfach gar nichts – dann geht es aufs Sonnendeck, in den Whirlpool und in die Sonne." Am Nachmittag folgen weitere Massagen sowie Vorbereitungen für Wellness-Suiten, Cabanas oder Sauna-Events. Zwischendurch schaut sie gern bei den Kolleginnen und Kollegen aus Sport, Kosmetik oder Friseur vorbei, um zu sehen, ob irgendwo Unterstützung gebraucht wird. Um 19:00 Uhr folgt die nächste Pause, meist mit Abendessen in der Crew Mess; gegen 20:00 Uhr beginnt die letzte Schicht des Tages. Dann finden die finalen Behandlungen statt, bevor die Räume gereinigt und für den nächsten Tag vorbereitet werden. Feierabend ist oft gegen 22:00 Uhr. „Häufig gehe ich danach noch zum Sport, dusche und treffe mich anschließend mit Kollegen in der Crewbar", erzählt Julia. Manchmal holen sie sich einfach ein Eis und lassen den Abend ausklingen. Das Bordleben sei intensiv, manchmal anstrengend, aber vor allem bereichernd. „Ich bin froh, dass ich damals den Mut hatte, es einfach auszuprobieren. Kreuzfahrt muss man einmal erlebt haben – egal ob als Gast oder als Crewmitglied."

Bild: © Autor

▲ Katrin Hofrichter, Senior Manager Spa & Fitness

Bild: © Julia Merschendorf

▲ Julia Merschendorf ist gelernte Physiotherapeutin.

Familie Schweer verteilt sich derweil auf dem Schiff. Clara und Johanna genießen den Infinity Pool am Heck, wenn er gerade nicht zu voll ist. Thorsten entspannt im Spa- und Saunabereich, Nina findet nach etwas Suchen im Café Mare auf Deck 8 einen ruhigen Platz zum Lesen. Das Schiff wird stiller, obwohl es voller Menschen ist.

BEWEGUNG GEHÖRT ZUM URLAUB

Im großzügig ausgestatteten Sportbereich treffen die Gäste auf Head Trainer Aman Chaurasiya aus Mumbai und Fitnesstrainerin Antonia Klein aus Löhne bei Bielefeld. Beide bringen unterschiedliche Erfahrungen mit, arbeiten aber mit demselben Ziel: den Gästen ein professionelles, motivierendes und persönliches Fitnesserlebnis zu bieten.

Aman blickt auf rund zehn Jahre Erfahrung zurück und hat seine berufliche Laufbahn in den vergangenen fünf Jahren bei AIDA weiterentwickelt – unter anderem als zertifizierter Trainer und Sporternährungsberater. „Als Head Trainer trage ich Verantwortung für die Planung und Organisation des gesamten Sportangebots an Bord", erzählt er. „Ich erstelle die Kurspläne für unsere Gäste, koordiniere die Arbeitszeiten meines Teams und plane die Einsätze der einzelnen Trainerinnen und Trainer." Antonia ist seit März 2025 bei AIDA. Nach dem Abitur arbeitete sie zunächst auf Mallorca im Sport- und Fitnessbereich, ließ sich zur Fitnesstrainerin und Ernährungsberate-

Bild: © Aman Chaurasiya

◀ Head Trainer und Ernährungsberater Aman Chaurasiya aus Mumbai.

rin ausbilden und absolvierte verschiedene Fortbildungen. „Als Fitnesstrainerin an Bord kümmern wir uns um das sportliche Wohlbefinden unserer Gäste", sagt sie. „Wir bieten jeden Tag viele verschiedene Kurse an – von Powerkursen bis hin zu Entspannungsübungen."

Der Alltag im Sportbereich lebt vom Zusammenspiel im Team. Während Aman die Organisation im Blick behält, ist Antonia nah an den Gästen. Sie leitet Kurse, führt Personal Trainings, Workshops und Körperanalysen durch und achtet gemeinsam mit dem Team darauf, dass der Fitnessbereich sauber und einladend bleibt. „Ich gehe gern über die Trainingsfläche, komme mit den Gästen ins Gespräch, vereinbare Termine oder buche sie für unsere Kurse ein", erzählt Antonia. Aman steht ebenfalls regelmäßig auf der Fläche. „Ich gebe Kurse wie Yoga, Pilates, Step Aerobic, Indoor Cycling oder High Intensity Interval Training", sagt er. „Außerdem leite ich wöchentliche Meetings, um die Zusammenarbeit im Team zu verbessern, die Qualität unserer Angebote weiterzuentwickeln und auf Gästefeedback professionell zu reagieren."

Der Sportbereich ist rund um die Uhr geöffnet, das Trainerteam in der Regel von 7:00 bis 21:00 Uhr für die Gäste da. An Seetagen ist besonders viel los: Kurse, individuelle Termine und Gespräche wechseln sich ab, auf größeren Schiffen oft mit noch mehr Teilnehmenden. Zu den Aufgaben gehören außerdem Workshops, Personal Trainings und Körperanalysen, bei denen individuell auf die Bedürfnisse der Gäste eingegangen wird. Zusätzlich unterstützt das Team den Spa-Bereich, etwa bei Saunaaufgüssen und Events. Antonia erlebt die Arbeit an Bord auch persönlich als große Bereicherung. „Man lernt viele unterschiedliche Kulturen kennen und spricht oft Englisch. Am Anfang war das ungewohnt, aber mit der Zeit wird man immer sicherer – irgendwann merkt man gar nicht mehr, ob man gerade auf Deutsch oder Englisch geantwortet hat." Aman sagt: „Meine Position als Head Trainer hat mir geholfen, selbstständiger zu arbeiten, schnelle und sichere Entscheidungen zu treffen und Verantwortung für mein Team zu übernehmen. Dadurch bin ich fachlich und persönlich gewachsen." Seine Ambition ist klar: „Ich möchte mich weiter als Führungskraft im Sport- und Fitnessbereich entwickeln und unsere Gäste dabei unterstützen, ihre persönlichen und realistischen Fitnessziele zu erreichen."

Bild: © Antonia Klein

▲ Fitnesstrainerin und Ernährungsberaterin Antonia Klein.

AIDA Charaktere – Dodo & Co.

Die kuscheligen Plüschtiere **A**lwine, **I**tzi, **D**odo und **A**chwasachwas sind die „Clubbies" im AIDA Kids Club. Die Anfangsbuchstaben stehen für den Namen AIDA. Die „Clubbie"-Plüschfiguren sind beliebte Souvenirs von Familienkreuzfahrten. Während der Weltreise 2025/26 auf AIDAdiva hatte ich die Freude, ein Foto mit Alwine machen zu dürfen.

Bild: © Autor

WISSEN, DAS MITREIST – VORTRÄGE UND DIE VORFREUDE AUF EIN ZIEL

Eine Kreuzfahrt gewinnt an Tiefe, wenn man nicht nur reist, sondern auch versteht, wo man unterwegs ist. Deshalb sind die Vorträge der Lektorinnen und Lektoren ein wertvoller Teil des Bordprogramms. Sie bereiten auf Reiseziele vor, erklären historische und kulturelle Zusammenhänge und machen aus einem Hafen mehr als nur einen Stopp. Familie Schweer hört solche Vorträge zum ersten Mal; Beate nutzt sie noch bewusster, weil ein wenig Kontext jeden Landgang reicher macht.

Wenn Lektor Michael Cornély im Theatrium über ein Reiseziel spricht, wird Landeskunde lebendig: mit Geschichten, Humor und der Begeisterung eines Menschen, der das Meer seit seiner Kindheit liebt. Geboren in Bergisch Gladbach, studierte er nach seiner Zeit als Zeitsoldat bei der Luftwaffe Geschichte und Anglistik in Köln und arbeitete später als Schauspieler, Moderator, Dozent und Lehrer. Seit 2019 ist er als landeskundlicher Lektor für AIDA im Einsatz. „Mein Vater war begeisterter Sportschiffer. Seit meinem sechsten Lebensjahr war ich regelmäßig auf dem Wasser unterwegs – und diese Faszination hat mich nie verlassen."

Bild: © Autor

▲ Vorträge erzählen von Destinationen, Kultur, Geschichte und den Besonderheiten der kommenden Häfen. So wird aus der Kreuzfahrt nicht nur Erholung, sondern auch eine Entdeckungsreise. Im geschlossenen Theater von AIDAaura wirkte ein Vortrag konzentrierter und klassischer, klar vom übrigen Bordleben getrennt. Im offenen Theatrium der größeren AIDA-Schiffe wird Entertainment dagegen mitten im Schiff erlebt – lebendiger, beiläufiger und näher am Bordalltag.

Diese Nähe zum Meer prägt seine Arbeit bis heute. Als Lektor ist Michael fast weltweit unterwegs und bereitet die Gäste auf Länder, Kulturen und Häfen vor, die sie während ihrer Reise entdecken. Dabei ist ihm wichtig, Wissen nicht trocken zu vermitteln, sondern leicht, verständlich und mit einem Augenzwinkern. An Seetagen steht er manchmal mehrfach auf der Bühne; an Hafentagen begleitet er gern Ausflüge und bringt sein Wissen direkt vor Ort ein. „Ich gebe dann gerne meinen Senf dazu", sagt er schmunzelnd. „Vor allem, wenn es um archäologische Themen geht, kann das schon einmal etwas länger dauern." Gerade diese Mischung aus fundiertem Wissen, Bühnenerfahrung und Spontaneität macht seine Arbeit besonders. Nicht jeder Tag läuft nach Plan. Routen können sich ändern, Programmpunkte ausfallen, neue Vorträge müssen kurzfristig entstehen. „Wenn ein Showact ausfällt, muss man manchmal innerhalb weniger Minuten bühnenbereit sein. Deshalb habe ich immer zu-

Bild: © Michael Cornély

▲ Michael Cornély verbindet als Lektor Fachwissen, Erzähltalent und echte Reiselust.

sätzliche Lektorate in der Hinterhand." Und manchmal klingelt nachts das Telefon, weil eine Umroutung ein neues Lektorat für den nächsten Morgen nötig macht. „An Bord muss man flexibel bleiben."

An Bord begegnen Gäste aber nicht nur neuen Ländern, sondern auch Themen, die den Alltag bereichern können. Dafür stehen Edutainer wie Anja Siebert aus Bremen und Martin Helmers aus Sarstedt bei Hannover. Beide bringen unterschiedliche Schwerpunkte mit, haben aber dasselbe Ziel: Wissen unterhaltsam und praxisnah zu vermitteln.

Anja ist Hautexpertin, Gesundheitsberaterin und Präventionstrainerin. Von 1987 bis 2014 führte sie in Bremen ein eigenes Geschäft und bildete sich in zahlreichen Bereichen weiter – von Ayurveda-Ernährung über Anti-Aging und Prävention bis hin zu Beckenbodentraining, BrainFit, Autogenem Training und Wechseljahrsberatung. Seit 2012 ist sie regelmäßig als Edutainerin auf der AIDA Flotte unterwegs.

Bild: © Anja Siebert

▲ Edutainerin Anja Siebert aus Bremen.

„Meine Tätigkeit ist es, den Gästen ein unterhaltsames Angebot zu den Themen Prävention, Ernährung, Entspannung und gelebte Gesundheitsroutinen im Alltag zu machen", erzählt sie. „Ich halte Vorträge im Theatrium, gebe Workshops im Sportbereich oder im Konferenzraum, biete Einzelberatungen an und bin auch im öffentlichen Bereich immer ansprechbar für Fragen oder Gespräche."

Martin Helmers kommt aus einer anderen Richtung. Er ist mit Super-8-Kameras und Leica-Fotografie groß geworden und produziert heute weltweit Fotos und Filme mit dem Smartphone. Als Reisejournalist, Verleger und iPhone-Experte hat er mehr als 111 Länder bereist. „Im Mittelpunkt meiner Tätigkeit steht die Vermittlung von Smartphone-Fotografie und mobiler Filmproduktion speziell für Kreuzfahrer", sagt er. „Auf der Bühne zeige ich den Gästen, welches Potenzial in ihrem Smartphone steckt, welche Funktionen oft ungenutzt bleiben und wie man damit deutlich bessere Urlaubserinnerungen festhalten kann." Seine Inhalte reichen von Fotografie und Video über Zeitraffer und Nachtaufnahmen bis hin zu Social Media und künstlicher Intelligenz.

Gerade an Seetagen entfaltet das Edutainment-Programm seinen Reiz. Die Gäste haben

Bild: © Anja Siebert

◄ Anja Siebert hält Vorträge und Workshops zu den Themen Prävention, Ernährung, Entspannung und alltagstaugliche Gesundheitsroutinen.

Zeit, blättern durch das Bordprogramm und entscheiden sich spontan für Vortrag, Workshop oder Beratung. Anja sagt: „Jede Reise ist aufregend. Es kommt nie Langeweile oder Routine auf. Ob Weltreise, Selection-Reise, Winterpause oder Grönland – ich stelle mich jedes Mal neu auf Route und Gäste ein." Martin ergänzt: „Ein Kreuzfahrtschiff ist für mich die perfekte Umgebung, um Menschen Smartphone-Fotografie näherzubringen. An Seetagen lernen die Teilnehmer die Grundlagen, und bei den Landgängen können sie das Gelernte direkt anwenden. Dadurch entsteht ein besonders nachhaltiger Lerneffekt."

Was beide verbindet, ist der direkte Kontakt mit den Menschen. Anja schätzt die Vielfalt der Crew: „An Bord habe ich gelernt, wie wertvoll unterschiedliche Kulturen, Aufgaben und Perspektiven sind – eine Erfahrung, die ich an Land so nie gemacht hätte." Martin empfindet ähnlich: „Wenn man an Bord kommt, wird man mit ‚Willkommen zu Hause' begrüßt – und genau dieses Gefühl entsteht tatsächlich." Anja sagt: „Ich finde es großartig, dass AIDA den Gästen diesen Mehrwert bietet: Vorträge, Workshops, Spa, Sport und Erholung. So kann jeder Gast das Beste für sich auswählen." Martin ergänzt: „Mich begeistert, wenn Gäste plötzlich merken, was mit einem Smartphone alles möglich ist. Viele nehmen nicht nur schönere Erinnerungen mit nach Hause, sondern erzählen ihre Reise später mit Bildern, die wirklich berühren."

KUNST AUF HOHER SEE

Die AIDA-Kunstgalerie ist auf vielen Schiffen fester Teil des Bordlebens: eine schwimmende Galerie mit zeitgenössischer Kunst, Fotografien, Originalen, limitierten Auflagen und Skulpturen. Meist liegt sie gut erreichbar in der Nähe des Theatriums oder im Bereich der Art Bar. Auch Familie Schweer bleibt hier neugierig stehen. Das Angebot reicht von bekannten deutschen Namen wie Otto Waalkes und Udo Lindenberg, internationalen Künstlern wie James Rizzi oder Ed Heck bis zu Newcomern. Erhältlich sind natürlich auch Werke von Feliks Büttner, dem Schöpfer des berühmten AIDA Kussmunds. Führungen, Auktionen oder „Blind Dates" machen Kunst an Bord erlebbar; wer ein Werk kaufen möchte, kann es direkt erwerben und nach Hause liefern lassen.

Wenn Gäste die Galerie betreten, begegnen sie manchmal auch Kinga Csizmadia. Die gebürtige Budapesterin ist seit drei Jahren als Galeristin für AIDA tätig und verbindet zwei Leidenschaften: Kunst und Reisen. Nach ihrem Studium der Kommunikations- und Medienwissenschaften sammelte sie erste Galerieerfahrung in Ungarn, arbeitete später in Berlin – und merkte bald, dass ihr neben der Kunst auch die

Bild: © Martin Helmers

▲ In seinen Vorträgen und Workshops bringt Martin Helmers den Gästen Themen wie Smartphone-Fotografie und mobile Filmproduktion näher.

Bild: © Martin Helmers

▲ Edutainer Martin Helmers aus Sarstedt.

◀ Wenn aus gemeinsamen Projekten, Reisen und Safaris in Südafrika Freundschaften entstehen – von links nach rechts: Karl-Heinz Raubuch, Ingo Bauernfeind, Martin Helmers und Michael Cornély.

Bild: © Martin Helmers

Welt fehlte. „Ich wollte reisen und gleichzeitig mit Kunst arbeiten", erzählt Kinga. „So kam ich zu AIDA. Ich habe als Assistentin begonnen und bin schnell zur Galeristin aufgestiegen."

An Bord betreut sie 2000 bis 3000 Kunstwerke: Sie kümmert sich um Lagerung, Pflege und Präsentation und berät die Gäste beim Besuch der Galerie.

Ihr Team gehört zu den kleinsten an Bord und besteht nur aus zwei Mitarbeitenden; auch die Dienstplanung ihrer Assistenz liegt in ihrer Hand. Hinzu kommen Auktionen, Vernissagen, Finissagen, Galerieführungen und besondere Künstlerreisen. Besonders gern spricht sie über die „Artist in Residence"-Reisen. „Dann ist ein Künstler, manchmal sogar mehrere, während der gesamten Reise an Bord. Es gibt Interviews, Meet & Greets und manchmal sogar Live-Malerei – in der Galerie oder auf der Bühne. Unsere Künstler sind

Bild: © Kinga Csizmadia

▲ Galeristin Kinga Csizmadia leitet eine Auktion an Bord.

wirklich großartig und sehr freundlich. Es ist jedes Mal eine Ehre, sie kennenzulernen."

Kunst ist für Kinga weit mehr als ein Beruf. „Kunst holt mich aus dem Alltag heraus", sagt sie. „Wenn ich mir die Zeit nehme, ein Werk genau zu betrachten, vergesse ich Zeit,

Raum und alles, was noch auf mich wartet." Ein prägendes Erlebnis war für sie der Besuch ihrer ersten Biennale in Venedig. „Damals wurde mir klar, dass ich mich beruflich mit Kunst beschäftigen möchte." Ihr Alltag folgt dem Rhythmus der Reise. „An Hafentagen heißt es manchmal: Büro, Büro, Büro – und noch mehr Büro", sagt sie lachend. „Oder es gibt eine große Baustelle, wenn viele Werke neu gehängt werden müssen." Am Abend öffnet die Galerie für die Gäste; an Seetagen stehen Öffnungszeit, Auktion und wieder Öffnungszeit im Vordergrund. Gerade diese Mischung gefällt ihr.

INDIVIDUELLE FREIHEITEN

Für Familie Schweer ist es angenehm, dass die Töchter mit 16 und 18 Jahren an Bord ihren eigenen Raum finden. Clara und Johanna schauen im Teens Club vorbei, treffen Gleichaltrige und erleben das Schiff ein Stück weit unabhängig vom Programm der Eltern. Hier geht es um altersgerechte Events, Musik, Treffen in eigener Runde und das Gefühl, nicht ständig im Familienverbund unterwegs sein zu müssen. Das entspannt alle: Eltern reisen gelassener, wenn der Nachwuchs seinen eigenen Rhythmus findet, und Jugendliche genießen die Reise mehr, wenn sie selbst entscheiden können, was sie interessiert.

GASTGEBER(IN) MIT HERZ UND GUTER LAUNE

Wer Stacy Rachel Köhler begegnet, trifft auf gute Stimmung. Die Gastgeberin aus dem niedersächsischen Schöppenstedt ist seit Januar 2024 bei AIDA und hat damit genau den Beruf gefunden, den sie sich nach ihrem Tourismusmanagement-Studium gewünscht hatte. „Für mich war klar: Ich möchte die Welt bereisen, dabei arbeiten und viele Menschen kennenlernen", erzählt Stacy. „Als ich im Studium viel über Kreuzfahrttourismus gelernt habe, wusste ich sofort: Ich möchte auf einem Kreuzfahrtschiff arbeiten."

Bild: © Stacy R. Köhler

▲ Gastgeberin Stacy Köhler sorgt bei vielen Events für gute Stimmung.

Tagsüber betreut Stacy das Aktivprogramm mit Dart, Shuffleboard, Volleyball, Boccia oder Bingo. Auf Schiffen der HELIOS- und HYPERION-Klasse ist sie außerdem Brauhaus-Gastgeberin. „Dort sorge ich abends gemeinsam mit einem DJ für gute Stimmung", sagt sie. „Ob Mallorca-Party, Karaoke oder Silent Party – es geht darum, dass die Gäste gemeinsam Spaß haben." Ein typischer Arbeitstag beginnt oft mit einer sportlichen Aktion am Morgen, an Seetagen manchmal mit Frühschoppen und Fassbieranstich, am Nachmittag mit Bingo und am Abend im Brauhaus. „Dabei gibt es immer mindestens einen glücklichen Gewinner", erzählt sie mit einem Lächeln.

Gerade die Abwechslung gefällt ihr. An Wechseltagen unterstützt das Gastgeberteam zusätzlich beim Check-in oder an der Rezeption; je nach Schiffsklasse verschieben sich die Schwerpunkte. „Nicht jedes Schiff hat ein Brauhaus oder eine zusätzliche Rezeption", erklärt Stacy. „Auf den SELECTION-Schiffen finden deshalb mehr Spieletreffs statt, und wir sind stärker auf dem ganzen Schiff unterwegs, um mit den Gästen ins Gespräch zu kommen." Was sie besonders schätzt, ist das internationale Miteinander. „Es ist schön, mit so vielen Menschen zusammenzuarbeiten. Alle sind sehr freundlich, und ich finde immer jemanden, mit dem ich mich unterhalten kann. Großartig finde ich es, an einem Ort so viele Menschen aus verschiedenen Nationen kennenzulernen und darüber hinaus zahlreiche Länder besuchen zu können."

Bild: © Andreas Baminger

▲ Scout Andreas Baminger nimmt für sein Leben gern als Sänger am Event „Crew meets Band" teil.

„HAIFISCHBAR" ALS MARITIME SEELE

Neben den modernen Elementen gibt es auch Momente, die an die klassische Seefahrt erinnern. Eine „Haifischbar" oder maritime Bar-Atmosphäre steht für Shantys, Seemannslieder, raue Herzlichkeit und Geschichten vom Meer. Wenn Crew und Gäste gemeinsam in diese Stimmung eintauchen, bekommt das Schiff eine andere Tiefe. AIDA ist modern, bunt und unterhaltsam – aber am Ende bleibt es ein Schiff. Solche Abende geben dem Bordleben Erdung und lassen das Meer spürbar bleiben.

WENN DIE CREW MIT DER BAND SINGT

Zu den besonderen Momenten an Bord gehört „Crew meets Band". Dann stehen plötzlich Crewmitglieder auf der Bühne, die Gäste sonst eher hinter den Kulissen erleben – aus dem Housekeeping, der Küche oder der Technik. Gemeinsam mit der Bordband zeigen sie ihr musikalisches Talent und für einen Abend treten Hierarchien und Arbeitsbereiche in den Hintergrund. So entsteht eine besondere Nähe zwischen Crew und Gästen: persönlich, herzlich und oft sehr emotional.

„Dieses Event bedeutet mir viel, weil ich den Gästen eine sehr persönliche Seite von mir zeigen kann", erzählt AIDA Scout Andreas Baminger aus Österreich. „Ich liebe es, auf der Bühne zu stehen und für drei oder vier Minuten meinen Emotionen freien Lauf zu lassen." Ein Kollege aus dem Housekeeping habe ihm einmal geraten, sich ganz in dem Song zu verlieren – ein Satz, den er nie vergessen habe. „Dieses Gefühl ist unbeschreiblich." Auf jeden Auftritt bereitet er sich akribisch vor, mit festen Routinen und Ritualen. Nervös sei er trotzdem jedes Mal. „Aber das ist in Ordnung. Wenn man vor so vielen Menschen keine Aufregung spürt, ist man falsch auf der Bühne."

DER RHYTHMUS EINER REISE – ANDERS FÜR FAMILIEN, ANDERS FÜR ALLEINREISENDE

Mit jedem Tag wird deutlicher, wie unterschiedlich dieselbe Reise erlebt werden kann. Familie Schweer sucht die Mischung aus Aktivität, Ruhe, Essen, Unterhaltung und kurzen Auszeiten. Für sie ist ein guter Familienurlaub einer, in dem das Organisieren kaum sichtbar wird. Eine Kreuzfahrt kann genau das leisten.

Beate dagegen liebt die offene Struktur. Sie kann spontan entscheiden, ob sie tanzt, liest, schwimmt, zuhört, spazieren geht oder einfach nur schaut. Sie erlebt das Schiff als sozialen Raum, in dem man nicht allein sein muss, aber auch nicht in Gruppen aufgehen muss. Für sie ist AIDA vertraut, aber nie gleich; für

Familie Schweer ist alles neu und gerade deshalb aufregend.

Als schönste Erinnerungen bleiben der Familie am Ende nicht die dichtesten Programmtage, sondern vor allem die ruhigen Momente auf See. Clara denkt gern an den fast leeren Infinity Pool zurück: „Man konnte schwimmen und dabei direkt aufs Meer schauen – und die Sonnenuntergänge waren wunderschön." Thorsten beeindruckt besonders die Nordküste Korsikas, „mit dem warmen Mittelmeer und den Bergen am Horizont". Johanna nennt keinen einzelnen Höhepunkt; für sie sind es die stilleren Abende, die Seetage und die Ausflüge. Nina bleibt der erste Abend unvergessen, als das Schiff in Palma ablegt und die Mädchen noch einmal in den kühlen Infinity Pool springen. „Das war eigentlich mein Highlight."

„MIT DEM REISEFILM ERSCHAFFEN WIR ETWAS, DAS BLEIBT"

Ob Reisefilm oder Live-Übertragung aus dem Theatrium: Wenn an Bord besondere Momente festgehalten oder direkt in die Kabinen übertragen werden, ist Louisa Bayer aus Mittelfranken im Einsatz. Als 1st TV Operator sorgt sie dafür, dass aus den Erlebnissen einer Reise ein persönliches Souvenir entsteht und das Bordprogramm technisch zuverlässig auf Sendung geht.

Nach ihrem Journalismus-Studium mit Schwerpunkt Sport führten sie Auslandspraktika nach Athen und Costa Rica. „Danach war für mich klar: Ich möchte noch etwas von der Welt sehen", erzählt sie. Im April 2023 ging sie erstmals an Bord der AIDAdiva. Nach einem kurzen Abstecher in eine Münchner Social-Media-Agentur zog es sie schnell zurück aufs Schiff. „Die Sehnsucht nach dem Bordleben war einfach zu groß."

Bild: © Andreas Baminger

1st TV Operator Louisa Bayer hält mit ihren Kollegen die Eindrücke der AIDA Reisen fest.

Heute ist Louisa im TV-Team für den Live-Betrieb und vor allem für den Reisefilm verantwortlich – ein Andenken, das jede Reise noch einmal lebendig werden lässt. Während Live-TV den Augenblick begleitet, bündelt der Film die Reise im Rückblick: Aus Ausflügen, Bordmomenten, Begegnungen und kleinen Szenen entsteht ein Souvenir, das die Gäste mit nach Hause nehmen können. „Der Reisefilm ist viel mehr als nur eine Zusammenfassung", sagt sie. „Er ist ein Souvenir voller Momente, die unsere Gäste an Bord und an Land erlebt haben." Für jede Reise entwickelt sie ein eigenes Konzept. Sie erstellt den Drehplan, wählt spannende Programmpunkte und Ausflüge aus, teilt ihre Kollegen für die Drehs ein und prüft später deren Beiträge. „Ich bin für mein Team Ansprechpartnerin bei Fragen zu Technik, Kamera, Schnitt und Ablauf", erklärt sie. Auch die Sprechertexte schreibt und spricht sie selbst ein. Aus vielen kleinen Szenen entsteht schließlich ein Film, den sie schneidet, sichtet und für die Gäste vorbereitet. Am letzten Seetag ist Premiere – oft ein

AIDA Objekt
AIDA Reisefilm

Ein besonderes Souvenir einer Kreuzfahrt ist stets ein professionell produzierter Film des bordeigenen TV-Teams. Dieser stellt nicht nur die Destinationen einer Reise vor, sondern auch das Bordleben mit dem Entertainment.

emotionaler Moment. „Dann sehen die Gäste ihre Reise noch einmal mit anderen Augen. Für viele ist der Film etwas, das sie lange nach der Kreuzfahrt immer wieder anschauen."

Daneben gehört der Live-Betrieb zu ihren Aufgaben. Aus dem TV-Studio heraus werden Shows und die Prime Time auf die Kabinenfernseher übertragen. „Im Live-Betrieb geht es stärker um den Moment", sagt Louisa. „Mit dem Reisefilm dagegen erschaffen wir etwas, das bleibt." Einen typischen Arbeitstag gibt es kaum. Wer am Film arbeitet, ist mit der Kamera unterwegs oder sitzt lange am Schnittplatz; im Live-Betrieb liegen die Schwerpunkte vor allem am Abend im Studio. Je nach Schiffsklasse unterscheiden sich die Abläufe: Auf größeren Schiffen sind Film- und Broadcast-Team getrennt, auf kleineren liegen die Bereiche enger beieinander. Was überall gleich bleibt, ist das Miteinander an Bord. „Das Schiff ist wie eine große Familie", sagt Louisa. „Man arbeitet zusammen, feiert zusammen und niemand wird ausgeschlossen. Genau das gefällt mir."

FAREWELL UND DAS LEISE NACHKLINGEN

Am letzten Abend einer AIDA-Reise – oft nach der Premiere des Reisefilms – liegt eine besondere Stimmung über dem Schiff. Die Tage fühlen sich zugleich lang und kurz an: lang, weil so viel passiert ist, und kurz, weil alles so schnell vergangen scheint. Familie Schweer steht noch einmal an Deck. Diese Reise war mehr als Urlaub; sie war eine gemeinsame Zeit, deren Eindrücke man erst daheim ganz sortieren wird. Auch Beate erlebt diesen letzten Abend auf ihre Weise. Für sie bestätigt sich, was sie an AIDA schätzt: Verlässlichkeit und Überraschung, Gemeinschaft und Freiheit, Unterhaltung und Ruhe. Ein gutes Schiff bleibt nicht nur auf Fotos. Es bleibt im Kopf.

Besonders spürbar wird diese Stimmung während des Farewell Events im Theatrium. Dann treten Kapitän, Hoteldirektor und Entertainment Manager noch einmal gemeinsam vor die Gäste. Sie verabschieden sich, bedanken sich für die Reise und holen die Menschen sichtbar nach vorn, die das Bordleben möglich machen: die Crew. Wenn sich die Bühne mit Frauen und Männern aus verschiedenen Abteilungen füllt und ein Crewmitglied ein Abschiedslied singt, entsteht ein Moment, der gerade für Erstfahrer

Lächelmomente und der AIDA Smiling Star

Auf den Schiffen der Kussmund-Flotte zählen nicht nur Programme, Shows und Ausflüge, sondern oft die kleinen Gesten: ein freundliches Wort am Morgen, ein besonders aufmerksamer Service, ein Scherz im richtigen Moment oder Hilfe, bevor man überhaupt danach fragt. Solche Augenblicke nennt AIDA „Lächelmomente". Scout Andreas Baminger beschreibt es so: „Unsere Gäste haben die Möglichkeit, einem Crewmitglied – jemandem, der die Reise zu einem besonderen Erlebnis gemacht hat – einen sogenannten Lächelmoment zu schreiben." Wird eine dieser Geschichten ausgewählt, erhält das Crewmitglied beim Farewell den AIDA Smiling Star Award. Andreas durfte diese Auszeichnung bereits sechsmal entgegennehmen. „Ich freue mich nach wie vor über jeden einzelnen ‚Lächelmoment', der mir von den Gästen geschrieben wird", sagt er. Für die Crew bedeutet er Anerkennung – und jedes ausgezeichnete Crewmitglied hat als Belohnung einen Wunsch frei, wie etwa einen freien Tag oder ein Essen in seinem Lieblingsrestaurant an Bord. So wird aus einem Lächeln ein sichtbares Dankeschön.

Bilder: © Andreas Baminger

Scout Andreas Baminger freut sich über den Smiling Star Award, der eine besondere Auszeichnung ist.

oft überraschend emotional ist. Für einige Minuten wird sichtbar, dass das Schiff nicht nur aus Shows, Restaurants, Kabinen und Routen besteht, sondern aus den vielen Menschen, die Tag für Tag daran arbeiten, dass Gäste Urlaub erleben können.

Eine weitere Kreuzfahrt kann sich Familie Schweer gut vorstellen – beim nächsten Mal allerdings mit einigen Änderungen. „Grundsätzlich würden wir es noch einmal machen", sagen sie. Statt eines großen Schiffes würden sie lieber ein kleineres wählen, dazu eine andere Route, etwa Richtung Skandinavien. Und bei der Kabine ist die Entscheidung klar: „Beim nächsten Mal auf jeden Fall mit Balkon."

AIDA ist ein kleiner Kosmos aus Meer, Menschen, Musik, Entspannung und Erinnerung. Vielleicht beginnt am letzten Abend schon die leise Vorfreude auf das nächste Mal. Die Worte der offiziellen Verabschiedung wirken daher wie eine Einladung: Auf AIDAsehen! Familie Schweer erlebt diese Reise als erstes großes Abenteuer. Für Beate ist sie eine vertraute Wiederkehr, die sich trotzdem neu anfühlt. Beide reisen anders, beide nehmen AIDA anders wahr – und beide werden wiederkommen: Beate auf verschiedenen Schiffsklassen, gern auch wieder auf einem kleineren Schiff, Familie Schweer vielleicht ebenfalls auf einer kleineren Einheit, um den Unterschied zur großen Schiffsklasse bewusst zu erleben. Auf die Frage, was für sie den besonderen AIDA Faktor ausmacht, antwortet Beate lächelnd: „Man hat alle Möglichkeiten – Erholung und Ruhe ebenso wie Spaß, Party und Sport. Es ist für jeden etwas dabei. Und für mich fühlt es sich jedes Mal wieder wie ein Nachhausekommen an, wenn ich an Bord gehen darf."

Was bleibt, ist mehr als eine Route, mehr als ein Fotoalbum, mehr als eine schöne Reise: die Erinnerung an ein Schiff, das von vielen Menschen getragen wird und für sehr unterschiedliche Gäste jeweils etwas anderes bedeuten kann. Entertainment Manager Nils Kubon bringt es auf den Punkt: „Am Ende des Tages ist es vor allem dieses besondere Gefühl, dazu beigetragen zu haben, dass unsere Gäste einen unvergesslichen Urlaub erleben."

Bild: © Thorsten Schweer

▲ Familie Schweer am letzten Abend der Reise – erfüllt von vielen Eindrücken, schönen Momenten und dem leisen Gefühl, dass diese Tage noch lange nachwirken werden.

Bild: © Autor

◀ Beim Farewell wird aus Musik, Applaus und Erinnerungen ein emotionaler Abschied. Ganz gleich auf welchem Schiff – dieser letzte Abend bleibt der besondere Schlusspunkt einer AIDA Kreuzfahrt.

„Wir leben in einer wunderbaren Welt voller Schönheit, Charme und Abenteuer. Ein Ende der Abenteuer, die wir erleben können, ist nicht in Sicht, solange wir sie mit offenen Augen suchen."

Jawaharlal Nehru (1889 – 1964), erster Ministerpräsident Indiens

ABENTEUER LANDAUSFLUG
MIT BEGEISTERUNG VON HAFEN ZU HAFEN

7

◀◀ Vom Kreuzfahrtschiff aus wirken Italiens Küsten besonders eindrucksvoll: Das Meer glitzert, die Orte leuchten am Ufer, und jeder Blick macht Lust auf den nächsten Hafen.

▼ Sobald AIDAcosma im Hafen liegt, wird aus Vorbereitung Praxis: Das Team von Shore Excursion und die einheimischen Agenturen koordinieren nun alle Abläufe, damit die Ausflüge reibungslos starten.

Wenn AIDA einen neuen Hafen erreicht, liegt an Bord oft ein ganz besonderes Kribbeln in der Luft. Für viele Gäste gehört dieser Moment zu den schönsten einer Kreuzfahrt: Nach Tagen auf See oder einer ruhigen Nacht an Bord wartet wieder Land unter den Füßen. Neue Gerüche, fremde Sprachen, Straßencafés, Märkte, alte Steine, moderne Städte, Strände oder Berge – jeder Hafen öffnet die Tür zu einer anderen Welt. Manche Gäste haben ihren Landgang lange geplant, andere entscheiden ganz spontan. Die einen suchen Kultur, die anderen Natur, wieder andere vor allem ein gutes Mittagessen und ein Foto, das zu Hause niemand übersehen kann. Für die Gäste beginnt das Eintauchen in eine neue Umgebung – für die Crew ein Einsatz, der lange vorbereitet wurde und nun auf die Minute genau funktionieren muss.

Damit jeder Landgang zum Erlebnis wird Während AIDAcosma anlegt, beginnt für Luc Möller, Sarah Hönemann, Isabeau Bergmann

Bild: © AIDA Cruises

▲ Shore Excursion Manager Luc Möller aus Wiesbaden.

und Andreas Baminger einer der spannendsten Teile der Reise. Alle vier arbeiten im Shore Excursion Department und sorgen gemeinsam dafür, dass aus einem Hafenstopp ein gut organisiertes und unvergessliches Erlebnis für die Gäste wird – mit klar verteilten Aufgaben und engem Zusammenspiel.

Die Gesamtverantwortung an Bord trägt Luc Möller aus Wiesbaden. Als Shore Excursion Manager, kurz SEM, leitet er den gesamten Landausflugsbereich an Bord. Nach seiner Ausbildung zum Tourismuskaufmann bei DER Deutsches Reisebüro arbeitete er zunächst mehrere Jahre im stationären Vertrieb, bevor es ihn aufs Schiff zog. „Ich habe als Fernwehexperte angefangen und mich dann Schritt für Schritt weiterentwickelt – vom Biking Guide über den Shore Excursion Supervisor bis zum Tours & Activities Manager“, erzählt er. „Heute verantworte ich als SEM den gesamten Ausflugsbereich an Bord. Für mich ist das die perfekte Verbindung aus Reisen, Organisation und Gästekontakt.“

Luc plant und steuert das Ausflugsprogramm, stimmt sich mit lokalen Agenturen

Bild: © Akhin Vk / Pexels

und landseitigen Fachbereichen ab, überprüft bestehende Angebote und entwickelt neue Ideen weiter. Dabei behält er Qualität, Sicherheit und Gästezufriedenheit gleichermaßen im Blick. „Mein Ziel ist es, unseren Gästen ein abwechslungsreiches, hochwertiges und reibungslos organisiertes Ausflugsangebot zu bieten", sagt er. Besonders begeistert ihn, „wenn aus einer ersten Idee am Ende ein Erlebnis wird, das unsere Gäste wirklich in Erinnerung behalten".

An seiner Seite arbeitet Sarah Hönemann aus Leipzig. Seit viereinhalb Jahren ist sie bei AIDA im Landausflugsbereich tätig und befindet sich derzeit in der Beförderung zur Tours & Activities Managerin, kurz TAM. Nach einem Freiwilligen Sozialen Jahr in einer Kindertagesstätte und ihrer Ausbildung zur Sozialassistentin sowie zur staatlich anerkannten Erzieherin sammelte sie erste internationale Erfahrungen als Kinderclub-Animatorin in der Türkei. Auch ihre Begeisterung für die Seefahrt reicht weit zurück. „Meine Eltern haben früher häufig Boote gechartert, und so haben wir viele Urlaube auf dem Wasser verbracht", erzählt sie.

Im täglichen Bordbetrieb ergänzt Sarah ihren Kollegen Luc vor allem an der operativen Schnittstelle. Während er den Gesamtüberblick behält und die strategische Verantwortung trägt, sorgt sie dafür, dass die Planung im Alltag präzise umgesetzt wird. Als TAM koordiniert sie die Scouts und Biker-Guides, erstellt Dienstpläne, verteilt Aufgaben, bereitet Informationen für das Team auf und begleitet die Abläufe rund um jeden Hafenanlauf. „Man braucht Organisationstalent, Kommunikation, Verantwortungsbewusstsein und die Fähigkeit, auch unter Zeitdruck den Überblick zu behalten", sagt sie.

Bild: © AIDA Cruises

▲ Tours & Activities Managerin Sarah Hönemann aus Leipzig.

Gerade an Hafentagen zeigt sich, wie eng beide Funktionen ineinandergreifen. Wetter, Liegezeiten oder lokale Gegebenheiten können sich kurzfristig ändern; dann müssen Entscheidungen schnell getroffen und Informationen zuverlässig weitergegeben werden. Luc hält die Fäden zusammen, Sarah übersetzt die Vorgaben in den operativen Ablauf und ist zugleich wichtige Ansprechpartnerin für die Scouts Isabeau und Andreas. Rückmeldungen aus dem Team fließen so direkt wieder in die weitere Planung ein.

Luc reist leidenschaftlich gern, taucht und surft, wann immer sich die Gelegenheit bietet. „Ich liebe es, neue Orte zu entdecken", sagt er. „Und ich finde es besonders schön, diese Begeisterung an unsere Gäste weiterzugeben." Sarah beschäftigt sich intensiv mit den Destinationen, Häfen und Ausflügen, um Gäste kompetent beraten und Programme laufend verbessern zu können. „Ich finde es besonders schön, wenn ich mein Wissen weitergeben und dazu beitragen kann, dass unsere Gäste einen

AIDA Objekt Kussmund-Lollipop

Das Erkennungszeichen für die AIDA Reisegruppe während eines Landausflugs. Der optische auffällige Kussmund hebt sich deutlich von anderen Erkennungszeichen – wie beispielsweise dem klassischen Regenschirm – ab.

Bild: © Martin Helmers

▲ Der langjährige Scout Andreas Baminger aus Österreich.

▲ Scout Isabeau Bergmann aus Niedersachsen.

Hafen nicht nur besuchen, sondern wirklich erleben."

So wird aus vielen einzelnen Schritten im Hintergrund ein gemeinsames Ziel: ein Landgang, der für die Gäste leicht und selbstverständlich wirkt – weil Luc und Sarah mit ihrem Team dafür sorgen, dass im Hintergrund alles ineinandergreift.

ZWISCHEN SCHALTER, BUS UND GROSSER REISELUST

Wenn AIDAcosma in Civitavecchia festmacht, beginnt für Andreas Baminger und Isabeau Bergmann ein Tag, an dem sich zeigt, was ihre Arbeit als Scouts ausmacht. Die beiden sind bereits mehrfach gemeinsam gefahren, kennen die Abläufe des anderen gut und arbeiten im Shore Excursion Department eng zusammen – an Bord ebenso wie an Land.

Andreas aus Kleinsölk in Österreich bringt viel touristische Erfahrung mit. „Ich bin ein Tourismuskind durch und durch", sagt er. Schon als Kind wächst er im Gasthof seiner Großeltern unter Gästen auf, arbeitet später in Reisebüros und Hotels, bevor ihn das Fernweh nach Australien und schließlich 2017 zu AIDA führt. „Seitdem reise ich mit der Kussmund-Flotte um die Welt und bin immer noch so motiviert wie am ersten Tag."

Isabeau aus dem niedersächsischen Clausthal-Zellerfeld studierte nach dem Abitur 2019 Tourismusmanagement. Schon währenddessen sammelte sie bei der Tourist Information Oberharz erste Erfahrungen im Destinationsmanagement. „Nach dem Studium wollte ich die Welt entdecken", erzählt sie. „Schon auf meiner ersten Kreuzfahrt 2016 habe ich davon geträumt, eines Tages selbst an Bord zu arbeiten." Seit März 2024 ist dieser Wunsch Wirklichkeit.

Als Scouts gehören Isabeau und Andreas zu den Gesichtern des Landausflugsbereichs. Sie beraten Gäste, verkaufen Ausflüge, präsentieren Programme, begleiten Touren und sind bei Fragen oder Problemen Ansprechpartner. „Wir sorgen dafür, dass unsere Gäste in den Zielgebieten das bestmögliche Erleb-

▼ Isabeau und Andreas sind ein eingespieltes Team und waren bereits auf mehreren Reisen gemeinsam an Bord.

Bild: © Isabeau Bergmann

▶ Mit dem Fahrrad lässt sich die Umgebung besonders intensiv entdecken: Ob klassisch oder mit E-Bike – die Gäste erleben Landschaften und schöne Aussichtspunkte hautnah.

nis haben", sagt Isabeau. Andreas ergänzt: „Ich sehe mich nicht nur als Mitarbeiter der Ausflugsabteilung, sondern auch als Gastgeber. Viele Gäste kommen mit ganz unterschiedlichen Anliegen zu uns."

An Seetagen stehen Schalterdienste, Büroarbeit und die Vorbereitung kommender Häfen im Vordergrund; manchmal betreuen die Scouts auch Angebote wie Virtual Reality oder Mystery Room. An Hafentagen wird es deutlich operativer. „Mit dem Anlegen des Schiffes stehen wir bereit, prüfen die Busse, koordinieren die Gäste und begleiten Ausflüge", erklärt Andreas. Isabeau ergänzt: „Kein Tag ist gleich. Vieles hängt vom Hafen, vom Wetter, von der Liegezeit und natürlich davon ab, wie viele Gäste mit uns unterwegs sind."

Besonders eindrücklich zeigt sich das in Civitavecchia, dem Überseehafen Roms. Für Isabeau ist dieser Hafen „wohl die größte Herausforderung eines Scouts auf AIDAcosma". Bei 36 Grad Außentemperatur, rund 6800 Gästen an Bord und etwa 2500 Ausflugsteilnehmern wollen gefühlt alle nur eines: nach Rom. „Und natürlich gibt es nicht nur einen Ausflug, sondern viele verschiedene Varianten – Rom auf eigene Faust, Panoramafahrt, klassisches Rom, die Fahrradtour durch die Umgebung und mehr. Die erste Herausforderung ist oft schon, herauszufinden, welchen Ausflug der Gast eigentlich gebucht hat", erzählt sie lachend. Das mehrköpfige Team der AIDA Scouts sorgt dafür, dass das oft befürchtete „Chaos" ausbleibt.

Bild: © Autor

AIDA Objekt
Bambus-Mountainbike

AIDA setzt bei Landausflügen auf E-Bikes und Fahrräder aus Bambus als nachhaltige Alternative. Die Räder entstehen gemeinsam mit *my Boo* und einem sozialen Projekt in Ghana. In rund 80 Stunden Handarbeit werden daraus echte Unikate mit besonderem Fahrkomfort. Auf geführten Touren können Gäste damit Städte aktiv, umweltfreundlich und besonders nah erleben.

Bild: © Spencer Davis / Unsplash

▲ Rom fasziniert mit Geschichte, Schönheit und Eindrücken auf Schritt und Tritt. Zwischen antiken Ruinen, Kirchen, Plätzen und Menschenmengen entsteht ein besonderer Zauber - aber auch eine Reizüberflutung, bei der man kaum weiß, wohin man zuerst schauen soll.

Gerade auf den großen Schiffen ist das Arbeitstempo höher als auf kleineren Einheiten. „Bei 6800 Gästen steht man natürlich stärker unter Strom als auf einem kleineren Schiff mit gut 2000 Gästen", sagt Isabeau. Andreas kennt beide Welten ebenfalls und schätzt die Vielfalt des Berufs. „Als Scout habe ich das große Privileg, schöne Destinationen nicht nur zu vermitteln, sondern auch selbst zu entdecken. So habe ich meine Leidenschaft zum Beruf gemacht."

Was beide verbindet, ist die Freude daran, Gäste für neue Orte zu begeistern. Isabeau schätzt besonders, „Land und Leute kennenzulernen und auch einmal abseits der Hotspots unterwegs zu sein". Andreas bringt es so auf den Punkt: „Wir arbeiten an Bord Hand in Hand – und wenn am Ende alles funktioniert und die Gäste mit vielen Eindrücken zurückkehren, dann weiß man, warum man diesen Beruf so liebt."

WAS EINEN GUTEN AUSFLUG AUSMACHT

Ein herausragender Landausflug zeichnet sich durch Planung, Know-how und Flexibilität aus. Gute Exkursionen schaffen eine Balance: Sie zeigen die wichtigsten Sehenswürdigkeiten, lassen aber genug Raum für Atmosphäre. Sie vermitteln Wissen, ohne Schulunterricht zu werden. Sie führen die Gäste sicher durch fremde Orte und lassen trotzdem das Gefühl entstehen, wirklich etwas entdeckt zu haben. Neben dem einheimischen Guide begleiten nach Möglichkeit auch ein Scout oder der Lektor den Ausflug. Auf großen Schiffen wie AIDAcosma werden die Scouts jedoch zur Koordination am Pier gebraucht; deshalb können nur ganz wenige von ihnen die Ausflüge zusätzlich begleiten. Umso mehr freut sich Isabeau, dass es heute bei ihr klappt.

Ein guter Landgang hat einen klaren Rhythmus. Nach der Ankunft braucht es Orientierung. Danach darf der erste Höhepunkt nicht zu lange auf sich warten lassen. Anschließend braucht die Gruppe Zeit zum Schauen, Fotografieren und Staunen. Dann folgt idealerweise ein Moment der Entspannung: ein Café, ein Aussichtspunkt, ein kurzer Bummel, ein Mittagessen. Am Ende muss der Rückweg ruhig und pünktlich funktionieren.

Es gibt zwei Möglichkeiten des Entdeckens: einen Ausflug mit AIDA oder die Erkundung auf eigene Faust. Die vierköpfige Mülheimer Familie Schweer entscheidet sich für eine Art Mittelweg in Form eines selbst organisierten Landgangs mit einem einheimischen Anbieter. Man möchte die Ewige Stadt persönlicher und flexibler erkunden als mit einer größeren Gruppe. So können sie ihre Route spontan ändern, einen zusätzlichen Cappuccino am Forum Romanum trinken oder mehrmals um das Kolosseum laufen, um das perfekte Urlaubsfoto zu machen.

In Rom etwa ist die Anreise von Civitavecchia grundsätzlich gut möglich, aber sie bleibt ein Faktor. Ebenso wichtig sind bequeme Schuhe, eine Wasserflasche, ein geladener Handy-Akku, etwas Bargeld und die klare Vereinbarung, wann man spätestens umkehrt. Denn Rom hat eine besondere Fähigkeit: Die Stadt lässt einen vergessen, dass irgendwo im Hafen ein Schiff wartet.

Anders bei einer AIDA Exkursion: Hier ist die Route klar definiert, und das Schiff wartet – mit kleinen Ausnahmen – auf die organisierte Gruppe. Scout Isabeau verweist auf dieses Sicherungsnetz: „Wir stellen sicher, dass niemand zurückgelassen wird. Wenn der Bus verspätet ist, informieren wir das Schiff direkt – die Rückkehr unserer Gäste ist immer abgesichert." Die Wahl-Hamburgerin Beate hat sich für einen AIDA Ausflug entschieden und kann sich zurücklehnen, während Scout Isabeau zusammen mit dem einheimischen Guide zählt, erklärt, koordiniert und die Gäste auf den Ausflug einstimmt.

GUTE SEITEN UND HERAUSFORDERUNGEN

Für das Excursion Team sind Landgänge das Salz in der Suppe der Kreuzfahrt. Sie bringen Lebendigkeit in den Bordalltag – und erlauben es der Crew, die Welt unmittelbar zu erleben. Viele Guides sind Einheimische, die begeistert über ihre Heimat berichten. Ein guter Guide zeigt nicht nur Gebäude, sondern öffnet Türen: zu Geschichten, Traditionen, kleinen Eigenheiten und manchmal auch zur besten Eisdiele der Stadt.

Trotzdem gibt es Herausforderungen. Logistik ist ein dauerndes Balance-Spiel. Eine Baustellenumleitung oder ein Busdefekt kann das gesamte Timing verschieben. Ein plötzlicher Regenschauer verwandelt einen Spaziergang in eine Regenjacken-Modenschau. Eine kurzfristige Straßensperre kann aus einem gemütlichen Stadtrundgang ein sportliches Gruppenpuzzle machen. Und manchmal stellt sich heraus, dass der schönste Aussichtspunkt zwar wunderschön ist, aber leider genau dann von drei anderen Reisegruppen entdeckt wurde.

Schwierige Gäste gibt es ebenfalls. Manche sind im Flugzeug die Ersten, am Bus die

▼ Das Forum Romanum fasziniert als steinernes Gedächtnis Roms: Zwischen Tempelresten, Säulen und antiken Wegen wird spürbar, wie nah Geschichte hier noch immer ist.

Bild: © Tom D'Arby / Pexels

Bild: © Thorsten Schweer

▲ Scout Isabeau und ihr Kollege Vincent Hold finden kurz Zeit für ein Foto vor der beeindruckenden Kulisse des Kolosseums.

Letzten. Manche hören beim Treffpunkt „15:30 Uhr" offenbar „irgendwann nach dem Espresso". Andere entfernen sich für ein Foto „nur ganz kurz" und tauchen dann 15 Minuten später mit einem Magneten, einem Hut und der festen Überzeugung wieder auf, man habe ja noch reichlich Zeit.

BESUCH IN DER „EWIGEN STADT"

Kurz nach dem Anlegen im Hafen von Civitavecchia geht Familie Schweer an Land. Vater Thorsten, Mutter Nina und die Töchter Clara und Johanna freuen sich auf ihr Abenteuer, als sie in den kleinen Bus des lokalen Ausflugsanbieters steigen, der sie nach Rom bringt. Dort angekommen, schlägt ihnen die Stadt entgegen: Hupen, Stimmen, Motorroller, Kaffeeduft, warme Steine, enge Straßen, weite Plätze und Geschichte, so weit das Auge reicht. Rom empfängt seine Besucher nicht vorsichtig. Rom nimmt sie einfach hinein.

Familie Schweer hat sich ein straffes Programm vorgenommen: Kolosseum, Circus Maximus, Forum Romanum, Vatikan, Nationaldenkmal Viktor Emanuels II., Trevi-Brunnen und das Pantheon. Ihre deutschsprachige Reiseleiterin hat jedoch alles im Griff.

Im Kolosseum herrscht Trubel. Busladungen von Touristen aus aller Welt drängen sich die Treppen hinauf. Familie Schweer steht kurz darauf staunend vor der Arena, in der einst Gladiatoren kämpften und die schon in unzähligen Filmen Kulisse war. Im Hintergrund laufen „römische Legionäre" umher und posieren gegen Gebühr für ein Foto. Man fühlt sich fast wie im Kinoklassiker „Gladiator".

Weiter geht es zum Forum Romanum. Dank App wissen die Schweers, dass hier einst Tempel, Marktplätze und Machtzentren lagen. Nina bleibt an einer Säule stehen, Thorsten fotografiert einen Triumphbogen, Johanna entdeckt eine Katze, die sich mit der Selbstverständlichkeit einer Kaiserin zwischen den Steinen bewegt.

Doch bald verliert die Familie das Zeitgefühl. Genau das ist die süße Gefahr eines gelungenen individuellen Landgangs: Man entdeckt zu viel. Während ein pfeilschneller Scooter-Fahrer durch eine enge Gasse schießt und ein Straßenmusiker den italienischen Liedklassiker „Volare" spielt, weist die Reiseleiterin freundlich darauf hin, dass noch weitere Sehenswürdigkeiten warten – das Schiff aber nicht. Nach dem Besuch der anderen eindrucksvollen Stätten steigt der Druck. Das Schiff legt zwar nicht sofort ab, aber der Rückweg muss jetzt wirklich gelingen.

Bild: © Martino Grua / Pexels

◀ Der Trevi-Brunnen zieht Besucher magisch an: Zwischen rauschendem Wasser, barocker Pracht und dichtem Gedränge zeigt sich Rom von seiner überwältigenden Seite.

DIE ALTERNATIVE – EIN AUSFLUG MIT AIDA

Beate hat im AIDA Ausflugsprogramm die Bustour „Highlights von Rom" gebucht. Wie vereinbart wartet Scout Isabeau am Treffpunkt auf die Gruppe. Die Gäste sammeln sich und bekommen ihre Busnummer zugewiesen. Schon dieser Moment vermittelt Sicherheit: Jeder weiß, wohin er muss.

Mit der AIDA Bordkarte „ausgestempelt", geht es in einen großen Reisebus. Beate ist zufrieden: bequeme Plätze, Klimaanlage, ein sachkundiger Reiseleiter und das gute Gefühl, dass sich jemand anderes um Fahrzeiten, Parkplätze und Rückweg kümmert.

Der Bus rollt vom Hafen weg. Nach einem kurzen, charmanten Auftakt des Guides – „Lasst uns Rom entdecken" – geht es Richtung Hauptstadt. Vom Busfenster aus sieht Beate zunächst die Autobahn, dann Vororte, dann immer mehr Rom. Der Guide erzählt von Kaisern, Päpsten, Baumeistern und natürlich davon, dass Rom nicht an einem Tag erbaut

▶ Rom ist faszinierend – und oft sehr voll. Ob geführte Tour oder auf eigene Faust: Man braucht Geduld, gute Orientierung und die Bereitschaft, sich auf das Gewimmel einzulassen.

Bild: © Daria Agafonova / Pexels

▲ Familie Schweer vor den kaiserlichen Palastruinen auf dem Palatin am Circus Maximus: Zwischen antiken Mauern, römischer Sonne und großer Geschichte wird der Ausflug durch Rom zu einem besonderen Erinnerungsmoment.

Bild: © Thorsten Schweer

wurde – was Beate beruhigend findet, denn ansehen soll man sich dieses UNESCO-Weltkulturerbe nun immerhin an einem Tag.

Am Petersdom sehen sie schon von Weitem die hohe Kuppel. Die Gruppe steigt aus, Isabeau zählt durch, erklärt den Treffpunkt und erinnert daran, die Kopfhörer eingeschaltet zu lassen. Für Beate ist das angenehm: Sie kann schauen und gleichzeitig zuhören. Kein hektisches Nachlesen, kein Suchen nach dem nächsten Ziel.

Am Kolosseum macht der Bus einen Fotostopp. Zu Fuß umrundet Beate das Bauwerk, genau wie die Schweers, aber in einer größeren Gruppe. Der einheimische Reiseleiter erklärt über Kopfhörer: „Der Name Colosseum leitet sich wahrscheinlich von einer riesigen Bronzestatue ab, dem ‚Koloss des Nero‘, der einst hier stand. Das Bauwerk hieß ursprünglich ‚Amphitheatrum Flavium‘, benannt nach der Kaiserfamilie der Flavier.“ Beate nickt zufrieden. Sie hat jetzt nicht nur ein Foto, sondern auch eine Geschichte dazu.

Beim mitunter recht lebhaften Gedränge rund um Sehenswürdigkeiten von Weltrang kommt einem unweigerlich ein Satz des amerikanischen Journalisten und Pulitzer-Preisträgers Russell Baker in den Sinn: „Das Schlimmste daran, ein Tourist zu sein, ist, von anderen als Tourist erkannt zu werden.“ Darin steckt der kleine Widerspruch des Reisens: Man möchte die Welt entdecken – nur möglichst, ohne dabei allzu erkennbar mit Stadtplan, Kamera und leicht suchendem Blick aufzufallen.

Beate genießt, dass ihr die Organisation abgenommen wird. Ein Mittagessen in einem Piazza-Restaurant ist inklusive, glücklicherweise mit Zeit zum Verdauen. Während die Schweers irgendwo zwischen Gelato, App-Navigation und Uhrzeit jonglieren, ertappt sich Beate dabei, wie sie in aller Ruhe Pizza Margherita probiert, ohne auf die Uhr zu schauen. Das übernimmt ja AIDA.

Am Circus Maximus erklärt der Reiseleiter, dass hier einst Wagenrennen stattfanden. Einige Kinder der AIDA Urlauber rennen über das weite Feld und stellen sich römische Quadrigas vor. Die Eltern rufen: „Nicht zu schnell, wir haben keine Ersatzpferde!“ Ein Kind erwidert: „Ich bin schon im Finale und will meinen Lorbeerkranz!“ Scout Isabeau hat stets ein Auge auf ihre Gruppe und freut sich, dass die Gäste Spaß haben.

Nach der Rückkehr an Bord besprechen sich die Schweers und Beate bei einem gemeinsamen Gelato kurz: Wer hat mehr gesehen, wer mehr erlebt? Niemand hat recht oder unrecht. Am Schluss sind alle begeistert: Rom ist nicht mehr nur eine Stadt auf der Landkarte. Es ist ein Mosaik aus Eindrücken: Kolosseum, Kopfsteinpflaster, Pizza, Petersdom, Busfenster, Gelato, Toilettensuche, Sonnenlicht auf alten Steinen und das beruhigende Gefühl, wieder an Bord zu sein.

Hinter jedem gelungenen AIDA Landgang stehen nicht nur das Team an Bord, sondern auch verlässliche Partner an Land. Die lokalen Agenturen kennen ihre Häfen, Städte und Regionen genau. Sie organisieren Busse, koordinieren Fahrerinnen und Fahrer, stellen erfahrene Tourguides bereit und sorgen dafür, dass die geplanten Ausflüge vor Ort reibungslos funktionieren.

Gerade wenn sich kurzfristig etwas ändert – durch Verkehr, Wetter, Straßensperrungen oder verspätete Rückfahrten –, sind diese Agenturen wichtige Problemlöser. Sie stehen in engem Austausch mit dem Shore Excursion Team an Bord, geben aktuelle Informationen weiter und helfen dabei, schnell und pragmatisch zu reagieren.

So entsteht ein Zusammenspiel über die Gangway hinaus: AIDA plant und begleitet den Landgang, die Agenturen setzen ihn mit lokaler Erfahrung und viel Organisationstalent vor Ort um. Auch sie sind damit ein wichtiger Teil der AIDA Familie – oft unsichtbar für die Gäste, aber entscheidend dafür, dass aus einem Hafenstopp ein entspanntes, sicheres und besonderes Reiseerlebnis wird.

Landausflüge, ob selbst organisiert oder geführt, sind eine Ergänzung zum Meer, nicht Ersatz. Sie machen aus einer Kreuzfahrt erst wirklich eine Reise. Sie geben den Seetagen Gegenfarbe, bringen Geschichten an Bord zurück und lassen die Gäste am Abend mit dem Gefühl einschlafen, ein Stück Welt berührt zu haben.

So endet ein weiterer Tag für die Gäste und das „Shore Ex"-Team. „Gerade an Hafentagen zeigt sich, wie wichtig gute Teamarbeit ist", fasst Luc Möller zusammen. „Wenn alles funktioniert und die Gäste voller Eindrücke zurückkehren, weiß man, wofür man das macht."

Ein historisches Reisezitat passt zum Thema: „Die Welt ist ein Buch, und wer nicht reist, liest nur eine Seite davon." Der Satz wird häufig dem aus Rom stammenden Bischof Augustinus von Hippo zugeschrieben und ist ein Plädoyer für Weltoffenheit und Erfahrungsgewinn durch Reisen. Ob geführt oder individuell: Jeder Landgang schlägt eine neue Seite auf.

Und vielleicht ist genau das die schönste Definition eines gelungenen Landgangs: Man geht für ein paar Stunden von Bord – und kommt mit einer Geschichte zurück. Oder wie es die indische Schriftstellerin Anita Desai einmal ausdrückte: „Ich glaube, jeder Ort, den man besucht, wird auf irgendeine Weise ein Teil von einem selbst."

▼ Die Kreuzfahrtgäste kehren nach einem Tag voller Eindrücke zurück an Bord, während Rom weiter pulsiert. Im Licht des Kolosseums wartet die Ewige Stadt schon auf ihre nächsten Besucher – so wie seit über 2000 Jahren.

Bild: © TheMoodcreator / Pixabay

Bild: © Vidar Nordl Mathisen

„Zusammenkommen ist ein Anfang; Zusammenbleiben ist Fortschritt; Zusammenarbeiten ist Erfolg."

Henry Ford (1863–1947), amerikanischer Automobilpionier

HINTER DEN KULISSEN DER AIDA FAMILIE

DIE WELT DER CREW

8

◄◄ Auf ihrer Fahrt durch einen norwegischen Fjord wirkt AIDAluna im Abendlicht fast geheimnisvoll. Während draußen Ruhe über dem Schiff liegt, läuft hinter den Kulissen der Betrieb weiter: Versorgung, Technik, Reinigung und Vorbereitung greifen ineinander – damit am nächsten Morgen alles wieder ganz selbstverständlich wirkt.

ZWEI WEGE DURCH EIN SCHIFF – EINE ENTDECKUNGSTOUR

Ein Kussmund-Schiff der SELECTION-Klasse wirkt auf den ersten Blick vertraut und überschaubar – mit offenem Theatrium, Außendecks, Restaurants, Bars, dem Spa und vielen kleinen Orten für die Gäste. Doch wer mit Hoteldirektorin Eva Störmer und Kapitän Felix Rothe parallel über das Schiff geht, merkt schnell: Dieses Schiff hat zwei große Herzschläge. Der eine schlägt im Hotelbetrieb, dort, wo Urlaub entsteht. Der andere schlägt im nautischen und technischen Betrieb, dort, wo Sicherheit, Kurs und Funktionsfähigkeit zusammenlaufen. Eva und Felix kennen sich seit einem gemeinsamen Einsatz auf AIDAvita im Jahr 2008.

Eva Störmer aus Wuppertal kennt dieses Zusammenspiel aus vielen Perspektiven. Ihr beruflicher Weg beginnt im Reisebüro. Dort entsteht ihr Wunsch, Reisen zu den schönsten Orten der Welt nicht nur zu verkaufen, sondern selbst mit eigenen Augen zu erleben. „Irgendwann wollte ich nicht mehr nur von Reisen erzählen, sondern selbst Teil davon sein", sagt Eva.

2006 erfüllt sich dieser Traum: Sie geht als Scout an Bord, arbeitet später in verschiedenen Managementpositionen, sammelt bewusst klassische Hotelerfahrung und bildet sich parallel weiter. „Mein Weg war nicht immer gerade", erzählt sie. „Manchmal war er holprig, manchmal steinig. Aber genau darin liegt die Kunst: immer wieder aufzustehen, weiterzugehen und an sich selbst zu glauben." Persönlichkeitsentwicklung, Mindset und lebenslanges Lernen sind für sie bis heute zentrale Themen.

Das Meer ist für Eva weit mehr als Kulisse. „Wenn ich auf die offene See blicke, bedeutet das für mich Freiheit", sagt sie. „Man steht nie still, ist immer in Bewegung, immer auf dem Weg zu einem neuen Horizont." Die Wellen erinnern sie oft an das Leben selbst: mal ruhig und tragend, mal fordernd und voller Energie. „Die Seefahrt lehrt Gelassenheit, Respekt und die Kunst, sich immer wieder neu auszurichten."

Bild: © AIDA Cruises

◄ Hoteldirektorin Eva Störmer begann ihre Laufbahn bei AIDA als Scout.

GASTGEBERIN FÜR MEHRERE TAUSEND GÄSTE

Als General Manager, also Hoteldirektorin, trägt Eva heute die Verantwortung für alle hotelrelevanten Abteilungen an Bord. Zu diesen gehören zum Beispiel Gästeservice, Rezeption, Restaurants, Bars, Logistik, Housekeeping, Entertainment, Spa & Sport, Shops, Foto, Ausflüge, Bordkommunikation, Casino, Public Health und viele weitere Bereiche. Während Kapitän Felix Rothe für die nautische und technische Sicherheit verantwortlich ist, liegt bei ihr das Erlebnis an Bord.

„Im Grunde bin ich Gastgeberin für mehrere tausend Gäste und gleichzeitig verantwortlich dafür, dass ein großer Hotelbetrieb auf See funktioniert", erklärt sie. Dazu gehört, dass Qualität, Service, Abläufe und Atmosphäre stimmen. Gleichzeitig ist sie Bindeglied zwischen den Abteilungen, der Brücke, der Engine und dem Kapitän.

Ein großer Teil ihrer Arbeit besteht aus Kommunikation: zuhören, vermitteln, entscheiden, unterstützen. „Am Ende geht es darum, eine Atmosphäre zu schaffen, in der Gäste unvergessliche Momente erleben und die Crew stolz auf ihre Arbeit sein kann." Mehrere hundert Crewmitglieder arbeiten dafür täglich zusammen; für Eva ist das wie ein großes Orchester. Jeder Bereich hat seinen eigenen Rhythmus, doch am Ende muss alles harmonisch zusammenklingen.

Einen normalen Arbeitstag gibt es für sie kaum. An Seetagen pulsiert das Schiff: Aktionen auf dem Pooldeck, Entertainment, lebendige Restaurants, viele Gespräche und das Schiff erleben. Meetings, Planungen, Mitarbeitergespräche und kurzfristige Entscheidungen prägen den Tag. An Landtagen ist der Rhythmus anders. Während viele Gäste unterwegs sind, trifft die Crew im Hintergrund weitere Vorbereitungen für die aktuelle Reise sowie für zukünftige Fahrten – reflektiert und organisiert.

Und manchmal bleibt auch für Eva ein kurzer Moment an Land – ein paar Schritte durch eine fremde Stadt, ein Kaffee am Hafen, ein Blick auf das Leben außerhalb des Schiffes. Doch der schönste Augenblick kommt oft am Abend. „Wenn ich an der Reling stehe, in die Ferne schaue und die Meeresluft atme, bin ich einfach dankbar", sagt sie. „Dankbar für die Crew, für die Gäste, für die Reise und für Erlebnisse – und für dieses besondere Leben auf See."

Bild: © Siemer / Pixabay

▲ Ein Kreuzfahrtschiff ist ein multinationaler und multikultureller Mikrokosmos auf See.

DIE BRÜCKE – VERANTWORTUNG MIT MEERBLICK

Während Eva ihren Rundgang im Gästebereich beginnt, startet Kapitän Felix Rothe oben auf der Brücke. Hier laufen Navigation, Wetterbeobachtung, Kommunikation und Sicherheit zusammen. Auf Monitoren, Radarbildern und Seekarten wird sichtbar, was für die meisten Passagiere unsichtbar bleibt: der Kurs des Schiffes, die Verkehrslage auf See, Wind, Strömung, Tiefgang, Hafenmanöver und die genaue Planung der nächsten Stunden. Die Brückencrew arbeitet ruhig, konzentriert und eingespielt. Jeder Handgriff sitzt, jede Information zählt.

An Bord trägt immer eine Person die Gesamtverantwortung: die Kapitänin oder der Kapitän. Auch sie wechseln sich – wie alle Crewmitglieder – in ihren Einsätzen ab. Oft kennen

Bild: © WorldInMyEyes / Pexels

◀ Die Brücke eines Kussmund-Schiffes ist das nautische Zentrum an Bord: Hier werden Navigation, Sicherheit und Kommunikation koordiniert – mit weitem Blick über Meer, Route und Verantwortung. Gut erkennbar ist die Steuerbordnock, die eine bessere Sicht zur Seite ermöglicht.

sie sich aus früheren gemeinsamen Fahrten, haben bereits in unterschiedlichen Rollen zusammengearbeitet und wissen, wie der andere denkt und entscheidet. So ist es auch bei Kapitän Felix Rothe aus Göttingen und Kapitänin Kristina Steinle, in Mannheim geboren und heute Wahl-Hamburgerin. Beide kennen und schätzen sich seit vielen Jahren. Früher fuhr Kristina als Staff-Kapitänin unter Felix – als seine Stellvertreterin, rechte Hand und operative Führungskraft an Deck. Seit 2026 ist sie selbst Kapitänin auf AIDAluna.

Felix' Weg zur Seefahrt beginnt 2001 bei der Deutschen Marine. „Während meiner Wehrpflicht entschied ich, Zeitsoldat und Reserveoffizier-Anwärter zu werden", erzählt er. Einsätze erlebt er unter anderem auf dem Segelschulschiff GORCH FOCK und auf der Fregatte EMDEN. „Meine erste richtige Seefahrtzeit hatte ich 2002 auf der EMDEN: 198 Tage an Bord, von Wilhelmshaven bis in den Golf von Aden." Der Bezug zum Meer entsteht bei ihm also nicht durch eine lange Familientradition, sondern durch die Marine – und wird dann immer stärker.

▶ Kapitänin Kristina Steinles maritime Laufbahn begann mit einem Praktikum auf einem Containerschiff.

Bild: © AIDA Cruises

▶ Kapitän Felix Rothe diente zuvor in der Deutschen Marine, u. a. auf der GORCH FOCK.

Bild: © AIDA Cruises

Bei Kristina ist es anders. Ihre Liebe zum Wasser beginnt in der Kindheit. „Mein Großvater hatte ein Sportboot auf dem Rhein, und im Sommer waren wir damit in Kroatien unterwegs", erzählt sie. „So entstand mein Wunsch,

Bild: © Martin Helmers

eines Tages Kapitänin zu werden." Ihre Laufbahn startet 2008 mit einem sechsmonatigen Praktikum auf einem Containerschiff. Es folgen das Nautikstudium an der Hochschule Bremen, ein weiteres Praxissemester und 2012 der Einstieg als 3. Offizierin. 2013 wechselt sie zu AIDA – zunächst auf AIDAluna. Danach arbeitet sie sich Schritt für Schritt weiter: 2. Offizierin, 1. Offizierin, Sicherheitsoffizierin, Staff-Kapitänin und schließlich 2026 Kapitänin.

Die beiden Werdegänge unterscheiden sich, führen aber an denselben Punkt: auf die Brücke eines Kreuzfahrtschiffes, in eine Position mit enormer Verantwortung. „An Bord habe ich die Gesamtverantwortung für das Schiff, die Crew und die Passagiere", sagt Felix. „Es geht nicht nur um die nautische Verantwortung, sondern auch um Sicherheit, Vorschriften, Prozesse und darum, die Reederei gegenüber den Gästen zu repräsentieren."

Kristina setzt einen zusätzlichen Akzent: „Als Kapitänin behalte ich das große Ganze im Blick. Ich bin letzte Entscheidungsinstanz an Bord, Moderatorin zwischen Schiffs- und Landorganisation und trage die Verantwortung dafür, dass Schiff, Gäste und Besatzung sicher unterwegs sind." Im Vergleich zur Staff-Kapitänin sei die Kapitänsrolle weniger operativ, dafür stärker auf Gesamtverantwortung, Compliance, Kommunikation und Repräsentation ausgerichtet.

Gerade diese Unterscheidung kennt sie genau. Als Staff-Kapitänin war sie Stellvertreterin des Kapitäns und Chefin der Abteilung Deck. Dazu gehören Brücke, Bootsmann und Matrosen, Sicherheitsoffiziere und Security, also alles, was mit dem sicheren Betrieb des Schiffes zu tun hat: Stabilität, Wartungsarbeiten an Deck, Sicherheitseinrichtungen, Crew-Trainings, Gangway und Sicherheitskontrollen. „Als Staff-Kapitänin ist man sehr nah am operativen Tagesgeschäft", sagt Kristina. „Man sorgt dafür, dass viele sicherheitsrelevante Abläufe jeden Tag zuverlässig funktionieren."

▲ Blick von der Brückennock auf den Suezkanal. Die Brückennock dient als seitlicher Fahrstand für Hafen- und Schleusenmanöver. Von dort lassen sich Schiffsseite, Abstand zur Pier und das Anlegen gut überblicken.

FÜHRUNG UND TEAMWORK

Felix erinnert sich gern an diese gemeinsame Zeit. „Eine gute Staff-Kapitänin ist für den Kapitän unglaublich wichtig", sagt er. „Man braucht jemanden, der mitdenkt, Verantwortung übernimmt und auch in anspruchsvollen Situationen ruhig bleibt." Genau diese Ruhe ist für ihn eine der wichtigsten Eigenschaften in der Führung. „Ein guter Kapitän muss auch in angespannten Situationen die Ruhe bewahren – und manchmal auf sein Bauchgefühl hören."

Kristina ergänzt: „Für mich gehören Empathie, Erfahrung und die Bereitschaft dazu, Verantwortung zu tragen und Entscheidungen zu treffen." Führungsstärke bedeute für sie, Orientierung zu geben, sich selbst treu zu bleiben und gleichzeitig offen für andere Meinungen zu sein. „Am Ende geht es darum, ein Umfeld zu schaffen, in dem Vertrauen entsteht und das Team gemeinsam erfolgreich arbeiten kann."

Der Arbeitstag auf der Brücke beginnt oft früh. Wenn das Schiff in einen Hafen einläuft, ist Felix meist schon vor der Übernahme des Hafenlotsen oben. „Ich studiere vorher den Wetterbericht – und das nicht nur einmal am Tag", erzählt er. Wind, Strömung, Sicht und Hafenbedingungen können den Ablauf verändern. Nach dem Anlegen folgen administrative Aufgaben, E-Mails, Besprechungen mit den nautischen Offizieren, Sicherheitsübungen und Abstimmungen mit dem Schiffsrat. Am Abend kommen repräsentative Aufgaben hinzu: Vorstellungen im Theatrium, nautische Fragestunden oder Gespräche mit Gästen.

Kristina kennt genau diese Mischung aus operativer Nähe und übergeordnetem Blick. „Jeder Tag an Bord ist anders", sagt sie. „Das macht unseren Job so besonders. Man trifft strategische Entscheidungen, trägt Verantwortung für Schiff, Crew und Passagiere und bleibt trotzdem nah an den Abläufen." Besonders reizvoll sei die Kombination aus nautischer und managementorientierter Rolle.

Dass die Hierarchie auf Schiffen heute weniger steil ist als früher, begrüßen beide. Felix sagt: „Ich finde es gut, dass die Hierarchie etwas abgeflacht ist." Für ihn bedeutet Führung nicht Distanz, sondern Wertschätzung. „Führungsstärke heißt, den Mitarbeitenden zu zeigen, dass sie wichtig sind. Jede Position an Bord zählt." Kristina sieht das ähnlich: „Am Ende zählt, wie man seine Aufgabe erfüllt und wie man als Team funktioniert – nicht, welches Geschlecht man hat, welche Herkunft oder welche Position."

Als Frau in einer früher stärker männlich geprägten Domäne hat sie ihren eigenen Weg gefunden. „Ich bin mir immer selbst treu geblieben und habe das, was ich tue, immer sehr gern gemacht", sagt sie. Motivation, Leistungsbereitschaft und der Wille, Neues zu lernen, zahlten sich aus – unabhängig vom Geschlecht. Bei AIDA erlebe sie ein junges, internationales Team, in dem Kompetenz, Zusammenarbeit und Respekt entscheidend seien.

Die größten Herausforderungen bleiben für beide oft die Dinge, die sich nicht vollständig kontrollieren lassen. Für Felix ist es wichtig, in solchen Situationen positiv zu bleiben – etwa wenn starker Wind eine Elbpassage verhindert. Kristina nennt mit einem Lächeln das Wetter: „Das hält sich leider nicht immer an die Vorhersagen." Genau dann müsse man flexibel bleiben, neu bewerten und Entscheidungen kurzfristig anpassen.

Was beide an ihrer Tätigkeit besonders schätzen, ist die Verbindung aus Verantwortung, Teamarbeit und Begeisterung für das Reisen. Felix sagt: „Mir gefällt, dazu beizutragen, Gästen einen besonderen und unvergesslichen Urlaub zu ermöglichen." Kristina ergänzt: „Als Kapitänin kann ich wirklich etwas bewegen." Beide wissen: Die Brücke ist kein Ort für große Gesten, sondern für Präzision, Ruhe und Verantwortung. Doch gerade von hier aus entsteht das, was Gäste später als selbstverständlich erleben: ein Schiff, das sicher fährt, ein Team, das zusammenarbeitet, und eine Reise, die in guter Erinnerung bleibt.

BESUCH IN DER GALLEY – DAS HERZ DES GESCHMACKS

Hoteldirektorin Eva geht unterdessen zuerst in die Küche. Hier beginnt vieles lange, bevor Gäste überhaupt an Essen denken. In der Galley trifft sie den Executive Chef Alexander Massenkeil aus Berlin. Nach seiner klassischen Kochausbildung ab 1983 und 18 Monaten Bundeswehrküche sammelt er Erfahrung in verschiedenen Restaurants, absolviert 1987 die Meisterschule in Lindau am Bodensee und führt später ein eigenes kleines Restaurant. „Dort habe ich sehr viel über Organisation, Personalführung, Einkauf und Gästebetreuung gelernt", erzählt er.

2005 beginnt Alexanders Weg bei AIDA Cruises. Seitdem arbeitet er auf verschiedenen Schiffsklassen und erlebt die Entwicklung der Bordgastronomie aktiv mit. „AIDA hat mein berufliches Leben nachhaltig geprägt. Ich bin stolz darauf, wie sich unser Bereich und auch meine eigene Rolle weiterentwickelt haben." Auch die Verbindung zur Seefahrt entsteht früh: Alexanders Familie hatte über Ge-

Ausbildung unter Segeln

Regelmäßig starten Studierende von AIDA Cruises aus Rostock mit dem Segelschulschiff GROSSHERZOGIN ELISABETH (Baujahr 1909) zu ihrem ersten Ausbildungstörn. An Bord absolvieren angehende Nautikerinnen und Nautiker sowie Studierende der Schiffsbetriebstechnik und Schiffselektrotechnik ihre seemännische Grundausbildung auf der Ostsee. Der Praxiseinsatz ist Teil des Ausbildungsprogramms von AIDA Cruises und bereitet auf Studium und erste Bordeinsätze in der AIDA Flotte vor. Die GROSSHERZOGIN ELISABETH macht Seefahrt dabei besonders unmittelbar erlebbar: mit Wind, Segeln, Teamarbeit und klassischem seemännischem Handwerk.

Bilder: © Schulschiffverein Großherzogin Elisabeth Fördergesellschaft mbH / © Marvin Harms

Bild: © A. Massenkeil

◄ Executive Chef Alexander Massenkeil ist seit seinem 15. Lebensjahr als Koch tätig.

nerationen mit Schleusen und Booten an der Lahn zu tun. „Wir hatten eine kleine Yacht, mit der wir an den Wochenenden auf Rhein, Mosel und Lahn unterwegs waren. Diese Zeit hat mich geprägt."

VERANTWORTUNG FÜR TAUSENDE MAHLZEITEN

Als Executive Chef trägt Alexander die Verantwortung für die Galley, also die Küchenbereiche an Bord. Dabei geht es nicht nur um Geschmack und Präsentation, sondern um einen komplexen Betrieb mit hohen Anforderungen. „Wir sind für die tägliche Produktion, Organisation, Arbeitssicherheit, Hygiene und die Einhaltung internationaler Standards verantwortlich – insbesondere der sehr strengen Vorgaben der amerikanischen Gesundheitsbehörde USPH."

▼ Das Küchenpersonal verarbeitet täglich mehrere hundert Kilogramm Fisch und Fleisch; insgesamt kommen an Bord jeden Tag mehrere Tonnen Lebensmittel zusammen.

Bild: © Martin Helmers

Hinzu kommen Nachhaltigkeit, die Reduzierung von Plastik und die Vermeidung von Food Waste – also Lebensmittelverschwendung. Auch die Sicherheit an Bord spielt eine zentrale Rolle. „Meine Abteilung muss alle relevanten Systeme kennen – von Brandprävention über Notfallabläufe bis zu Rettungsmaßnahmen. Und ich muss sicherstellen, dass jedes Crewmitglied geschult ist und weiß, was im Ernstfall zu tun ist."

Diese Verantwortung trägt Alexander nicht allein. Neben ihm arbeiten viele Köchinnen, Köche, Küchenhilfen, Stewards und weitere Mitarbeitende daran, die Gäste jeden Tag kulinarisch zu verwöhnen. Viele kommen aus Asien und anderen Teilen der Welt, leisten im Hintergrund enorme Arbeit und werden von den Gästen oft kaum persönlich wahrgenommen. Gerade das verdient Respekt: Ohne das Team in der Galley gäbe es keinen reibungslosen Frühstücksservice, kein perfekt vorbereitetes Buffet, keine Spezialgerichte und keine kulinarischen Erlebnisse an Bord.

Bild: © Pouya / Pexels

◀ Das Essverhalten wandelt sich: Viele Gäste wünschen sich heute mehr Salate, Gemüse und leichtere Speisen.

EIN ARBEITSTAG ZWISCHEN RUNDGANG, KONTROLLE UND GÄSTEKONTAKT

Alexanders Tag beginnt früh mit einem Rundgang durch alle Outlets. „Ich schaue, wie das Frühstück läuft und ob die Abläufe funktionieren." Danach folgen E-Mails, Büroarbeit und das tägliche Meeting mit seinen direkten Ansprechpartnern aus der Galley. Besprochen wird, wie die Nachtproduktion verlaufen ist und ob es besondere Vorkommnisse gab.

Ein fester Bestandteil ist die Kontrolle der Obst- und Gemüsestores gemeinsam mit dem Provision Master. Bestände werden geprüft, Bestellungen abgestimmt und Warenplanungen kontrolliert. Vor der Mittagsöffnung überprüft Alexander die Buffetaufbauten in den Restaurants. „Alles muss vollständig, frisch und für unsere Gäste perfekt vorbereitet sein."

Am Abend folgt die große Runde durch alle Outlets. Alexander führt Essens- und Rezepturtests durch, kontrolliert Qualität, Geschmack und Präsentation und spricht mit Gästen. „Das Feedback ist wichtig. Nur so wissen wir, was gut funktioniert und wo wir besser werden können."

VON 1200 BIS 6800 GÄSTEN

Die Arbeit unterscheidet sich deutlich je nach Schiffsklasse. Auf den ersten Schiffen, AIDAcara, AIDAvita und AIDAaura, waren rund 1200 Gäste an Bord, auf der SELECTION-Klasse etwa 2500, auf der HYPERION-Klasse rund 4200 und auf der HELIOS-Klasse bis zu 6800 Gäste sowie etwa 1600 Crewmitglieder. Mit dieser Entwicklung wachsen auch Galley und Gastronomie. „Auf älteren Schiffen waren etwa 124 Galley-Mitarbeitende tätig, auf der HELIOS-Klasse sind es inzwischen rund 344." Auch die Vielfalt der Restaurants hat sich stark erweitert: von ursprünglich drei Restaurants bis zu 17 Restaurants auf der HELIOS-Klasse. Aus einer kleinen Crewmesse wurden zwei große Restaurants, die täglich viele Besatzungsmitglieder versorgen. „Mit der Größe steigen Produktionsmengen, Logistik, Hygieneanforderungen und Personalführung", erklärt Alexander. „Jede Schiffsklasse hat eigene Wege, Lager, Strukturen und Abläufe. Darauf muss man sich einstellen."

GROSSE ZAHLEN

Auf den Kussmund-Schiffen nimmt die Versorgung schnell Dimensionen an, die man an Land kaum noch greifen kann. Jeden Tag verarbeitet das Culinary-Team mehrere Tonnen Lebensmittel – auf AIDAcosma sogar rund 22 Tonnen. Besonders eindrucksvoll sind die Mengen bei Fleisch, Fisch und Eiern: Auf der SELECTION-Klasse werden täglich rund 750 Kilogramm Fleisch und Fisch, etwa 3200 Eier sowie 180 Liter Frischei für Rührei und Omeletts benötigt. Auf der HELIOS-Klasse sind es sogar rund 3000 Kilogramm Fleisch und Fisch, etwa 15 000 Eier und 800 Liter Frischei pro Tag.

Damit aus diesen Mengen jeden Tag frische, abwechslungsreiche und hochwertige Speisen werden, müssen Galley, Provision Master, Culinary Team und weitere Abteilungen perfekt zusammenspielen. Und weil an Bord nicht nur gegessen wird, noch eine andere beeindruckende Zahl: Auf der SELECTION-Klasse werden pro Woche 3024 Rollen Toilettenpapier verbraucht – ausgerollt wären das 133 Kilometer. Auf der HELIOS-Klasse ist es mehr als das Dreifache.

▾ Was früher als exotisch galt, ist heute selbstverständlich: Sushi ist mit seinen vielen Variationen auch auf einem Kreuzfahrtschiff kaum noch wegzudenken.

Bild: © Martin Helmers

BEWUSSTER, LEICHTER, INDIVIDUELLER

Auch das Essverhalten der Gäste hat sich verändert. Nachhaltigkeit und gesundheitsorientierte Angebote spielen eine immer größere Rolle. Deshalb gehören vegane Stationen, Health-Stationen und nachhaltigere Produkte inzwischen fest zum Konzept. Besonders wichtig ist die Betreuung von Gästen mit speziellen Ernährungsbedürfnissen. „Allergien und Unverträglichkeiten nehmen zu. Deshalb haben wir speziell ausgebildete Köche für Special-Needs-Gäste." Dazu gehören etwa glutenfreie, histaminfreie oder laktosefreie Speisen, die individuell und unter strengen Hygiene- und Sicherheitsstandards zubereitet werden.

Neben dem regulären Betrieb bietet AIDA kulinarische Zusatzprogramme an: Kochschulen, Küchenführungen, Sushi-Workshops, Tapas-Events oder Formate wie „Rossini mal anders". Auf vielen Schiffen, besonders auf AIDAcosma, arbeitet das Culinary-Team zudem eng mit Gourmet-Paten zusammen. „Diese Events geben unseren Gästen einen besonderen Blick hinter die Kulissen", sagt Alexander. „Sie zeigen die Vielfalt, Professionalität und Leidenschaft unseres gesamten Teams."

GUTE SEELEN HINTER SAUBERKEIT UND HYGIENE

Hoteldirektorin Eva und Executive Chef Alexander wissen, dass hinter dem kulinarischen Erlebnis nicht nur Köche, Rezepte und Service stehen, sondern auch Menschen, deren Arbeit oft im Hintergrund geschieht. Deshalb fragt Eva auch nach Mark Anthony Bagac. Er stammt aus der Gemeinde Pandan auf der philippinischen Insel Panay. Mark gehört zum Culinary-Team und ist seit mehr als zehn Jahren bei AIDA. Für ihn ist die Arbeit an Bord nicht nur ein Beruf, sondern eine Möglichkeit, die er bewusst ergriffen hat – und bis heute mit großem Einsatz nutzt.

„Unser Leben auf dem Land war einfach hart", erzählt Mark. „Manchmal gab es etwas zu essen, manchmal nicht." Schon früh sieht er, wie Menschen aus seiner Umgebung durch die Arbeit auf Schiffen ihr Leben verändern können: Sie unterstützen ihre Eltern und Großeltern, ermöglichen ihren Geschwistern den Schulbesuch und schaffen sich Schritt für Schritt eine bessere Zukunft.

Daraus entsteht sein Wunsch, zur See zu fahren. „Ich träumte davon, auf einem Schiff zu arbeiten", sagt Mark. Gleichzeitig reizt ihn die Welt außerhalb seiner Heimat: neue Länder, andere Kulturen, Menschen aus vielen Nationen. Als er erfährt, dass AIDA auf der philippinischen Insel Boracay eine Recruiting-Veranstaltung durchführt, erkennt er seine Chance.

Bild: © A. Massenkeil

▲ Ein ganz wichtiger Mitarbeiter für Executive Chef Alexander Massenkeil (rechts) ist Mark Anthony Bagac (links), First General Person Assistant aus den Philippinen.

„Ich ergriff die Gelegenheit, mich zu bewerben." Heute steht Mark für genau diese Haltung: Er nutzt die Möglichkeit, die AIDA ihm gegeben hat, mit Disziplin, Verantwortung und Dankbarkeit. „Deshalb gebe ich hier an Bord mein Bestes, um im Leben erfolgreich zu sein."

Mark hat sich vom Utility bis zum First General Person Assistant, kurz GPA, hochgearbeitet. Für Executive Chef Alexander ist er einer der wichtigsten Ansprechpartner an Bord. „Mark untersteht mir direkt und ist für mich zentral, wenn es um Sauberkeit, Hygiene und funktionierende Abläufe im Hintergrund geht", erklärt Alexander.

Als First GPA organisiert Mark die Cleaning-Teams in Küchen, Buffetbereichen, Restaurants und im Spülbereich. Je nach Schiffsklasse gehören bis zu 65 Mitarbeitende zu seinem Verantwortungsbereich, zusätzlich führt er bis zu sieben GPAs, die jeweils für ein Deck zuständig sind. „Ich kümmere mich da-

Bild: © Martin Helmers

▲ Interessante Zahlen: Auf der SELECTION-Klasse werden pro Woche 1,8 Tonnen Ananas und 2,6 Tonnen Wassermelonen verarbeitet, auf der weitaus größeren HELIOS-Klasse 5 Tonnen Ananas und 4,5 Tonnen Wassermelonen.

rum, dass unsere Teams gut organisiert sind und jeder weiß, was zu tun ist", erzählt Mark.

Sein Tag besteht aus Rundgängen, Kontrollen, Gesprächen mit dem Team und der Planung von Reinigungschemikalien sowie Non-Food-Equipment. „Wenn mein Team nicht die richtigen Arbeitsmittel hat, kann es seine Arbeit nicht gut machen. Deshalb muss ich immer vorausdenken." Mark weiß genau, wie anspruchsvoll diese Arbeit ist, denn er hat selbst ganz unten angefangen. „Ich weiß, wie diese Arbeit ist. Deshalb habe ich großen Respekt vor meinem Team. Ohne sie würde der ganze Betrieb nicht funktionieren." Alexander nennt ihn deshalb „die gute Fee im Hintergrund".

Für die Gäste bleibt Marks Arbeit meist unsichtbar, doch sie ist jeden Tag spürbar: in sauberen Restaurants, hygienischen Küchen und reibungslosen Abläufen. „Wir arbeiten im Hintergrund, aber wir wissen, dass wir wichtig sind", sagt Mark. „Wenn die Gäste ihr Essen genießen können und alles sauber und sicher ist, dann haben wir unseren Teil dazu beigetragen."

DIE VERBINDUNG VON QUALITÄT UND QUANTITÄT

Die größte Herausforderung in der Galley liegt darin, jeden Tag enorme Mengen zu produzieren und trotzdem Restaurantqualität zu liefern. Mehrere Tonnen Lebensmittel werden täglich verarbeitet, verteilt auf unterschiedliche Restaurants, Konzepte und Küchenstile. „Wir arbeiten in einem industriellen Volumen", sagt Alexander, „aber der Gast erwartet Geschmack, Frische und eine schöne Präsentation wie in einem guten Restaurant." Damit das gelingt, braucht es präzise Planung. Bestellungen müssen oft Wochen im Voraus kalkuliert werden, während Lagerkapazitäten an Bord begrenzt sind. Frischeprodukte erfordern besondere Erfahrung: Es darf weder zu wenig vorhanden sein noch zu viel übrig bleiben. Deshalb arbeitet Alexander eng mit dem

Provision Master, dem Culinary Team und den Lieferanten zusammen.

Gleichzeitig laufen täglich Rezepturkontrollen und Food-Safety-Checks. Qualität, Hygiene und Sicherheit dürfen auch bei hohen Mengen nie nachlassen. Bei bis zu 344 Galley-Mitarbeitenden kommt eine weitere Aufgabe hinzu: Menschen aus vielen Nationen, mit unterschiedlichen Sprachen, Erfahrungen und Arbeitsweisen, in eine gemeinsame Richtung zu führen. „Meine Aufgabe ist es, alle mitzunehmen", sagt Alexander. „Jeder muss unsere Standards verstehen und leben." Dazu gehören Schulungen, klare Kommunikation, Motivation und manchmal auch Konfliktlösung. Genau darin zeigt sich die eigentliche Kunst: viele Menschen, viele Abläufe und enorme Mengen so zusammenzuführen, dass für die Gäste am Ende alles leicht, frisch und selbstverständlich wirkt.

TAKTGEBER FÜR KÜCHE, SERVICE UND GENUSS

Von dort geht Hoteldirektorin Eva weiter zum Food & Beverage Direktor. Er trägt die Verantwortung für einen der größten und komplexesten Bereiche an Bord. Er koordiniert das Zusammenspiel von Küche, Restaurant, Bar, Einkauf, Lagerung und Logistik. Dabei geht es nicht nur darum, dass Speisen und Getränke rechtzeitig am richtigen Ort sind. Es geht um Qualität, Timing, Personalführung, Gästewünsche – und um das Gefühl, dass für die Gäste alles leicht und selbstverständlich funktioniert.

Diese Aufgabe übernehmen F&B Direktoren wie Dennis Hage aus Magdeburg und David-Emanuel Schmidt aus dem sächsischen Klipphausen. Beide sind nicht gleichzeitig auf demselben Schiff im Einsatz. Wie viele Führungskräfte an Bord wechseln sie sich nach mehrmonatigen Einsätzen ab. Wenn der eine von Bord geht, übernimmt der andere Verantwortung, führt Abläufe fort, setzt eigene Akzente und sorgt dafür, dass der Bereich ohne Bruch weiterläuft.

Dennis kommt ursprünglich aus der Logistik, absolviert später eine Ausbildung zum Koch im französischen Restaurant Le Cochon und sammelt weitere Erfahrung an Land, bevor er bei AIDA Schritt für Schritt aufsteigt: vom Junior Sous Chef über den Executive Chef

Bild: © AIDA Cruises

▲ F&B Direktor Dennis Hage ist auch gelernter Koch.

Bild: © David-Emanuel Schmidt

▼ Von links nach rechts: F & B Direktor David-Emanuel Schmidt mit seinen Töchtern Mathea und Hanna sowie Ehefrau Nicola.

Bild: © Photostoryforyou / Pexels

◂ Kleine Desserts, große Wirkung: An Bord wird auch der süße Abschluss mit viel Sorgfalt angerichtet – appetitlich und vielfältig.

bis zum F&B Direktor. „Mich hat anfangs weniger die klassische Seefahrt gereizt, sondern eher das Hotel an sich – und die Möglichkeit, viele Destinationen zu erreichen", erzählt Dennis. „Das Meer habe ich aber sehr schätzen gelernt. Es gibt immer wieder Momente, in denen man der Sonne beim Untergehen zusieht und erkennt, wie klein wir alle sind."

Bild: © Autor

◂ Das French Kiss bietet nach dem Vorbild einer französischen Brasserie klassische Gerichte in gemütlicher Bistro-Atmosphäre an.

David-Emanuel Schmidt findet über einen Umweg zu AIDA. Nach einer Ausbildung zum Zimmermann muss er diesen Beruf aus gesundheitlichen Gründen aufgeben und schult zum Koch um. „Am Anfang war das pragmatisch, aber schnell habe ich gemerkt: Kochen ist auch Gemeinschaft." Später kommt die Bar hinzu – kreativer, direkter, näher am Gast. Der entscheidende Moment ereignet sich in Malaysia. „Ich saß mit meinem Vater am Strand, als ein hell erleuchtetes Kreuzfahrtschiff im Sonnenuntergang zwischen den Inseln verschwand. Da hat sich etwas in mir sortiert." Zurück zu Hause bewirbt er sich bei AIDA und steigt bewusst als Junior Barkeeper ein. „Das war ein Schritt zurück – aber ich wusste, dass ich diesen Weg gehen wollte."

Heute blicken beide aus einer Führungsposition auf das System Gastronomie an Bord. Je nach Schiffsklasse verantwortet ein F&B Direktor zwischen etwa 280 und 700 Crewmitglieder. „Es geht nicht nur um Gastronomie", sagt Dennis. „Es geht um Warenströme, Qualität, Personalführung, Timing, Gästewünsche und das Zusammenspiel vieler Abteilungen." Besonders reizt ihn, Küche und Service noch enger zusammenzubringen. „Mich reizt besonders, die Symbiose zwischen Service und Küche zu schärfen, damit das Endprodukt für den Gast noch harmonischer wird."

David beschreibt den Alltag als klar strukturiert, aber niemals monoton. „Er beginnt oft mit Rundgängen über das Schiff, Gesprächen mit der Crew und ersten Abstimmungen. Es folgen Meetings, operative Entscheidungen und der direkte Kontakt mit Gästen." Viele Themen laufen parallel, vieles ist Detailarbeit. Gleichzeitig muss er das große Ganze im Blick behalten. „Was mich an dieser Rolle reizt, ist genau diese Verbindung: die Nähe zu Menschen, die Möglichkeit zu gestalten und die Verantwortung für ein funktionierendes Gesamtsystem."

Die Schiffsklasse verändert dabei den Blick auf die Aufgabe. Auf kleineren Schiffen sind Wege kürzer, Abläufe unmittelbarer, der Kontakt zu Gästen und Crew direkter. Man erkennt schneller, wo etwas gut läuft und wo nachgesteuert werden muss. Auf größeren Schiffen braucht es stärkeres Priorisieren. „Dort geht es weniger darum, alles gleichzeitig zu sehen", erklärt David, „sondern darum, gezielt Schwerpunkte zu setzen. Erfahrung hilft, Wichtiges von Unwichtigem zu trennen und den richtigen Zeitpunkt für Maßnahmen zu finden."

Für Dennis liegt eine der größten Herausforderungen darin, den Erwartungen der Gäste gerecht zu werden und zugleich dem eigenen Anspruch treu zu bleiben. „Man muss flexibel bleiben", sagt er. „Routenänderungen können zum Beispiel auch Auswirkungen auf die Verladung von Proviant haben. Dann muss man schnell reagieren." David betont vor allem die Bedeutung des engsten Führungsteams. „Küchenchef, F&B Manager und Proviantmeister bilden das Fundament unserer Arbeit. Wenn hier keine Einigkeit besteht, spürt das die gesamte Organisation sofort." Nur wenn diese Führungsebene geschlossen auftritt, entsteht Stabilität für die Teams.

Beiden ist der persönliche Umgang mit der Crew besonders wichtig. Dennis begrüßt neue Crewmitglieder am Aufstiegstag persönlich und erklärt seine Erwartungen. „Fragen stellen ist wichtig", sagt er. „Wenn keiner fragt, gehen alle davon aus, dass alles verstanden wurde."

▼ Das Weite Welt Restaurant (hier auf AIDAprima) bietet als Buffet-Restaurant täglich wechselnde, internationale Themenmenüs.

Bild: © Autor

Respekt, Vertrauen, Gleichstellung und Unterstützung sind für ihn entscheidend. „Meine Tür steht immer offen."

So stehen Dennis Hage und David-Emanuel Schmidt für zwei unterschiedliche Wege in denselben Verantwortungsbereich. Der eine kommt stärker aus Küche und Logistik, der andere bringt Handwerk, Küche und Barerfahrung zusammen. Beide wissen: Food & Beverage an Bord ist kein einzelner Bereich, sondern ein Uhrwerk. Und wenn es gut läuft, merkt der Gast vor allem eines – dass Genuss, Service und Atmosphäre ganz selbstverständlich zusammenpassen.

DAS HERZ, DAS NIEMAND HÖRT – BESUCH IM MASCHINENRAUM

Kapitän Felix Rothe ist inzwischen im technischen Bereich angekommen. Dort trifft er seinen Leitenden Ingenieur (Chief Engineer) Christian Rosenthal aus Arnsberg. Dieser ist für einen Bereich verantwortlich, den Gäste meist kaum sehen, ohne den an Bord aber nichts funktionieren würde. Maschinenraum, Elektrotechnik, Hoteltechnik, Entertainment-Technik und IT – all das fällt in seinen Verantwortungsbereich. „Mein Team sorgt zusammen mit Nautik und Hotelbereich dafür, dass an Bord alles reibungslos läuft und das Schiff sicher von A nach B kommt", sagt er.

▼ Der Leitende Ingenieur Christian Rosenthal begann seine Laufbahn bei AIDA als 3. Ingenieur auf AIDAvita.

Bild: © AIDA Cruises

Dass Christian einmal zur See fahren möchte, steht für ihn früh fest. „Mit sieben Jahren wusste ich, dass ich irgendwann zur See fahren will. Woher dieser Wunsch kam, weiß bis heute niemand so genau." 1997 sammelt er erste praktische Erfahrungen: zunächst drei Wochen auf einem Küstenmotorschiff in Nord- und Ostsee, später sechs Wochen auf der NÜRNBERG EXPRESS, einem Containerschiff der Hamburger Reederei Hapag-Lloyd, im Fahrtgebiet USA und Mexiko. Von 1998 bis 2001 folgt die Ausbildung zum Schiffsmechaniker bei Hapag-Lloyd. Danach studiert er Schiffsbetriebstechnik und Nautik an der Fachhochschule Flensburg.

2005 kommt er zu AIDA und beginnt als 3. Ingenieur auf AIDAvita, die bis 2008 sein Stammschiff wird. Anschließend ist er über mehrere Jahre in Papenburg an Bauaufsicht und Inbetriebnahmen beteiligt – unter anderem bei AIDAluna, AIDAblu und AIDAsol. „AIDAsol wurde 2011 mein erstes Schiff als Leitender Ingenieur." Dort bleibt er bis Ende 2018. Später folgen Einsätze auf AIDAmira, AIDAprima und schließlich wieder auf AIDAluna – jenem Schiff der heutigen SELECTION-Klasse, das er einst selbst mit in Dienst gestellt hat.

EINE KOMPLEXE AUFGABE

Der technische Bereich sorgt nicht nur für Antrieb und Maschinen, sondern für nahezu alles, was im Hintergrund funktionieren muss: Strom, Klima, Wasser, Abwasser, Aufzüge,

Bild: © Autor

Küchen- und Hoteltechnik, Bühnentechnik, IT-Systeme und viele weitere Anlagen. Während Gäste ihr Frühstück genießen, eine Show besuchen oder die Klimaanlage in der Kabine kaum bemerken, arbeitet im Hintergrund ein großes Team daran, dass genau das selbstverständlich bleibt.

Heute sprechen Felix und Christian über die anstehende Betankung im nächsten Hafen. Für Gäste klingt das nach Routine; für Brücke und Technik ist es ein präzise getakteter Vorgang aus Zeitfenstern, Sicherheit, Kommunikation und Kontrolle. Ein normaler Arbeitstag beginnt für Christian je nach Hafen oft sehr früh mit dem Einlaufen. „Dann übernehme ich die Position als Operations Director im Maschinenkontrollraum", erklärt er. Gemeinsam mit Ingenieuren, Ratings und Elektrotechnikern sorgt er dafür, dass das Einlaufmanöver technisch sicher begleitet wird.

Wenn um 8 Uhr meist das Morgen-Meeting folgt, sitzt Chief Christian mit den Ressortleitern aller technischen Bereiche zusammen. „Wir besprechen die Vorkommnisse der Nacht und die geplanten Arbeiten für den Tag." Dieses Treffen ist entscheidend, damit alle denselben Kenntnisstand haben und der Tag sauber geplant werden kann. Danach folgen Meetings im Schiffsrat, Team-Abstimmungen, Schiffsrunden, technische Kontrollen und die Überprüfung von Prozessen in den Bereichen Sicherheit, Umwelt und Gesundheit.

Gleichzeitig versteht Christian seine Rolle nicht nur als Kontrollinstanz. „Ein wichtiger Teil meiner Arbeit ist es, mein Team dort zu unterstützen, wo es nötig ist." Denn technische Verantwortung bedeutet an Bord auch Führung, Priorisierung und schnelle Entscheidungen. Wenn etwas ausfällt, muss klar sein, was zuerst zählt, welche Lösung möglich ist und welche Auswirkungen dies auf Gäste, Crew oder Schiffsbetrieb hat. Das Auslaufen am Abend überlässt Christian gern seinem Stellvertreter, dem Staff Chief Engineer. Ganz abschal-

▲ Der Maschinenkontrollraum (MKR) auf AIDAprima.

Bild: © Autor

▲ Blick in einen Maschinenraum von AIDAprima mit den Dieseln des Herstellers Caterpillar-MaK.

ten kann er dennoch nie. „Ich bin natürlich 24 Stunden am Tag für Probleme verfügbar. Wann immer meine Expertise benötigt wird, bin ich telefonisch erreichbar."

Zwischen den Schiffsklassen unterscheiden sich seine Aufgaben vor allem im Umfang. Grundsätzlich bleibt die Verantwortung ähnlich, doch auf größeren Schiffen wie der HYPERION- oder HELIOS-Klasse sind technische Systeme, Anlagen und Teams deutlich größer. Damit wächst auch die Komplexität. Für Christian bleibt der Kern aber gleich: Ein Schiff funktioniert nur, wenn Technik, Nautik und Hotelbetrieb eng zusammenspielen – ruhig, präzise und oft unsichtbar.

SICHERHEIT – DAS UNSICHTBARE NETZ

Als Nächstes spricht Felix mit Security Officer Stefan Deisenroth aus Hünfeld bei Fulda. Wenn Gäste an der Gangway ihre Bordkarte zeigen, begegnen sie einem Bereich, der im Hintergrund große Verantwortung trägt: der Security. Stefan ist an Bord als Security Officer tätig – eine Aufgabe, die weit mehr umfasst als Zugangskontrollen.

Sein beruflicher Weg beginnt 1999 bei der Polizei. Nach Stationen in der Hundertschaft, einer Sondereinheit und dem Landeskriminalamt kommt er 2003 erstmals mit AIDA in Berührung – damals bei einem polizeilichen Personenschutzauftrag in Cannes. „Dort lag ein AIDA Schiff auf Reede, und wir haben darüber gesprochen, was für eine neue Art von Kreuzfahrtkonzept dieses darstellt", erzählt Stefan. „Dass ich fünf Jahre später selbst dort anheuern würde, hätte ich mir nie träumen lassen."

Die Funktion des Security Officers beschreibt er als eine der vielseitigsten an Bord. „Im Prinzip leite ich die Schiffspolizei", sagt

Stefan. Ein Kreuzfahrtschiff sei wie eine kleine Stadt – und entsprechend gebe es auch ähnliche Vorfälle, von Vermögensdelikten bis zu körperlichen Auseinandersetzungen. Stefan ist dann für Ermittlungen und Sachverhaltsfeststellungen zuständig, immer in enger Abstimmung mit der Schiffsleitung.

Besonders sichtbar ist seine Arbeit an der Gangway. Dort organisiert sein Team die Zugangskontrollen und stellt sicher, dass keine verbotenen Gegenstände an Bord gelangen. „Viele Gäste kennen uns vor allem dann, wenn sie etwas dabeihaben, das wir vorübergehend einziehen müssen", sagt Stefan schmunzelnd. „Das berühmte Taschenmesser zum Apfelschälen ist noch immer ein sehr beliebtes deutsches Hosentaschenutensil."

Zu seinen Aufgaben gehören außerdem Training und Ausbildung der Crew im Bereich Security. Viele Besatzungsmitglieder haben neben ihrer Safety-Funktion auch Security-Aufgaben, die regelmäßig geschult werden. Hinzu kommen Übungen mit lokalen Behörden und internationalen Einheiten.

Ein typischer Arbeitstag beginnt oft mit dem Hafenlotsen. „Ich übernehme den Lotsen am Sidegate und bringe ihn zur Brücke." Parallel bereitet sein Team die Gangway-Kontrollstelle vor, prüft Papiere, Kameras und Abläufe. Nach dem Anlegen stimmt sich Stefan mit dem Port Facility Security Officer an Land ab. Danach folgen Meetings, Crew-Trainings, Vorgangsbearbeitung und Büroarbeit. Am Nachmittag gibt es oft ein kurzes Update mit dem Kapitän auf der Brücke, bevor die Auslaufvorbereitungen beginnen. Dann zählt vor allem eines: alle Gäste kontrolliert und pünktlich zurück an Bord zu bekommen.

Mit der Größe des Schiffes wachsen Team, Gästezahl und technische Systeme. CCTV,

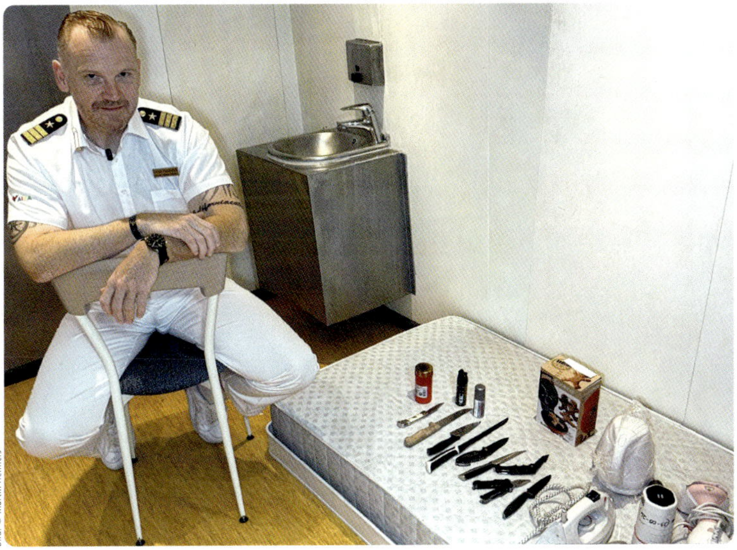

Bild: © Martin Helmers

▲ Security Officer Stefan Deisenroth zeigt eine Auswahl von Gegenständen, die er konfiszieren musste, da sie an Bord nicht erlaubt sind.

▼ Simulation einer Geiselnahme im Safety Center: Spezialkräfte kommunizieren mit dem Geiselnehmer, um ihn zur Aufgabe zu bewegen. Diese Übung fand in New York u. a. mit dem NYPD-SWAT-Team statt.

Bild: © Stefan Deisenroth

Bild: © Autor

▲ Regelmäßige Sicherheitsübungen für die Crew gehören zum Alltag an Bord.

Schlüssel- und Zugangssysteme werden komplexer, dazu kommen neue Themen wie Drohnen oder Cybersicherheit. „Die Weiterentwicklung im Bereich Security ist enorm“, sagt Stefan. „Die Technik wird besser, aber sie muss auch verstanden und richtig eingesetzt werden.“ So steht Stefan Deisenroth für einen Bereich, der für Gäste oft nur am Rand sichtbar ist, aber entscheidend zum sicheren Bordleben beiträgt: aufmerksam, professionell und immer bereit, zu handeln, wenn es darauf ankommt.

SCHUTZ VOR RAUCH UND FEUER

Kurz darauf kommt Klaus Strickmann dazu, der Brandschutzoffizier aus Ahlen in Westfalen. Klaus bringt eine besondere Mischung aus Technik, Feuerwehrerfahrung und internationaler Ausbildung mit an Bord. Sein beruflicher Weg beginnt 1978 mit einer Ausbildung zum Betriebsschlosser auf einem Kohlenbergwerk. Später arbeitet er unter Tage, schult zum Energieanlagenelektroniker um und sammelt umfangreiche Erfahrung im Brandschutz. Seine feuerwehrtechnische Laufbahn startet sogar schon 1974 in der Jugendfeuerwehr. Später wird er Zugführer in der Freiwilligen Feuerwehr und bildet in den Vereinigten Arabischen Emiraten Feuerwehrkräfte nach deutschem Standard aus.

2017 kommt Klaus zu AIDA – zunächst auf AIDAprima. Später begleitet er auch die Indienststellung von AIDAnova und AIDAcosma. Heute ist er auf AIDAperla als Brandschutzoffizier im Einsatz. „Für mich ist Feuerwehrdienst nicht nur ein Beruf, sondern eine Berufung“, sagt er. „Im Mittelpunkt stehen Verantwortung, Vorbereitung und die Fähigkeit, im Ernstfall aktiv zu handeln.“ Sein Bezug zum Wasser entsteht vor allem über das Tauchen. Klaus betreibt früher eine eigene Tauchschule und ist auch im Feuerwehrtauchen aktiv. Diese Erfahrung hilft ihm, mit besonderen Bedingungen ruhig und konzentriert umzugehen.

Safety oder Security?

Der Unterschied zwischen Safety und Security liegt vor allem in der fachlichen Zuständigkeit. **Safety** betrifft die klassische Schiffssicherheit. Die Safety Officers kommen in der Regel aus dem nautischen Bereich und kümmern sich unter anderem um Brandschutz, Schiffsfeuerwehr, Rettungsmittel, Rettungsboote, Evakuierung und sicherheitsrelevante Abläufe im Notfall. **Security** umfasst dagegen den Schutz vor sicherheitsrelevanten Vorfällen durch Personen oder äußere Einflüsse. Der Security Officer verantwortet Ermittlungen, Security-Trainings der Crew, Präventionsmaßnahmen, Zugangskontrollen, Freigaben sowie Schließ- und Kamerasysteme. Kurz gesagt: Safety schützt vor Unfällen und Notfällen an Bord – Security schützt vor Bedrohungen, Regelverstößen und sicherheitsrelevanten Vorfällen.

▶ Von 2008 bis 2017 lebte Klaus Strickmann in den Vereinigten Arabischen Emiraten. Dort war er als Wachoffizier für zwei Feuerwehrwachen und später als Trainingsmanager an der Civil Defence Academy of Abu Dhabi tätig.

Bild: © Stefan Deisenroth

An Bord ist seine Aufgabe vielseitig und verantwortungsvoll. Während der An- und Ablegemanöver ist Klaus für das Safety Center zuständig. Dort laufen Notrufe und Alarmmeldungen zusammen. „Ich übernehme diese Aufgabe, damit sich Kapitän und nautische Offiziere vollständig auf das Manöver konzentrieren können", erklärt er. Im aktiven Brandschutz führt Klaus den sogenannten Angriffstrupp. Im Einsatzfall geht er unter Atemschutz zur Einsatzstelle. „Dann stehen Menschenrettung und, falls nötig, die unmittelbare Brandbekämpfung im Vordergrund."

Noch wichtiger ist für ihn jedoch der vorbeugende Brandschutz: Hydranten, Feuerlöscher, Sprinkleranlagen, Rauch- und Flammenmelder, Atemschutzgeräte und Feuerschutzkleidung müssen jederzeit einsatzbereit sein. Ein typischer Arbeitstag beginnt oft gegen 6 Uhr mit Kontrollrunden, der Besetzung des Safety Centers und der Einweisung seines Teams. Danach folgen Wartungen, Prüfungen, Dokumentation und Trainings. Besonders sensible Bereiche wie Maschinenräume, technische Anlagen und Proviantlager kontrolliert er regelmäßig. „Im Ernstfall muss alles funktionieren", sagt Klaus.

Eine große Herausforderung ist die Ausbildung der Bordfeuerwehr. Die meisten Crewmitglieder sind keine ausgebildeten Feuerwehrkräfte, müssen im Notfall aber sicher handeln können. „Wir müssen in kurzen Trainingseinheiten ein verlässliches Mindestmaß an Sicherheit vermitteln." Klare Strukturen, Wiederholung und praktische Übungen sind deshalb entscheidend. Auf großen Schiffen wie AIDAprima, AIDAperla, AIDAnova oder AIDAcosma ist die technische Komplexität besonders hoch. Deshalb kommen dort speziell ausgebildete Brandschutzoffiziere zum Einsatz. „Auf den großen Schiffen konnten wir den feuerwehrtechnischen Sicherheitsstandard deutlich weiterentwickeln", sagt Klaus.

Besonders schätzt er das internationale Miteinander an Bord. Rund 36 Nationen arbeiten zusammen, geprägt von Respekt, Freundlichkeit und Teamgeist. Auch privat hält Klaus Strickmann engen Kontakt zu seiner Partnerin und Familie – vor allem per Videoanruf. Sein Wunsch ist klar: „Ich möchte, dass es niemals zu schwerwiegenden Ereignissen mit Personenschäden kommt." Und sein Grundsatz klingt wie ein Seemannswunsch mit Feuerwehrherz: immer eine Handbreit Wasser unter dem Kiel – und kein Feuer an Bord.

FÜR EIN ZUHAUSE AUF SEE – KABINENSERVICE

Hoteldirektorin Eva geht nun ins Housekeeping Department. Dort trifft sie Cabin Steward Federika „Erika" Ongirwalu aus Makassar City in Indonesien. Ihre Aufgabe gehört zu jenen Bereichen an Bord, die Gäste jeden Tag erleben, auch wenn sie die Arbeit dahinter oft nur kurz wahrnehmen: eine frisch gemachte Kabine, ein sauberes Bad, ordentlich gefaltete Handtücher, ein freundliches Lächeln auf dem Gang. Genau daraus entsteht ein großer Teil des Wohlgefühls an Bord.

▼ Charmant, fleißig, zuverlässig: Cabin Steward Federika Ongirwalu aus Indonesien.

Bilder: © AIDA Cruises

„Als Cabin Steward habe ich schon auf mehreren AIDA Kreuzfahrtschiffen gearbeitet", erzählt Federika. „Ich mag es, Gästekabinen zu reinigen und dafür zu sorgen, dass sich meine Gäste wohl und glücklich fühlen." In der Housekeeping-Hierarchie ist sie Teil eines großen Teams, das unter Leitung von Supervisoren und der Hausdame beziehungsweise dem Housekeeping Management arbeitet. Jede Kabine, jeder Flur, jeder öffentliche Bereich muss in dieses System passen. Federika ist dabei eine der wichtigen Kräfte an der direkten Schnittstelle zum Gast.

Ihr Arbeitstag beginnt meist um 8 Uhr. Dann startet sie mit der Reinigung der Gästekabinen. Betten werden gemacht, Badezimmer geputzt, Oberflächen gereinigt, Handtücher gewechselt, Vorräte kontrolliert und kleine Details geprüft. Bis 16 Uhr ist sie in ihrem Kabinenbereich im Einsatz. Danach folgt häufig noch eine zweistündige Side Duty, bei der sie die Reinigungskräfte in den öffentlichen Bereichen unterstützt. „Während eines achtmonatigen Vertrags habe ich ohne freien Tag gearbeitet", sagt Federika. „Jeden Tag habe ich zuerst die Gästekabinen gereinigt und danach noch geholfen, öffentliche Bereiche sauber zu halten."

Was von außen selbstverständlich wirkt, ist körperlich harte Arbeit. Housekeeping bedeutet Tempo, Genauigkeit und Ausdauer. Gleichzeitig braucht sie ein gutes Gespür für Menschen. Manche Gäste möchten ein kurzes Gespräch, andere lieber Ruhe. Manche haben besondere Wünsche, andere freuen sich nach einem langen Landgang einfach über eine saubere Kabine. „Ich mag meine Rolle, weil ich direkt mit Gästen aus verschiedenen Ländern in Kontakt komme", sagt Federika. „Ich kann zeigen, was ich kann: für Komfort und Sauberkeit sorgen, damit die Gäste zufrieden sind."

Ob sie auf Schiffen der HYPERION- oder HELIOS-Klasse arbeitet, macht für sie in der Grundaufgabe keinen großen Unterschied. Die Arbeit bleibt ähnlich: sauber, zuverlässig und freundlich. Die größte Herausforderung liegt für sie eher im Bordleben selbst. „Manchmal bewegt sich das Schiff wegen der Wellen stark, und trotzdem muss ich weiterarbeiten", erzählt sie. „Ich muss weiter lächeln, damit die Gäste glücklich sind – auch wenn mein Herz manchmal traurig ist und ich meine Familie vermisse."

Gerade dieser Satz zeigt, wie viel innere Stärke in ihrer Arbeit steckt. Federika ist nicht nur eine Mitarbeiterin, die Kabinen reinigt. Sie ist Teil des unsichtbaren Fundaments, auf dem das Gästeerlebnis ruht. Ihre Freundlichkeit, ihre Disziplin und ihre Ausdauer tragen dazu bei, dass sich Menschen an Bord geborgen fühlen.

Besonders schön findet sie das internationale Miteinander. „Es ist spannend, sich an andere Kulturen anzupassen und Menschen aus vielen Ländern zu verstehen", sagt sie. „Man kann mit ihnen reden, lachen und scherzen. Das macht viel Freude." So steht Federika Ongirwalu für viele gute Seelen an Bord: charmant, fleißig, zuverlässig – und von Gästen geschätzt, weil ihre Arbeit jeden Tag sichtbar macht, was AIDA auch ausmacht: ein sauberes, freundliches Zuhause auf Zeit.

FLEISSIGE HÄNDE IM HINTERGRUND

Von dort führt Evas Weg in die Wäscherei. Hier ist eine neue Crew aus Sri Lanka und Malaysia im Einsatz, und Eva sieht schnell, dass die Abläufe gut greifen. Die Mitarbeitenden arbeiten konzentriert, freundlich und mit sichtbar wachsender Routine. Für Eva ist das ein wichtiges Signal: Neue Crewmitglieder brauchen an Bord oft nur wenig Zeit, um zu zeigen, ob sie sich in den Takt des Schiffes einfügen können und wollen. Hier funktioniert es.

Die Wäscherei ist einer dieser Bereiche, die Gäste kaum sehen, deren Leistung sie aber ständig spüren. Bettwäsche, Handtücher, Uniformen, Tischwäsche, Servietten und Arbeitskleidung laufen in einem Kreislauf, der praktisch nie endet. Es wird sortiert, gewaschen, getrocknet, gefaltet, kontrolliert und wieder verteilt. Wenn hier etwas stockt, merkt man es bald in den Kabinen, im Restaurant, im Crewbereich oder im gesamten Ablauf des Schiffes.

Eva bleibt einen Moment stehen, beobachtet die Handgriffe, fragt nach der Einarbeitung und spricht kurz mit dem Team. Sie sieht, dass die neue Crew sauber, zügig und aufmerksam arbeitet. Genau solche Eindrücke sind für sie wichtig, denn Hoteldirektion bedeutet nicht nur, Probleme früh zu erkennen, sondern auch gute Leistungen weiterzugeben. Sie macht sich eine Notiz für das spätere Gespräch mit Human Resources Managerin Dara Rosenthal:

Bild: © Autor

▲ Jedes AIDA Schiff hat unter dem Gästebereich einen langen Gang, über den man verschiedene Bereiche wie Büros, das Bordhospital oder die Crewmesse erreichen kann.

Bild: © Carolin-Desirée Rudert

▲ Schiffsärztin Dr. Carolin-Desirée Rudert verbindet ihre Leidenschaft für Medizin mit der Freude am Reisen.

Diese Rückmeldung soll ankommen. Die neuen Mitarbeitenden leisten gute Arbeit – und das darf ausdrücklich gesehen werden.

Für Eva ist die Wäscherei damit ein gutes Beispiel für das, was an Bord oft im Hintergrund geschieht: harte körperliche Arbeit, klare Abläufe, Teamdisziplin und ein direkter Beitrag zum Wohlgefühl der Gäste. Saubere Wäsche wirkt selbstverständlich. In Wahrheit ist sie das Ergebnis vieler Hände, die im richtigen Moment das Richtige tun.

IM HOSPITAL – DER RUHIGSTE ORT AN BORD?

Kapitän Felix Rothe schaut im Bordhospital vorbei. Die dort tätige Schiffsärztin Dr. Carolin-Desirée Rudert aus Berlin verbindet an Bord zwei Welten: Medizin und Wasser. Nach ihrem Studium absolviert sie in der Hauptstadt ihre Facharztausbildung zur Internistin, arbeitet mehrere Jahre auf einer internistischen Intensivstation, erwirbt die Zusatzbezeichnung Notfallmedizin und ist als Notärztin für die Berliner Feuerwehr im Rettungsdienst unterwegs. 2023 kommt sie zu AIDA, ergänzt ihre Tätigkeit an Bord aber weiterhin durch Einsätze in Kliniken.

Carolin-Desirées Bezug zum Wasser entsteht früh. „Mein Großvater und mein Vater sind mit uns Kindern früher regelmäßig auf Berliner Seen gesegelt", erzählt sie. Mit 14 Jahren beginnt sie im aktiven Wasserrettungsdienst der DLRG. „Schon damals konnte ich mein Interesse an der Medizin sehr gut mit dem Wasser verbinden."

Als Schiffsärztin trägt Carolin-Desirée gemeinsam mit dem Pflegepersonal, medizinischen Fachangestellten sowie ärztlichen Kolleginnen und Kollegen Verantwortung für die Gesundheit von Gästen und Crew. Das Bordhospital ist Hausarztpraxis, Notaufnahme und im Ernstfall auch kleine Intensivstation. „Für die Crew sind wir oft die Hausarztpraxis", erklärt sie. „Viele sind bis zu zehn Monate an Bord und haben in dieser Zeit keine Möglich-

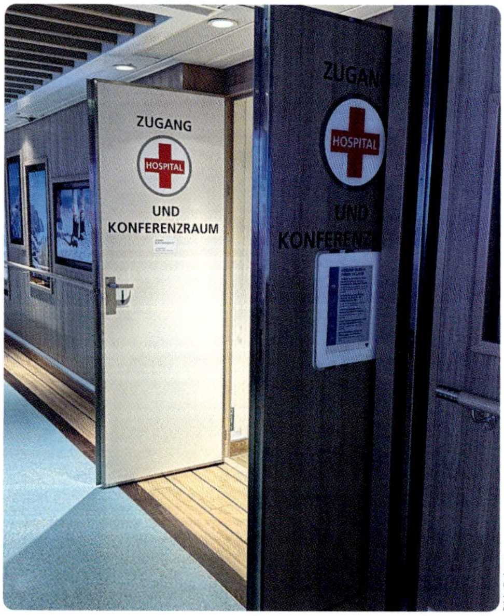

Bild: © Autor

▶ Eingang zum Bordhospital (hier auf AIDAprima).

keit, reguläre Checks in der Heimat wahrzunehmen."

Bei schweren Fällen wird die Zusammenarbeit mit anderen Bereichen entscheidend. Wenn ein Patient nicht mehr selbst laufen kann oder ein Rollstuhl nicht ausreicht, unterstützt das Stretcher-Team. „Das sind Crewmember, unter anderem aus der Küche, die nach einem Training mit kräftigen Händen helfen, Patientinnen und Patienten sicher ins Bordhospital zu bringen." Auch Guest Service, Security, Brücke und Administration sind wichtige Partner – etwa bei Isolationsmaßnahmen, schwierigen Situationen oder medizinisch notwendigen Ausschiffungen.

„Für mich ist die Arbeit als Schiffsärztin eine spannende Schnittstelle zwischen Notfallmedizin, Intensivmedizin und hausärztlicher Tätigkeit", sagt Carolin-Desirée. Genau diese Mischung reizt sie: schnelle Entscheidungen im Notfall, kontinuierliche Betreuung der Crew und immer neue medizinische oder organisatorische Herausforderungen.

Der Arbeitstag im Hospital folgt einer klaren Struktur. Die Sprechzeiten für Crew und Gäste liegen meist von 8 bis 11 Uhr und von 16 bis 19 Uhr. Dazwischen ist immer ein Team aus Ärztin oder Arzt und Pflege im Bereitschaftsdienst. Um 16 Uhr wechselt die 24-Stunden-Schicht mit einer medizinischen Übergabe. „Wie der Tag wirklich läuft, hängt immer davon ab, ob Notfälle unsere Hilfe brauchen oder nicht."

Je nach Schiffsklasse unterscheidet sich vor allem die Anzahl der Patientinnen und Patienten. Auf den größten Schiffen können es in einer Sprechstunde schon einmal 50 bis 70 Menschen sein, auf kleineren Schiffen deutlich weniger. Entsprechend größer ist dort auch das medizinische Team. Die internationale Atmosphäre an Bord empfindet Carolin-Desirée als bereichernd. Zugleich verlangt sie Einfühlungsvermögen.

„Einige Crewmember kommen manchmal erst zu uns, nachdem sie sich schon selbst mit eigener Medizin aus der Heimat behandelt haben", erzählt sie. „Dann ist es besonders wichtig, ihre Sorgen ernst zu nehmen und zu er-

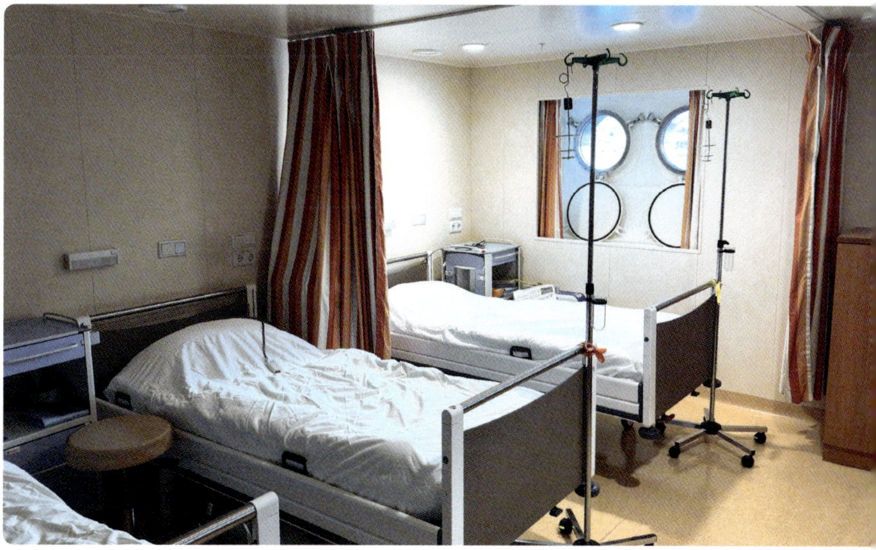
Bild: © Autor

▲ Das Hospital ist ein Krankenhaus auf See mit Ärzten, Medizinischen Fachangestellten und weiteren Fachleuten.

Was tun bei Seekrankheit? Die Schiffsärztin gibt Rat

Die beste Vorbeugung ist, einen gefüllten Magen zu haben und den Horizont zu beobachten, sobald man erste Symptome bemerkt. In den meisten Fällen hilft auch frische Luft sehr gut. Sollte all das nicht ausreichen, gibt es zum Beispiel an der Rezeption pflanzliche Mittel, die helfen können – solange es noch nicht zum Erbrechen gekommen ist. Ist das der Fall, nimmt man am besten Dimenhydrinat und versucht zu schlafen. Das gibt dem Körper die Chance für eine Art „Reset".

klären, welche medizinische Behandlung ich empfehlen würde."

Was Dr. Carolin-Desirée Rudert an ihrer Arbeit besonders schätzt, ist die Verbindung aus Verantwortung, Nähe zu Menschen und Reisen. „Ich finde es schön, meine Leidenschaft für die Medizin mit der Möglichkeit zu verbinden, die Welt zu sehen und neue Kulturen kennenzulernen." Ihre Aufgabe an Bord ist anspruchsvoll – aber genau darin liegt für sie auch der Sinn: da zu sein, wenn jemand Hilfe braucht.

BESUCH BEI DER PERSONALCHEFIN

Inzwischen ist Hoteldirektorin Eva bei Human Resources Managerin Dara Rosenthal eingetroffen. Sie wurde im thailändischen Amphoe Mueang geboren und ist heute in Arnsberg zu Hause. Als HR Managerin bei AIDA ist sie für einen Bereich zuständig, der für das Leben an Bord entscheidend ist: die Crew. Je nach Schiffsklasse betreut sie zwischen 620 und 1500 Crewmitglieder – Menschen aus vielen Nationen, mit unterschiedlichen Aufgaben, Verträgen, Erwartungen und persönlichen Geschichten.

Bild: © AIDA Cruises

▶ Für Human Resources Managerin Dara Rosenthal ist die Crew auch Familie.

Ihr Weg zur Seefahrt beginnt früh. „Mein Vater war 35 Jahre Funkoffizier bei Hapag-Lloyd", erzählt Dara. „Als kleines Mädchen bin ich oft mit ihm auf Containerschiffen und auch auf der damaligen MS EUROPA mitgefahren." Für sie steht deshalb früh fest, dass ihr Berufsleben einmal auf einem Schiff stattfinden soll.

Nach ihrem Abschluss als Diplom-Volkswirtin an der Universität Hamburg absolviert Dara ein Trainee-Programm bei Hapag-Lloyd Container Line in London. Danach arbeitet sie in der Import-Containerlogistik bei MSC in Hamburg, später bei Hansa Shipping im Bereich Seepersonal für Deck und Maschine sowie als Crewing Manager bei Alster International Services mit Sitz in Manila für Tanker und Containerschiffe. Seit 2012 ist sie Human Resources Managerin bei AIDA Cruises.

An Bord ist Dara Ansprechpartnerin für viele Themen, die den Arbeitsalltag der Crew betreffen. Sie achtet darauf, dass arbeitsrechtliche und betriebliche Richtlinien eingehalten werden. Dazu gehören Vertragsfragen, Dokumentenmanagement, Personalakten, Reporting und die Kommunikation mit der HR-Abteilung an Land. Ebenso begleitet sie das Onboarding neuer Crewmitglieder. „Gerade wenn jemand neu an Bord kommt, ist es wichtig, Orientierung zu geben und Sicherheit zu schaffen."

Doch HR an Bord bedeutet weit mehr als Verwaltung. Dara berät Führungskräfte bei Mitarbeiterführung, Trainings, Coaching, Konfliktmanagement und schwierigen Gesprächen. Auch Disziplinarmaßnahmen gehören zu ihrem Verantwortungsbereich. „Man wächst

Bild: © Martin Helmers

◄ Nahe der Brücke (hier auf AIDAprima) kann man die Plaketten bewundern, die ein Schiff als Willkommensgeschenk bei einem Erstanlauf in einen Hafen erhält.

über die Jahre in diese Verantwortung hinein", sagt sie. „Wichtig ist, dass man lernt, in kurzer Zeit die richtigen Entscheidungen zu treffen."

Einen ganz normalen Arbeitstag gibt es für Dara kaum. Der Tag richtet sich stark danach, was an Bord passiert und welche Anliegen Crewmitglieder oder Führungskräfte an sie herantragen. Trotzdem gibt es feste Strukturen mit regelmäßigen Meetings, Schiffsratssitzungen, Besprechungen mit der Hoteldirektion und Abstimmungen mit einzelnen Abteilungen. Dazwischen liegen Einzelgespräche, administrative Aufgaben, Konfliktlösungen, Beratung und manchmal auch sehr persönliche Themen.

„Mein Arbeitstag ist sehr individuell", erklärt sie. „Er richtet sich weniger nach einem festen Plan als nach den Bedürfnissen der Mitarbeiter und den Ereignissen an Bord." Genau darin liegt die besondere Verantwortung: HR muss erreichbar sein, zuhören, einschätzen, vermitteln und zugleich klare Entscheidungen treffen.

Ein wichtiger Teil ihrer Arbeit ist auch das Bordklima. Crew-Events, Motivation und ein respektvolles Miteinander spielen eine große Rolle. Denn ein Schiff ist nicht nur Arbeitsplatz, sondern für viele Menschen über Monate hinweg auch deren Zuhause. „AIDA ist für mich nicht nur ein Arbeitgeber, sondern eine Art Zuhause", sagt Dara. „Wir verbringen die Hälfte des Jahres auf dem Schiff. Das ist kein 9-to-5-Job, nach dem jeder abends oder am Wochenende seinen eigenen Weg geht. An Bord sind wir auch eine Familie."

Besonders prägend ist für sie die internationale Zusammenarbeit. Flottenweit arbeiten Menschen aus zahlreichen Nationen zusammen. Unterschiedliche Kulturen bringen verschiedene Vorstellungen von Kommunikati-

Bild: © Martin Helmers

▲ Wenn alle Kräfte vor und hinter den Kulissen als Team zusammenarbeiten, entsteht tolles Entertainment für die Gäste (hier auf AIDAprima).

on, Führung und Zusammenarbeit mit. „Das ist keine Wertung", sagt Dara. „Es ist ein Zusammenspiel kultureller Unterschiede – und genau das kann den Arbeitsplatz sehr wertvoll machen." Damit dieses Miteinander funktioniert, braucht es gemeinsame Regeln. Der Code of Ethics bildet dafür eine wichtige Grundlage. Für Dara ist klar: Respekt, Fairness und Verantwortung sind an Bord nicht nur schöne Worte, sondern Voraussetzung dafür, dass ein internationales Team auf engem Raum gut zusammenarbeiten kann.

Eva spricht mit ihr über die neue Crew in der Wäscherei, über geplante Events und über Sarah Hönemann, die als Speakers President beim Crew-Bingo eine wichtige Rolle für das Miteinander spielt. Crew-Bingo klingt einfach, ist aber mehr als Unterhaltung: Es ist ein Stück sozialer Ausgleich in einem Arbeitsleben, das selten echte Wochenenden kennt.

Im Spa und Sport wird die Entdeckungstour wieder leichter. Eva begegnet Aman, Antonia, Katrin Hofrichter und Julia, die in Body & Soul, Sport und Wellness dafür sorgen, dass Gäste nicht nur Programm erleben, sondern auch Ruhe, Bewegung und Erholung finden. Gerade auf der SELECTION-Klasse ist dieser Bereich ein wichtiger Rückzugsraum: weniger laut, mehr Ankommen. Zwischendurch bleibt Eva bei Anja stehen, die als Lektorin beziehungsweise Edutainerin mit Gästen ins Gespräch kommt. Eva interessiert sich für solche Begegnungen, weil sie zeigen, dass Bordprogramm nicht nur aus Shows besteht, sondern auch aus Wissen, Austausch und kleinen Aha-Momenten.

Am Nachmittag kreuzen sich die Wege von Eva und Felix kurz. Es geht ums Wetter. Am Abend ist ein Event an Deck geplant – eine klassische Poolparty. Felix prüft Wind, Deckbedingungen und Sicherheit; Eva denkt an Stimmung, Gästewege, Personal und Alternativen. Beide sprechen dieselbe Sache aus zwei Perspektiven. Genau darin liegt das Zusammenspiel an Bord: Der Kapitän fragt, ob es sicher ist. Die Hoteldirektorin fragt, ob es für die Gäste funktioniert. Erst wenn beides zusammenpasst, wird daraus ein guter Abend.

Zum Schluss führt Eva ihr Weg zu den Verantwortlichen für die Bordunterhaltung, wo sie sich mit dem Entertainment Manager und der Entertainment Office Managerin zu den Details der nächsten Reise austauscht. Eva schaut auf den fast fertigen Plan. Wo gibt es Überschneidungen? Was passiert bei schlechtem Wetter? Welche Gästeanzahl wird erwartet, wie viele Kinder und welchen Altersdurchschnitt gibt es, um die Veranstaltungen zielgruppenorientiert, aber dennoch individuell planen zu können? Entertainment ist auf dem Papier Programm. In Wirklichkeit ist es ein Uhrwerk.

DIE REZEPTION – DAS OHR DES SCHIFFES

Auf dem Weg in ihr Büro bleibt Hoteldirektorin Eva noch kurz an der Rezeption stehen. Für sie ist dieser Bereich einer der wichtigsten Sensoren des Schiffes. Hier kommen viele Themen zuerst an: Fragen zur Kabine, Wünsche zu Ausflügen, Rückmeldungen zum Restaurant, verlorene Gegenstände, kleine Sorgen oder manchmal auch größere Anliegen.

Die Rezeption ist damit weit mehr als ein Informationspunkt. Sie ist die erste Anlaufstelle für Gäste und oft auch der Ort, an dem sich zeigt, wie die Stimmung an Bord wirklich ist. Eva spricht kurz mit dem Team, fragt nach besonderen Vorkommnissen, nach wiederkehrenden Gästefragen und danach, ob irgendwo Unterstützung gebraucht wird. So bekommt sie früh ein Gefühl für den Tag. Denn wer den Gästeservice versteht, versteht oft auch, wo das Schiff gerade Aufmerksamkeit braucht.

EIN TAG VOLLER TEAMWORK

Als der Abend kommt, stehen Hoteldirektorin Eva und Kapitän Felix für einen Moment an verschiedenen Orten und sehen doch dasselbe Schiff. Eva sieht Gäste, die sich wohlfühlen, weil viele Teams ineinandergreifen. Felix sieht ein Schiff, das sicher fährt, weil Brücke, Technik, Security, Safety, Brandschutz und Hospital vorbereitet sind. Zwischen beiden Welten liegen Treppenhäuser, Crew-Gänge, Funkgeräte, Dienstpläne und unzählige kurze Gespräche.

Und genau daraus entsteht das AIDA Gefühl auf einem Kussmund-Schiff: nicht aus einem einzelnen großen Moment, sondern aus vielen kleinen, gut gemachten Dingen. Aus einer sauberen Kabine. Einem köstlichen Getränk. Einer sicheren Gangway. Einem funktionierenden Motor. Einer ausreichenden und informativen Kommunikation. Einer Show, die pünktlich beginnt. Einem Kapitän, der den Wind im Blick hat. Einer Hoteldirektorin, die etwas bemerkt, bevor etwas auffällt.

Das Schiff wirkt für die Gäste leicht. Aber Eva und Felix wissen: Diese Leichtigkeit ist Arbeit. Und vielleicht macht genau das die Entdeckungstour so schön. Man geht los, um ein Schiff zu sehen – und trifft überall Menschen, die es jeden Tag am Leben halten.

„DIE INTENSIVSTE ZEIT DES LEBENS“?

Auf den Schiffen der Kussmund-Flotte arbeiten Crewmitglieder aus aller Welt – viele von ihnen kommen von den Philippinen, aus Indien, Indonesien oder Sri Lanka. Meist sind sie

Bild: © Piotr Arnoldes / Pexels

Bild: © Federika Ongirwalu)

◄▲ Wenn der straffe Dienstplan es zulässt, gehört auch Feiern zum Crewleben: Musik, Licht und gemeinsame Momente schaffen einen Ausgleich zum Bordalltag.

im Hotel- und Servicebereich tätig: im Housekeeping, in der Küche, in der Wäscherei, an den Bars oder in den Restaurants. Ihre Arbeit ist körperlich anspruchsvoll, die Einsätze sind lang, der Alltag folgt einem engen Rhythmus. In dieser Zeit sind sie Tag für Tag im Einsatz, oft mit langen Schichten. Unter Deck leben viele Crewmitglieder auf begrenztem Raum, meist ohne viel Privatsphäre. Wer diesen Weg geht, braucht Ausdauer und Disziplin – man muss wirklich dafür „gemacht" sein: Manche nennen es *„die intensivste Zeit ihres Lebens"*.

Warum entscheiden sich Menschen für die Arbeit auf einem AIDA Schiff? Eine allgemeingültige Antwort gibt es nicht. Für viele Crewmitglieder ist sie trotz Entbehrungen eine wirtschaftliche Chance. Das Einkommen kann im Vergleich zu ähnlichen Tätigkeiten in Gastronomie, Hotellerie, Reinigung oder Küche im Heimatland deutlich attraktiver sein – auch wenn es aus europäischer Sicht nicht immer hoch erscheinen mag.

Viele unterstützen mit ihrem Verdienst Partner, Eltern, Geschwister oder Kinder. Andere sparen für ein eigenes Haus, finanzieren eine Ausbildung, zahlen Kredite zurück oder sichern medizinische Kosten ab. Der Lohn kommt damit oft nicht nur einer einzelnen Person zugute, sondern einem ganzen familiären Umfeld. Hinter jeder Uniform steht eine eigene Geschichte – und oft ein sehr konkretes Ziel.

Dafür nehmen viele lange Verträge, die Trennung von der Familie, verpasste Feiertage und wichtige private Momente auf Distanz in Kauf. Das Leben auf einem Kreuzfahrtschiff ist kein romantischer Dauerurlaub. Die Arbeitstage sind lang, freie Zeit ist knapp, der persönliche Raum begrenzt. Arbeitsort, Wohnort, Freizeitort und soziales Umfeld liegen auf demselben Schiff. Man teilt Kabinen, Flure, Crewmessen und Aufenthaltsräume und lebt eng mit Menschen aus anderen Kulturen, Sprachen und Gewohnheiten zusammen. Das kann bereichernd sein, verlangt aber auch Rücksicht, Toleranz und Selbstdisziplin.

Auch die Bezahlung ist nicht für alle gleich. Crewmitglieder aus Nicht-EU-Ländern verdienen bei Kreuzfahrtreedereien häufig weniger als Kolleginnen und Kollegen aus Europa, obwohl sie in vielen Bereichen vergleichbare Arbeit leisten. Zugleich kann dieses Einkommen im Verhältnis zu den Lebenshaltungskosten und Löhnen im Heimatland eine erhebliche Bedeutung haben. Genau in dieser Spannung liegt die Realität vieler Karrieren an Bord.

Für einige ist ein Vertrag auf See ein Mittel zum Zweck, für andere wird daraus eine langfristige Laufbahn. Manche kommen für eine begrenzte Zeit, um Geld zu verdienen und danach in der Heimat etwas aufzubauen. Andere bleiben über Jahre in der Branche, wechseln Positionen, sammeln Erfahrung und arbeiten sich Schritt für Schritt nach oben. Wer bereit ist, mit vollem Einsatz dabei zu sein, findet aber bei AIDA nicht nur einen Job, sondern oft einen spannenden Lebensabschnitt mit einzigartigen Erfahrungen – und womöglich den Sprung auf eine verantwortungsvolle Führungsposition. Hierfür gibt es Beispiele – Servicekräfte bringen es bis zu Restaurantleitern, Seeleute werden zu nautischen Offizieren und Barkeeper oder Scouts werden zu Hoteldirektoren.

Bild: © Kinga Csizmadia

Gleichzeitig darf man diese Möglichkeiten nicht verklären. Nicht jeder steigt auf, nicht jeder hält die Belastung durch, nicht jeder ist für das Leben an Bord gemacht. Wer nur das Reisen sieht, aber nicht die Arbeit dahinter, wird schnell merken, wie anspruchsvoll diese Welt wirklich ist.

▲ Das Leben an Bord bedeutet für Galeristin Kinga Csizmadia auch Begegnung: Ob Kunst, Beratung oder Gespräch – viele Erlebnisse an Bord entstehen durch persönlichen Kontakt.

Bild: © Isabeau Bergmann

◄ Freizeit gehört dazu: Im Klettergarten erlebt man sein Schiff einmal aus einer ganz anderen Perspektive (von links nach rechts): Mario Heidemüller, Marcel Theissen und Isabeau Bergmann.

Bild: © Federika Ongirwalu

▲ Kleine Gesten, große Gefühle: Sonnenuntergänge an Bord erinnern Federika und ihre Kollegen daran, warum das Leben auf See trotz harter Arbeit so besonders ist.

Gerade deshalb verdient die Crew besonderen Respekt. Während Gäste Urlaub machen, feiern und entspannen, arbeitet im Hintergrund ein internationales Team weiter. Ein Lächeln gehört zum Beruf – auch an Tagen, an denen man müde ist oder Heimweh hat.

AIDA IST DAS, WAS MAN DARAUS MACHT

Am Ende ist die Arbeit weder nur Traum noch nur Belastung. Sie ist für viele eine bewusste Entscheidung: für Einkommen, Aufstiegschancen und Erfahrungen, die man an Land kaum sammeln kann – aber auch für Verzicht, harte Arbeit und ein Leben fern der Familie. Die Wahrheit liegt dazwischen: AIDA kann eine große Chance sein – vor allem für Menschen, die wissen, worauf sie sich einlassen, und bereit sind, viel dafür zu leisten.

Wenn ich als Lektor bei meinen Vorträgen die Aufmerksamkeit der Gäste habe, betone ich immer wieder: „Die höchste Anerkennung – ob in Form guter Bewertungen oder Trinkgelder – verdienen die guten Seelen an Bord, die oft im Hintergrund dafür sorgen, dass wir sicher, sauber und komfortabel reisen können. Für mich ganz klar: 10 von 10."

FREIZEIT, PRIVATSPHÄRE, BEZIEHUNGEN, LIEBE

„Eine Reise wird am besten in Freunden und nicht in Meilen gemessen." Für das Leben an Bord gilt dieses Zitat des amerikanischen Reiseautors Tim Cahill in besonderer Weise. Denn für die Crew ist ein AIDA Schiff nicht nur Arbeitsplatz, sondern für Wochen oder Monate auch Zuhause, Nachbarschaft, Rückzugsort und manchmal eine zweite Familie. Menschen aus vielen Ländern arbeiten hier zusammen: in der Küche, im Housekeeping, im Restaurant, auf der Brücke, im Entertainment, im Hospital, in der Technik oder an der Gangway. Was sie verbindet, ist nicht Herkunft, Sprache oder Position, sondern der gemeinsame Rhythmus des Schiffes.

Privatsphäre ist an Bord begrenzt. Viele Crewmitglieder teilen sich eine Kabine, und selbst der Rückzug ist selten vollkommen allein. Kellnerin Nurul Laily Rahma aus Indonesien sagt offen: „Es ist manchmal schwierig, Zeit für mich allein zu finden, weil fast immer eine Cabinmate da ist." Gleichzeitig weiß sie, wie viel gute Kommunikation ausmacht. Wenn man Rücksicht nimmt, Ordnung hält und ehrlich miteinander spricht, wird aus wenig Raum ein funktionierender Alltag. Mit den Jahren hat sich auch ihr eigenes Bedürfnis verändert: Früher ging Laily fast jeden Abend in die Crewbar, heute bleibt sie öfter in der Kabine. „Manchmal tut es gut, mit jemandem zu sprechen", sagt sie sinngemäß. An Bord braucht man Menschen – aber manchmal auch Stille.

Auch Entertainment Office Managerin Lara Schöffmann aus Österreich schafft sich ihren kleinen privaten Raum. „Von zu Hause nehme ich immer viele Fotos mit und dekoriere damit meine Kabine." Auf wenigen Quadratmetern entsteht so ein Stück Heimat. Gleichzeitig beschreibt sie ehrlich, dass das Bordleben Spuren im Privatleben hinterlässt. Kontakte zu Hause können leiden, Freundeskreise werden kleiner. Nicht nur wegen der Entfernung, sondern auch, weil man sich verändert. Wer monatelang auf See arbeitet, gewinnt neue Perspektiven, erlebt andere Kulturen, wächst beruflich und persönlich – und merkt manch-

▶ Die Crewkabine ist Rückzugsort auf kleinem Raum: funktional, kompakt und für viele Wochen das private Zuhause an Bord.

Bild: © Antonia Klein

▼ In der Crewbar wird aus Kolleginnen und Kollegen Gemeinschaft – beim Kartenspiel, Gespräch oder einfach beim Entspannen nach Dienstschluss.

Bild: © Antonia Klein

Bild: © David-Emanuel Schmidt

▲ F&B Direktor David-Emanuel Schmidt mit einer seiner Töchter. Wenn Angehörige mitreisen, entstehen besondere Momente zwischen Arbeit und Privatleben.

mal, dass man sich von Menschen an Land entfernt hat, ohne es zu wollen.

Deshalb sind die sozialen Orte an Bord so wichtig. Die Crewbar ist kein spektakulärer Raum, aber für viele einer der wichtigsten Plätze des Schiffes. Der österreichische Scout Andreas Baminger nennt sie liebevoll „unsere Dorfkneipe". Nach einem langen Tag trifft man dort Kolleginnen und Kollegen, die man im Arbeitsalltag kaum sieht. Man redet, spielt Kicker, lacht, schaut gemeinsam Shows oder sitzt einfach zusammen. Auf der SELECTION-Klasse mag Andreas besonders die Möglichkeit, draußen am Heck auf Deck 5 zu sitzen und beim Gespräch das Meer zu sehen. Wenn er Ruhe sucht, geht er gern auf das Crewdeck am Bug, wo sich auch ein Whirlpool befindet: „Dort kann ich den Blick auf die Weite des Meeres am besten genießen."

Laily mag an der Crewbar vor allem die Vielfalt. Sie hat Freunde aus vielen Nationen und hört gern zu, wenn andere von ihrem Essen, ihrem Alltag oder ihrer Heimat erzählen. Aus dieser Neugier sind sogar Reisen nach Indien und auf die Philippinen entstanden. „Ich möchte immer noch mehr lernen", sagt sie. Für sie ist Crewleben nicht nur Arbeit, sondern auch Begegnung. Neue Kolleginnen und Kollegen aus anderen Ländern bedeuten neue Geschichten, andere Arbeitsweisen, andere Werte – und wieder eine Chance, die Welt besser zu verstehen.

Manchmal wird aus Gemeinschaft auch Organisation. Tours & Activities Managerin Sarah Hönemann aus Leipzig beschreibt ihre Aufgabe als Speakers Committee President als ehrenamtliche Interessenvertretung der Crew. Es geht um Crew Bingo, Crewpartys, Sail-Away-Events oder Karaoke-Abende – also um Momente, die neben dem Arbeitsalltag Ausgleich schaffen. „Ziel ist es, den Zusammenhalt an Bord zu stärken", erklärt sie. Gerade weil die Arbeitstage lang sind und viele weit von zu Hause entfernt leben, haben solche Veranstaltungen große Bedeutung. Sie sagen der Crew: Ihr seid nicht nur Mitarbeitende. Ihr seid Teil einer Gemeinschaft.

Auch die großen Gästepartys haben eine Crewseite. Für Scout Andreas ist die Black & White Party fast eine inoffizielle Crewparty. „Ohne die Crew wäre sie nicht das, was sie ist", sagt er. Bei der „Haifischbar" hat er früher als „Bachelor" Rosen verteilt und erinnert sich gern daran, wenn Offiziere Seemannslieder singen oder Crewmitglieder in kreativen Verkleidungen auftreten. Solche Abende zeigen: An Bord braucht man Professionalität, aber auch Humor. Manchmal reicht ein verrückter Moment, um eine lange Woche leichter zu machen.

Trotzdem hat dieses Leben seinen Preis. Die Trennung von Familie, Partnern und Kindern ist für viele die größte Herausforderung. Kapitän Felix Rothe aus Deutschland sagt klar: „Das ist die größte Herausforderung in meinem Beruf." Besonders schwer sei es, bei wichtigen Momenten nicht zu Hause zu sein, etwa an den Geburtstagen seiner Kinder. Gleichzeitig sieht er auch die andere Seite: Wenn er frei hat, kann er lange und intensiv für seine Familie da sein. Dieses Wechselspiel aus Abwesenheit und voller Nähe prägt viele Karrieren auf See.

Head Coach Aman Chaurasiya aus Indien beschreibt die Distanz ähnlich. Acht bis neun Monate von Familie und geliebten Menschen getrennt zu sein, sei eine echte Herausforderung – besonders, wenn Geburtstage oder wichtige Familienfeiern verpasst werden. WhatsApp und soziale Medien helfen, den Kontakt zu halten, aber sie ersetzen nicht die Umarmung, das gemeinsame Essen oder den Alltag zu Hause.

Die Indonesierin Federika Ongirwalu vom Housekeeping bringt diese Spannung besonders berührend auf den Punkt. Als Single Parent empfindet sie die Trennung von ihrem Sohn als traurig und schwer. Gleichzeitig sagt sie: „Noch schwerer wäre es, zusammen zu sein und dem Kind nicht die gewünschte Zukunft ermöglichen zu können." Die Arbeit bei AIDA hilft ihr finanziell – und genau daraus entsteht eine stille, starke Form von Verantwortung. Wenn Gäste ihre Arbeit loben, bedeutet ihr das viel. Der Smiling Star Award, den sie für besonders gute Gästekommentare erhielt, ist für sie nicht nur eine Auszeichnung, sondern ein Zeichen: Federikas Leistung wird gesehen.

Andere haben das Glück, gemeinsam an Bord zu sein. Der Leitende Ingenieur Christian Rosenthal aus Arnsberg lernte die in Thailand geborene Dara an Bord von AIDAsol kennen und machte ihr 2020 auf AIDAmira einen Heiratsantrag. Seit 2021 sind beide verheiratet. Dara, heute Human Resources Managerin, sagt: „Ich habe das große Glück, mit meinem Ehemann Christian fahren zu dürfen." Gemeinsame Mittagspausen an Land oder ein Abendessen an Bord werden dadurch zu privaten Inseln im Arbeitsalltag.

Auch Executive Chef Alexander Massenkeil aus Berlin hat über viele Jahre seinen eigenen Weg gefunden. Für ihn funktioniert die Trennung vor allem deshalb, weil seine Frau sein Bordleben seit 26 Jahren mitträgt. Sie besucht ihn regelmäßig an Bord, und seine Einsätze folgen einem klaren Rhythmus: drei Monate Arbeit, zwei Monate Urlaub. Diese Struktur gibt Halt. Sie zeigt aber auch: Beziehungen in der Seefahrt brauchen Vertrauen, Planung und die Bereitschaft, ein anderes Lebensmodell anzunehmen.

Manche Beziehungen entstehen direkt an Bord, andere müssen die Distanz aushalten. TV Operator Louisa Bayer aus Franken sagt: „Wer ist schon gern von seinen Liebsten weg?" Sie hat das Glück, dass ihr Partner ebenfalls an Bord arbeitet und sie gelegentlich gemeinsame Verträge fahren können. Wenn das nicht möglich ist, hilft die Vorfreude auf die Heimkehr. Dann wird der Urlaub umso intensiver genutzt – für Familie, Freunde und alles, was an Land warten musste.

Galeristin Kinga Csizmadia aus Ungarn beschreibt die Ferne als den schwierigsten Teil des Jobs. Ihre Mutter und ihr jüngerer Bruder besuchen sie manchmal an Bord, aber andere Familienmitglieder und Freunde sieht sie viel zu selten. Und dann sind da die Herzensmenschen, die man an Bord kennenlernt: ein Bekann-

Wertschätzung für Federika Ongirwalus Arbeit: Der AIDA Smiling Star Award.

Bild: © Federika Ongirwalu

ter aus Argentinien, eine Schiffsfreundin aus Südafrika, ein besonderer Cabinmate. Auf See entstehen enge Freundschaften – aber nach dem Vertrag verteilen sie sich oft über Kontinente.

Diese Nähe auf Zeit macht das Bordleben so besonders. Beziehungen entstehen schneller als an Land, weil man zusammenarbeitet, isst, feiert, Stress erlebt und schöne Momente teilt. Manche Verbindungen enden mit dem Vertrag, andere bleiben. Security Officer Stefan Deisenroth aus Hessen sagt nach vielen Jahren bei AIDA: „Es ist wie eine kleine Familie, egal, auf welches Schiff man geht." Auf jedem Schiff kennt er Kolleginnen und Kollegen; einige sind Freunde geworden, die er sogar im Urlaub trifft. Auch Shore Excursion Manager Luc Möller aus Wiesbaden beschreibt es ähnlich: „Die Trennung von der Familie ist nicht immer leicht, aber an Bord entsteht eine Art zweite Familie."

Bild: © AIDA Cruises

◀ Dara und Christian Rosenthal wurden auf einem AIDA Schiff zum Paar.

Diese zweite Familie ist nicht immer romantisch oder perfekt. Sie ist lebendig, international, manchmal anstrengend, oft lustig und gelegentlich laut. Unterschiedliche Kulturen bringen unterschiedliche Vorstellungen von Humor, Nähe, Arbeit, Tempo und Kommunikation mit. Food & Beverage Direktor David-Emanuel Schmidt aus Sachsen sieht genau darin eine Stärke: „Vielfalt bedeutet Perspektiven, Entwicklung und Wachstum, wenn sie gut geführt wird." Für ihn hat sich die Kultur an Bord über die Jahre verändert. Was früher manchmal noch erklärt oder erkämpft werden musste, ist heute selbstverständlicher Teil des Bordlebens geworden.

Auch Freizeit bedeutet für jeden etwas anderes. David sucht Bewegung: Laufen, Radfahren, neue Strecken in fast jedem Hafen. „Dieses Draußensein ist für mich der Gegenpol zur intensiven Arbeit an Bord."

Schiffsärztin Carolin-Desirée Rudert aus Berlin geht gern auf Erkundungstouren in den Häfen oder isst mit ihrem Team in der Crewmesse. Besonders schön findet sie die Crewbereiche an der frischen Luft, wo sie lesen oder einen Kaffee trinken kann. Scout Isabeau Bergmann aus Niedersachsen nutzt in Häfen wie Hamburg oder Kiel gern die Daily-Visitor-Option, um ihre Familie für ein paar Stunden an Bord zu holen. Danach ist wieder Crewleben: Filmabend, Kickern, Sauna, Party – je nachdem, wonach einem gerade ist.

Hoteldirektorin Eva Störmer aus Wuppertal bringt es auf eine einfache Formel: „Viel klassisches Privatleben gibt es an Bord natürlich nicht – aber für mich ist das Leben auf dem Schiff trotzdem weit mehr als nur Arbeit." Gespräche, gemeinsames Lachen, das Feiern von Erfolgen und das Reflektieren nach Herausforderungen geben ihr Energie. Und manchmal

Bild: © Stefan Deisenroth

reicht auch ihr ein kurzer Landgang: ein Kaffee am Hafen, ein paar Schritte durch eine fremde Stadt, ein Moment außerhalb des Schiffes oder der Blick aufs Meer.

Wenn das Schiff nachts leiser wird, bleibt genau dieses Gefühl. Die Gäste sehen Urlaub. Die Crew erlebt Arbeit, Verantwortung, Nähe, Heimweh, Freundschaft, Entwicklung und manchmal Einsamkeit. Aber aus all dem entsteht eine Gemeinschaft, die nicht perfekt sein muss, um stark zu sein. Menschen aus vielen Ländern halten zusammen, helfen einander, lachen miteinander, vermissen ihre Familien und wachsen trotzdem weiter.

Vielleicht ist das die eigentliche Kraft des Bordlebens: Aus Fremden wird Crew. Aus Crew wird – zumindest für eine Weile – Familie. Und aus dieser Familie entsteht jeden Tag aufs Neue das, was Gäste später als selbstverständlich erleben – ein Schiff, das lebt.

▲ Nach einem langen Tag schenkt der Blick vom Schiff oft genau das, was viele an Bord verbindet: Meer, Ruhe und ein kurzer Moment für sich.

„Genau weiß ich nicht, warum wir Menschen uns dem Meer so verbunden fühlen. Vielleicht liegt es daran, dass sich das Meer, das Licht und die Schiffe ständig verändern. Vielleicht auch daran, dass wir alle ursprünglich aus dem Meer stammen. Es ist ein bemerkenswerter biologischer Umstand, dass unser Blut, unser Schweiß und unsere Tränen Salz enthalten – und dass wir damit dem Meer näher sind, als uns oft bewusst ist. Wir sind mit dem Meer verbunden. Wenn wir zu ihm zurückkehren, ob zum Segeln oder nur zum Betrachten, kehren wir an einen Ort zurück, aus dem wir einst gekommen sind."

US-Präsident John F. Kennedy (1917–1963), in einer Ansprache beim America's Cup Dinner 1962

FASZINATION WELTREISE
EIN LEBENSTRAUM

9

Bild: © Sarah Bernauer

▲ AIDAmar auf der Weltreise 2022/23: Für Gäste und Crew wird diese lange Reise zu einem besonderen Kapitel voller Begegnungen, exotischer Eindrücke und gemeinsamer Momente, die weit über den Alltag an Bord hinausreichen.

◄◄ Machu Picchu erhebt sich geheimnisvoll über den Wolken der Anden Perus – ein Ort, an dem uralte Inka-Kultur, majestätische Berglandschaften und mystische Stille eine einzigartige Faszination entfalten. Wer hier steht, spürt die Magie eines Weltwunders, das jeden in seinen Bann zieht.

► Kapitän Felix Rothe aus Göttingen führt die erste AIDA Weltreise nach der Pandemie.

Bild: © Felix Rothe

DER RUF DES MEERES

Kennedys Gedanke macht spürbar, dass das Meer für den Menschen mehr ist als Kulisse. Es steht für Ursprung, Weite und Bewegung – und vielleicht berührt uns der Blick auf den Horizont gerade deshalb so unmittelbar. Das Meer ruft nicht laut. Es zieht. Es erinnert. Es öffnet einen Raum, in dem Fernweh, Sehnsucht und die Frage nach dem eigenen Platz in der Welt auf einmal ganz nah beieinander liegen.

Eine Weltreise beginnt deshalb selten erst mit dem Ablegen des Schiffes. Sie beginnt viel früher: mit einer Karte, auf der man mit dem Finger über Ozeane fährt; mit Bildern von Südseeinseln, Hochhausschluchten, Vulkanen, Tempeln und endlosen Küsten; mit der Vorstellung, nicht nur eine Reise zu machen, sondern einmal wirklich um die Welt zu fahren.

Wer eine AIDA Weltreise bucht, kauft nicht einfach 117 oder 133 Tage Urlaub. Er entscheidet sich für eine andere Form von Zeit.

ZURÜCK AUF DAS MEER NACH CORONA

Die Weltreise 2022/23 mit AIDAmar war dafür ein besonders emotionales Beispiel. Sie startete am 26. Oktober 2022 in Hamburg und endete nach 117 Tagen am 20. Februar 2023. 42 Häfen, 19 Länder und vier Kontinente lagen vor den Gästen – und zugleich war diese Reise mehr als eine Route. Sie war die erste AIDA Weltreise nach der Corona-Pandemie. Kapitän Felix Rothe aus Göttingen führte sie, und er erinnert sich daran als an eine Reise, die schon in der Vorbereitung außergewöhnlich war. „Die Weltreise 2022/23 war diesbezüglich schon etwas sehr Besonderes, da sie die erste nach der Corona-Pandemie war. Viele Abschnitte, die normalerweise zwei bis drei Jahre im Voraus geplant werden, mussten kurzfristiger entschieden werden."

PLANUNG HINTER DEM LEBENSTRAUM

Eine Weltreise lebt von Sehnsucht, aber sie funktioniert nur durch Planung. Treibstoff, Lebensmittel, Ersatzteile, Hafenagenturen, behördliche Vorgaben, Routenänderungen, Wetter, Strömungen, Liegeplätze, medizinische Fragen – hinter der Leichtigkeit der Reise steht ein Apparat, der lange vor dem Ablegen zu arbeiten beginnt. Kapitän Michael Schmid aus Dresden, der die Weltreise 2025/26 mit AIDAdiva führt, beschreibt es nüchtern: „Das wird zusammen mit der Landabteilung weit im Voraus geplant und organisiert. Weiterhin unterstützen uns die Agenturen in den einzelnen Häfen. Ersatzteile wurden vor Beginn der

▸ Kapitän Michael Schmid aus Dresden führt die Weltreise 2025/26 auf AIDAdiva.

Bild: © Michael Schmid

Weltreise ein wenig aufgestockt." Während die Welt für die Gäste offen wirken soll, muss sie für die Crew organisierbar bleiben.

Die Weltreise 2025/26 zeigt dieses Format in seiner ganzen Größe: 133 Tage, 55 Häfen, 27 Länder und fünf Kontinente. AIDAdiva verbindet große Metropolen, stille Seetage, exotische Inseln, technische Meisterwerke wie den Panamakanal und emotionale Höhepunkte wie Hawaii. Kapitän Michael Schmid beschreibt die Faszination in einem Satz: „Der Zauber ist, einmal die Welt zu umrunden." Mehr braucht es fast nicht. In diesen wenigen Worten liegt die ganze Magie.

DIE WELTREISE ALS FAMILIENERLEBNIS

Michael kommt aus der klassischen Seefahrt. Sein Weg beginnt mit einer Lehre zum Schiffsmechaniker in der Containerfahrt. Danach ar-

Bild: © AIDA Cruises

▲ Auf ihrer 133-tägigen Weltreise 2025/26 legt AIDAdiva insgesamt rund 34 500 Seemeilen (64 000 km) zurück.

beitet er kurz als Facharbeiter, studiert Nautik in Warnemünde und startet 2009 bei AIDA als Dritter Offizier. Es folgen Stationen als Zweiter Offizier, Sicherheitsoffizier, Staff-Kapitän und schließlich Kapitän. Zur Seefahrt kommt er früh: Ein Bekannter ist Kapitän auf einem großen Containerschiff, und Michael entscheidet schon mit 14 Jahren, dass er auch zur See will. Auch sein Vater fasst damals den Entschluss, eine Umschulung zum Schiffsmechaniker zu machen. So wird aus einem jugendlichen Wunsch ein Lebensweg.

Auf der Weltreise 2025/26 ist Michael nicht nur Kapitän, sondern auch Familienmensch. Für Ehefrau Elisabeth, die ihren Mann mit dem gemeinsamen Sohn Linus begleitet, ist das keine Selbstverständlichkeit: „Es war für mich etwas ganz Besonderes, diese Reise zusammen als Familie erleben zu dürfen, wenn auch mein Michael die meiste Zeit an Bord geblieben ist." Genau darin zeigt sich die doppelte Wirklichkeit einer Weltreise aus Crewperspektive. Für die Gäste ist jeder Hafen ein neues Erlebnis. Für den Kapitän bleibt das Schiff der Arbeitsplatz. Während andere in San Francisco, Honolulu oder Tokio an Land gehen, bleibt er häufig an Bord, prüft Abläufe, Wetter, Technik, Sicherheit und die nächsten Manöver.

Und doch entstehen auch für die Familie besondere Erinnerungen. Elisabeth nennt als schönste Momente das Schwimmen und Tauchen mit Mantarochen, die Weihnachtsgala und den Eindruck, „zu sehen, wie Gäste und Crew mit der Zeit eins geworden sind." Sohn Linus erinnert sich auch gerne an die Begegnung mit den Rochen auf Hawaii sowie an die Safari im südafrikanischen Port Elizabeth. Für ein Kind ist eine Weltreise wahrscheinlich noch einmal etwas anderes: weniger Weltkarte, mehr Staunen; weniger Route, mehr Bilder, die bleiben.

LEINEN LOS IN HAMBURG

Der Moment des Aufbruchs hat bei jeder Weltreise seine eigene Schwere. Wenn das Schiff in Hamburg langsam ablegt, wenn Musik über das Deck zieht, wenn Menschen winken und die Stadt zurückbleibt, verändert sich etwas. Die gewohnte Welt wird kleiner, das Wasser größer. Eine Weltreise beginnt mit diesem stillen Einverständnis: Ich lasse mich ein. Auf Zeit. Auf Weite. Auf Unbekanntes.

Für Kapitän Felix Rothe ist eine Kreuzfahrt rund um den Globus deshalb weit mehr als ein Urlaub. „Eine Weltreise ist nicht nur Urlaub, es ist ein Erlebnis. Zum ersten Mal werden dem Gast die Entfernungen wirklich bewusst. Zudem ist sie äußerst facettenreich – mit all den kulturellen Unterschieden, aber auch durch Reisen in verschiedenen Klimazonen und allen Zeitzonen dieser Erde. Für sehr viele Gäste ist die Weltreise ein Lebenstraum."

Diese Entfernungen spürt man nicht im Flugzeug. Dort verschwindet die Welt unter einem. Auf einem Schiff wird sie erfahrbar. Man fährt durch Breiten und Längen, durch Wärme und Kälte, durch Zeitzonen, durch Meeresfarben und Lichtverhältnisse. Man merkt, dass ein Ozean nicht einfach eine blaue Fläche auf der Karte ist, sondern ein Raum. Ein gewaltiger Raum. Und man lernt, dass Ankommen anders schmeckt, wenn man nicht einfach hingeflogen ist.

WIE MAN EINE WELTREISE ERZÄHLT

Für Sarah Bernauer, die auf der Weltreise 2022/23 als erste Social-Media-Weltreise-Reporterin für AIDA unterwegs ist, beginnt das Abenteuer allerdings nicht romantisch, sondern mit Druck. „Mein allererster Eindruck war ehrlich gesagt erstmal Stress", erzählt sie.

▸ Weltreise-Reporterin Sarah Bernauer ist gelernte Tourismuskauffrau.

Bild: © Sarah Bernauer

„Natürlich war die Vorfreude riesig und es war total surreal zu wissen, dass wir jetzt 117 Tage unterwegs sein würden und ich am Ende einmal um die Welt gefahren sein werde. Gleichzeitig wusste ich als erste Social-Media-Weltreise-Reporterin überhaupt nicht, was genau auf mich zukommt und wie groß das Arbeitsaufkommen am Ende wirklich sein würde."

Sarah ist Wahl-Hamburgerin, hat von 2018 bis 2020 eine Ausbildung zur Tourismuskauffrau gemacht und fährt anschließend als Scout an Bord von AIDA. Später arbeitet sie als Social-Media-Managerin in einem Clubhotel in Spanien, verbringt mehrere Monate in Australien und ist noch einmal als Scout auf AIDA unterwegs. Heute arbeitet sie selbstständig als Social-Media-Managerin, Content-Creatorin und Podcast-Host. Die Weltreise 2022/23 wird für sie beruflich und persönlich zu einem Wendepunkt. „Ich hatte von Anfang an den Anspruch,

Bild: © Stefan Deisenroth

meinen Job gut zu machen. Anfangs war ich gedanklich stark damit beschäftigt, genügend Inhalte zu produzieren – statt mich einfach auf die Reise einzulassen und diese zu genießen."

Genau dieser Satz zeigt, dass eine Weltreise nicht für alle Menschen an Bord dasselbe bedeutet. Für Gäste ist sie ein Traum. Für Sarah ist sie zusätzlich Auftrag, Bühne, Verantwortung und tägliche Herausforderung. Sie erlebt die Reise nicht nur, sie muss sie erzählen. Und wer erzählt, steht zwischen Augenblick und Veröffentlichung. „Für mich war es nicht komplett neu, Reisen gleichzeitig festzuhalten, weil ich schon vor der Weltreise privat Video-Blogs und Content erstellt habe", sagt sie. „Trotzdem war der Druck diesmal ein anderer, weil die Inhalte nicht nur für meinen eigenen Kanal gedacht waren, sondern für ein komplett anderes Publikum."

▲ Wenn beim Einlaufen von AIDAdiva in New York die Freiheitsstatue und die Skyline von Manhattan auftauchen, wird aus der Hafeneinfahrt ein Gänsehautmoment: Die Stadt empfängt das Schiff mit Geschichte, Größe und einem Panorama, das viele Gäste nie vergessen.

Am Anfang muss Sarah lernen, mit Kritik umzugehen, da nicht jede Rückmeldung konstruktiv ist. „Wenn man viel Herzblut in einen Beitrag steckt, können negative Kommentare verletzend sein", erinnert sie sich. Mit der Zeit lernt sie, sich davon weniger bestimmen zu lassen. „Am meisten haben mich oft die kleinen zwischenmenschlichen Geschichten bewegt. Auf einer Weltreise treffen viele unterschiedliche Menschen aufeinander, manche erfüllen sich einen Lebenstraum oder erleben besondere Momente gemeinsam. Gleichzeitig lernt man auch, dass nicht jede Geschichte erzählt werden möchte und dass Vertrauen wichtiger ist als guter Content", erklärt sie.

WENN EINE WELTREISE DAS LEBEN VERÄNDERT

Andrea aus Mannheim und Burkhard aus Horneburg erleben die Weltreise 2022/23 auf besonders unerwartete Weise. Beide erfüllen sich nach der Corona-Pandemie einen lang gehegten Traum. Einen Lebensgefährten oder eine Lebensgefährtin suchen sie dabei nicht – und finden sich trotzdem. „Lebenstraum-Erfüllung nach der Corona-Pandemie; dabei den Lebensgefährten zwar nicht gesucht, aber dennoch gefunden", sagen sie rückblickend.

Für Andrea hat AIDAmar schon vor der Reise eine besondere Bedeutung. Im Oktober 2011 besichtigt sie das Schiff während des Baus in der Meyer Werft und fragt sich damals, ob sie auf diesem Schiff jemals ei-

▶ Auf AIDAmar begann für Andrea und Burkhard 2022/23 mehr als nur eine Reise: Hier lernen sie sich kennen und werden zu einem Paar.

▼ Vom Wolkenkratzer aus zeigt sich der Big Apple kurz nach Sonnenuntergang in der blauen Stunde – wenn die ersten Lichter angehen und die Stadt langsam zu funkeln beginnt.

Bild: © Andrea Marx

Bild: © Sandro Schuh / Unsplash

Bild: © Tina und Werner Mott

◀ Auf Hawaii entscheiden sich Tina und Werner für ein Partnertattoo – ein gemeinsames Zeichen für ihre Verbindung und eine Erinnerung an diese besondere Reise.

ne Reise machen würde. Zu diesem Zeitpunkt ahnt sie nicht, dass sie irgendwann nicht mehr selbst segeln kann und in der Folge zur Kreuzfahrerin wird. Als ausgerechnet AIDAmar bei der Weltreise 2022/23 anstelle der reparaturbedürftigen AIDAsol zum Einsatz kommt, ist das für sie eine glückliche Fügung. Es ist ihre allererste Kreuzfahrt. Burkhard ist damals auch als Gast an Bord: „Auf AIDAmar habe ich Andrea kennengelernt – meine Herzdame. Seitdem hat dieses Schiff für uns beide eine besondere Bedeutung, und bis heute buchen wir sehr gerne Kreuzfahrten auf AIDAmar."

Dass Andrea und Burkhard auch auf der Weltreise 2025/26 dabei sind, verbindet beide Reisen miteinander. Aus einem Aufbruch nach Corona wird eine Liebesgeschichte. Aus einer Weltreise wird eine gemeinsame Zukunft. Das ist vielleicht eine der schönsten Formen von Nachwirkung: Man kommt nicht nur mit Fotos zurück, sondern mit einem besonderen Menschen an seiner Seite.

WENN AUS WELTREISE WIEDERKEHR WIRD

Auch Tina und Werner aus Otterndorf gehören zu jenen Gästen, für die eine Weltreise nicht bei einem Mal bleibt. Die Weltreise 2025/26 ist nach 2022/23 ihre zweite. Zuvor sind sie Teilabschnitte in Südsee (2017/18) und Afrika (2018/19) gefahren. Rund 40 AIDA Reisen haben sie bereits gemacht, viele davon auf derselben Schiffsklasse. Deshalb stellt sich bei ihnen das Gefühl des Ankommens schnell ein. Auf die Frage, wann sie sich an Bord besonders geborgen fühlen, antworten sie fast trocken: „Wir fühlen uns sofort wie zu Hause."

Diese Selbstverständlichkeit ist typisch für erfahrene AIDA Gäste. Sie suchen nicht mehr nur das Neue. Sie suchen auch das Vertraute im Neuen. Das Schiff wird zum beweglichen Zuhause. Die Welt verändert sich draußen, aber an Bord gibt es vertraute Wege, Lieblingsplätze, Gesichter, Rituale. Für Tina und Werner wird die Ocean Bar zu einem solchen Ort. Mit vier Mitreisenden treffen sie sich oft gegen 17 Uhr – nach Ausflügen oder an Seetagen. Dort erzählen sie von ihren Tageserlebnissen, lachen, vergleichen Eindrücke und lassen den Tag ausklingen. So entsteht aus einer Reisegruppe eine kleine Gemeinschaft.

Die Weltreise 2025/26 überrascht sie mit vielen Zielen, auf die sie besonders gespannt sind: der Panamakanal, Mittelamerika, Südkorea, Japan. Tina sagt: „Den Anblick des wolkenfreien Mount Fuji werde ich nie vergessen." Japan beeindruckt beide besonders. Kyoto, die Freundlichkeit der Menschen, die Kultur und die Sauberkeit der Städte bleiben ihnen in Erinnerung. In Tokio fällt ihnen auf, wie sorgfältig Menschen mit ihrer Umgebung umgehen können: E-Autos, kaum Müll, keine Kaugummis oder Zigarettenkippen auf den Gehwegen.

Reisen verändert den Blick nicht abstrakt, sondern durch solche konkreten Beobachtungen.

Manchmal erfüllt sich Fernweh in einem einzigen Bild. Für Tina und Werner sind es gleich mehrere: die Übernachtung im 38. Stock des Marina Bay Sands Hotels in Singapur, das Schwimmen im Infinity Pool im 57. Stock mit Blick auf die Stadt, die Safaris im Lalibela Game Reserve. Diese Momente sind nicht vergleichbar. Gerade deshalb gehören sie zusammen. Eine Weltreise ist keine monotone Kette von Höhepunkten. Sie ist ein Wechsel aus Staunen: Natur, Stadt, Tierwelt, Geschichte, Meer.

NEW YORK, BORA BORA UND PATAGONIEN – ORTE, DIE BLEIBEN

Auch auf der Weltreise 2022/23 gab es diese magischen Orte. New York etwa ist mehr als ein Hafenstopp. Wenn ein Schiff dort einläuft, wenn die Skyline langsam aus dem Dunst wächst und die Stadt immer deutlicher wird, spürt man, warum Menschen seit Generationen von dieser Einfahrt erzählen. New York ist laut, hell, schnell, widersprüchlich. Nach Tagen auf See wirkt die Stadt wie ein elektrischer Schlag. Sie zeigt, wie groß und dicht die Welt sein kann.

Bora Bora wiederum berührt anders. Für Kapitän Felix Rothe gehört diese Insel in Französisch-Polynesien zu jenen Orten, bei denen die Erwartungen besonders hoch sind – und die Gäste trotzdem beeindruckt werden. Die Südsee trägt ein Versprechen in sich, das

Bild: © Narno Beats / Pexels

▸ Bora Bora im Südpazifik zählt zu den großen Höhepunkten einer Kreuzfahrt – eine Insel von fast unwirklicher Schönheit, die schon vor Jahrhunderten die großen Entdecker fasziniert hat.

Bild: © Stefan Deisenroth

◀ AIDAdiva passiert den Panamakanal: Meter für Meter gleitet das Schiff durch Schleusen, Seen und Dschungellandschaften – ein eindrucksvolles Zusammenspiel aus Technik, Natur und Seefahrt.

kaum ein anderer Begriff so schnell auslöst: türkisfarbenes Wasser, Lagunen, Wärme, Langsamkeit. Doch wer dort ankommt, merkt: Das Bild ist nicht nur Postkarte. Es ist Atmosphäre.

Sarah freut sich auf viele Ziele, ist aber von der Schönheit des südlichen Argentiniens überrascht. „Patagonien hat meine Erwartungen definitiv übertroffen", sagt sie. „Die Südsee oder Australien standen sowieso schon lange auf meiner Wunschliste, aber Patagonien hatte ich vorher ehrlich gesagt gar nicht so auf dem Schirm. Gerade weil ich eher Sonne und Wärme liebe, hätte ich nie gedacht, dass mich diese Landschaften so beeindrucken würden. Die Gletscher, die Natur und Orte wie Ushuaia hatten einfach etwas Besonderes."

Das ist eine der großen Qualitäten einer Weltreise: Sie bestätigt Sehnsüchte, aber sie korrigiert auch Erwartungen. Man fährt los mit Bildern im Kopf und kehrt zurück mit anderen Bildern im Herzen. Manchmal ist es nicht der Ort, auf den man sich am meisten gefreut hat, der am stärksten bleibt. Manchmal ist es ein Gletscher. Ein Gespräch. Ein Sonnenaufgang. Oder eine lustig-hektische Taxifahrt, um das Schiff rechtzeitig zu erwischen.

VON OZEAN ZU OZEAN

Auf der Weltreise 2025/26 gehört der Panamakanal zu den großen Übergängen. Er ist nicht nur ein technisches Meisterwerk, sondern ein symbolischer Moment. Atlantik und Pazifik werden verbunden, zwei Weltmeere, zwei Reisekapitel, zwei Stimmungen. Für Gäs-

Bild: © Stefan Deisenroth

te ist die Passage ein Schauspiel aus Schleusen, Ufern, Technik und langsamer Bewegung. Für den Kapitän und seine Crew ist sie Präzisionsarbeit.

Kapitän Michael Schmid beschreibt die Herausforderung seemännisch knapp mit den Worten: „Sehr eng – teilweise nur 30 Zentimeter Platz auf jeder Seite." Obwohl er bereits mehrere Male durch den Kanal gefahren ist, ist diese Passage seine erste als Kapitän. Der wichtigste Punkt sei die Kommunikation im Team – auch mit Lotsen und allen Beteiligten. Genau daran zeigt sich, wie anders die Perspektiven sind. Gäste erleben Staunen. Der Kapitän und seine Crew erleben Verantwortung. Und gerade weil diese Verantwortung getragen wird, kann das Staunen an Deck so leicht wirken.

Während AIDAdiva auf der Weltreise 2025/26 den Panamakanal passiert – ein von Menschen geschaffenes Weltwunder und die direkte Verbindung zwischen Atlantik und Pazifik –, wählte Kapitän Felix Rothe mit AIDAmar damals die klassische Route um Kap Hoorn. Damit folgte das Schiff dem Weg der alten Entdecker: rauer, ursprünglicher und mit jenem Hauch von Abenteuer, der seit Jahrhunderten zur Seefahrt gehört.

▲ Ein Gänsehautmoment: AIDAdiva stoppt unter der Golden Gate Bridge und dreht sich zur Freude von Gästen und Crew auf der Stelle.

Bild: © Benjamin R. / Unsplash

Bild: © Michael Schmid

▲ Das Kalalau Valley an der spektakulären Nā Pali-Küste auf der Hawaii-Insel Kauai gilt als das berühmteste Tal des Eilandes: Smaragdgrüne, bis zu 1000 Meter hohe Klippen und unberührte Strände machen seinen besonderen Reiz aus.

◀ Kapitän Michael Schmid mit seiner Frau Elisabeth und seinem Sohn Linus an Weihnachten auf AIDAdiva.

DAS TOR NACH HAWAII UND DIE GESCHICHTE HINTER DEN ORTEN

San Francisco ist ein weiterer Höhepunkt der Weltreise 2025/26. Die Golden Gate Bridge, die Bucht, die Hügel und die Mischung aus Weite und Stadt erzeugen eine ganz andere Stimmung als New York. New York drängt: Skyline, Tempo, Geräusche, Lichter und Straßenschluchten wirken nah, hoch und intensiv. San Francisco öffnet: mit Wasser, Licht, Hügeln und dem weiten Blick über die Bucht.

Schon die Fahrt unter der Golden Gate Bridge hindurch ist einer dieser Augenblicke, in denen aus einer Weltreise plötzlich ein Gefühl wird: Man steht an Deck, blickt nach oben, sieht dieses weltberühmte Bauwerk über sich – und begreift, wie weit man schon ge-

Bild: © AussieActiv / Unsplash

kommen ist. Genau solche Momente machen aus einer Route eine persönliche Geschichte.

Hawaii wiederum wird auf der Weltreise 2025/26 zu einem emotionalen Zentrum. Honolulu als Silvesterstopp verbindet tropische Leichtigkeit mit dem Gefühl eines Jahreswechsels mitten im Pazifik. Tina und Werner erleben Silvester gemütlich an Bord – zunächst auf dem Pooldeck, gegen Mitternacht in der Ocean Bar, um das Feuerwerk zu genießen.

Für mich als Weltreiselektor auf dem Abschnitt von Los Angeles bis Japan bekommt Hawaii noch eine weitere Dimension. Nicht, weil AIDA dieses Inselparadies zum ersten Mal anläuft, sondern weil es ein zweites Zuhause für mich ist und mir persönlich viel gegeben hat: Hier habe ich sieben Jahre gelebt, mein Geschichts- und Dokumentarfilm-Studium ab-

▲ Waikīkī mit Diamond Head im Hintergrund: Der berühmte Vulkankrater ist das Wahrzeichen der Insel Oahu und macht den Blick auf Strand, Meer und Stadt unverwechselbar hawaiianisch.

Bild: © Autor

▲ Mit meiner Mutter unterwegs auf den hawaiianischen Inseln – gemeinsame Augenblicke voller Wärme, Staunen und Erinnerungen, die weit über diese Reise hinaus bleiben.

Bild: © Autor

▲ Pearl Harbor ist historischer Ort, Erinnerungsraum und Mahnmal für den Frieden zugleich. Links liegt das Museumschiff USS MISSOURI, rechts erinnert das USS Arizona Memorial an die beim Angriff vom 7. Dezember 1941 versenkte USS ARIZONA und ihre Besatzung.

solviert und als wissenschaftlicher Mitarbeiter in Pearl Harbor gearbeitet. Wenn man auf einer Weltreise über diesen Ort spricht, spricht man nicht nur über Geschichte. Man spricht über Erinnerung, Verantwortung und die Frage, wie Ereignisse an einem Ort die Welt verändern können. Tina und Werner sagen später über den Vortrag zu Pearl Harbor, er sei spannend aufbereitet gewesen, mit eindrucksvollen Videos und Fotos. „Zum ersten Mal habe ich die Geschichte Pearl Harbors verstanden." Solche Sätze zeigen, dass Lektoren an Bord nicht nur Wissen vermitteln. Sie können Orte vertiefen, bevor oder nachdem man sie erlebt.

Als AIDAdiva am 31. Dezember in Honolulu festmacht, ist das der erste Hafenanlauf eines Kussmund-Schiffes im Aloha State – und für mich fühlt es sich zugleich wie ein Heimkommen an. Nachdem mich meine Schwester Franziska schon auf mehreren Kreuzfahrten begleitet hat, ist nun meine Mutter mit an Bord. Auch sie war bereits öfter dabei, doch eine Weltreise ist noch einmal etwas ganz Besonderes: länger, intensiver und voller gemeinsamer Momente, die bleiben.

Auf Hawaii genießen wir zusammen eine wunderbare Zeit, treffen meine Freunde vor Ort und erleben schließlich den Jahreswechsel 2025/26 in Honolulu. Für mich verbindet sich hier vieles: Familie, Freundschaft, Meer, Erinnerung und dieses besondere Gefühl, zur richtigen Zeit am richtigen Ort zu sein. Was für ein Geschenk. Beim Abschied von Hawaii bleibt nur zu sagen: *A hui hou – until we meet again.*

Bild: © Autor

◄ Ein besonderer Moment an einem besonderen Ort: Silvester 2025 in Honolulu – dort, wo sich Reise, Familie und Hawaii-Gefühl auf wunderbare Weise verbinden.

Bild: © David Edelstein / Unsplash

◀ Der Mount Fuji und die Chureito-Pagode: ein Blick, in dem sich Japans Natur, Spiritualität und stille Schönheit eindrucksvoll verbinden.

▼ Hongkong in der Dämmerung: Zwischen Victoria Harbour, leuchtenden Hochhäusern und grünen Hügeln zeigt sich die Stadt als faszinierendes Zusammenspiel aus Natur, Wasser und urbaner Energie.

FASZINATION FERNOST

Asien bringt eine weitere Tiefe in die Reise. Tokio, Kyoto, Südkorea, Singapur, Vietnam – jede Station zeigt eine andere Form von Ordnung, Energie, Geschichte und Gegenwart. Tina und Werner sind besonders von Japan beeindruckt: von der Freundlichkeit, der Kultur, der Sauberkeit. Der wolkenfreie Berg Fuji wird zum Bild, das bleibt. In Singapur entsteht ein anderes Wow-Gefühl: Marina Bay Sands, 38. Stock, Infinity Pool im 57. Stock, Blick hinunter auf die Stadt. Weltreise bedeutet eben auch, dass man innerhalb weniger Wochen zwischen Naturgewalt, Megacity, Tempel, Meer und Safari wechselt.

EINE FAMILIE AUF ZEIT

Doch so sehr die Häfen im Mittelpunkt stehen, eine Weltreise wird auch an Bord entschieden. Denn bei einer so langen Reise ist das Schiff nicht nur Transportmittel. Es ist ein Zuhause, Bühne, Rückzugsraum, Restaurant, Aussichts-

Bild: © Ryan Le / Unsplash

Bild: © Thomas Sleegers

▲ AIDAdiva in Hongkong: Vor der leuchtenden Skyline und den Spiegelungen im Victoria Harbour wird der Hafen zu einem eindrucksvollen Moment der Weltreise.

punkt, Treffpunkt und manchmal auch Trostspender. Kapitän Felix Rothe bringt das AIDA Gefühl auf den Punkt: „Bei uns wird man die Erfahrung machen, auch einen Großteil der Crew kennenzulernen und sich als AIDA Familie zu identifizieren. Das macht AIDA wirklich besonders. An der Gangway steht: Willkommen zu Hause. Und besser kann man es nicht formulieren."

Diese AIDA Familie entsteht nicht automatisch. Sie wächst durch Tage, Gespräche, Rituale und gemeinsame Erlebnisse. Kapitän Michael Schmid sagt, die Stimmung auf einer so langen Reise positiv zu halten, sei nicht immer einfach. Es brauche klare Aussagen, ein positives und empathisches Auftreten, Abwechslung, Highlights und die Einbindung der Gäste. Sein Kollege Felix Rothe formuliert es ähnlich: „Mit positiver Ausstrahlung und mit viel Leidenschaft der Crew, den Gästen ein einmaliges Reiseerlebnis zu bieten."

Auf einer Weltreise spüren Gäste sehr genau, ob eine Crew nur arbeitet oder ob sie trägt. Elisabeth beschreibt, wie Gäste und Crew mit der Zeit eins geworden sind. Michael erinnert sich an viele Briefe und eine große Wertschätzung in Gesprächen. Der letzte Abend ist für ihn „sehr emotional und sehr schön". Die Besatzung bekommt viel Dankbarkeit und Lob. Solche Abende zeigen, dass eine Weltreise nicht einfach endet. Sie löst sich langsam. Mit Umarmungen, Fotos, letzten Getränken, Adressen, Tränen und dem Versprechen, in Kontakt zu bleiben.

Auch Weltreisereporterin Sarah erlebt diese Nähe. Auf normalen Reisen entstehen oft nur kurze Kontakte zu Gästen. Auf einer AIDA Weltumrundung ist das anders. „Während der

Weltreise habe ich wirklich intensive Gespräche geführt und echte Verbindungen aufgebaut", sagt sie. Mit einer Gästin steht sie bis heute in Kontakt. Auch kleinere Begegnungen unterwegs bleiben ihr im Kopf, etwa mit einem jungen Piloten in Western Australia. Es sind nicht immer die großen Inszenierungen, die eine Reise prägen. Manchmal ist es ein Gespräch, das nur zehn Minuten dauert und trotzdem bleibt.

WENN FAMILIE MITREIST

Besonders schön ist, dass Sarah einen Teil der Weltreise auch mit ihrer Mutter Beate erlebt. Als Crewmitglied Familienbesuch an Bord zu haben, ist für sie allerdings nicht nur leicht. „Familienbesuch an Bord ist natürlich etwas Schönes, aber ehrlich gesagt auch anspruchsvoll. Als Crewmitglied arbeitet man trotzdem sieben Tage die Woche und versucht gleichzeitig, Familie, Freunde an Bord und den eigenen Alltag unter einen Hut zu bekommen." Man möchte den Menschen gerecht werden, die zu Besuch kommen, bleibt aber im normalen Arbeitsrhythmus. Trotzdem schätzt Sarah, dass solche Vergünstigungen vielen Familien überhaupt erst ermöglichen, eine solche Reise mitzuerleben.

Für Beate ist der Teilabschnitt der Weltreise besonders eindrucksvoll, vor allem die Safaris in Afrika. Noch stärker berührt sie aber, ihre Tochter bei der Arbeit zu sehen. „Es macht mich sehr stolz, zu sehen, wie sie sich in der Zeit entwickelt hat", sagt sie. Sarah souverän auf der Büh-

▼ Ein emotionales Schwesterntreffen auf hoher See: AIDAdiva (links) trifft während ihrer Weltreise am 21. Februar 2026 auf AIDAstella im Indischen Ozean (rechts). Beide Schiffe fahren aneinander vorbei und drehen dann jeweils eine spektakuläre 360-Grad-Pirouette.

Bild: © AIDA Cruises

Bild: © Alejandro Om / Pexels

▲ Eine ganz besondere Begegnung: Besuch in einer Aufzuchtstation für Faultiere in Mittelamerika.

ne oder bei „Crew meets Band" zu erleben, tut ihr gut. Gleichzeitig kennt Beate auch die andere Seite. Sie sieht, dass Crewmitglieder Höhen und Tiefen erleben. Es ist nicht einfach, wenn die eigene Tochter weit weg ist und man nicht helfen kann. Aber sie sagt auch: Eigentlich haben sie es immer gut hinbekommen.

Diese Perspektive ist wichtig. Eine Weltreise ist nicht nur für Gäste eine Erfahrung. Sie verändert auch die Crew, die Familien der Crew und die Menschen, die aus der Ferne mitreisen. Sie zeigt, wie viele Leben an einem Schiff hängen: die an Bord, die zu Hause, die für ein paar Wochen dazukommen, die am Kai winken, die auf Social Media mitlesen.

ABSCHIED UND NACHWIRKUNG

Für Tina und Werner wird die Rückkehr ebenfalls emotional. Die Verabschiedung von liebgewonnenen Crewmitgliedern fällt schwer. Wahrscheinlich werden sie manche nie wiedersehen. Mit einigen Kellnern bleiben sie über Facebook in Kontakt, mit Mitreisenden über WhatsApp. Auch das gehört zur Weltreise: Sie schafft eine Gemeinschaft, die nach der Reise nicht einfach verschwindet, aber sich verändert. Aus täglichen Begegnungen werden Nachrichten. Aus gemeinsamer Gegenwart wird Erinnerung.

Was bleibt also? Für Sarah hat die Weltreise den Blick auf Prioritäten verändert. „Eine Weltreise erweitert definitiv den Horizont", sagt sie, auch wenn man immer nur kurz in einzelne Kulturen eintaucht. Man lerne ein Land dadurch nie vollständig kennen, aber Reisen verändere den Blick auf viele Dinge. „Für mich persönlich sind seitdem Erlebnisse, Freiheit und Zeit deutlich wichtiger geworden als materielle Dinge oder Statussymbole."

Kapitän Michael Schmid sagt, eine Weltreise gebe Gästen einen Eindruck von der Welt – oft im positiven, manchmal auch im negativen Sinne. „Denn die Welt anzuschauen hilft, die eigene Weltanschauung zu verbessern." Dieser Satz ist vielleicht eine der besten Begründungen für das Reisen überhaupt. Man fährt nicht los, um überall Bestätigung zu finden. Man fährt los, um zu sehen, dass die eigene Sicht nur eine von vielen ist.

WAS MAN MIT NACH HAUSE NIMMT

Tina und Werner nehmen genau das mit. Sie sehen, wie sorgfältig Menschen in Tokio mit ihrer Umgebung umgehen. Sie erleben Kulturen, die anders funktionieren, aber nicht weniger reich sind. Sie erleben die Stille des Fuji, die Höhe Singapurs, die Weite Afrikas, die Wärme Hawaiis. Und sie tragen am Ende eine Welle am Arm – als Zeichen dafür, dass Reisen Bewegung ist, aber auch Verbindung.

Andrea und Burkhard nehmen eine gemeinsame Geschichte mit. Sarah nimmt eine berufliche und persönliche Entwicklung mit. Beate nimmt Stolz mit. Elisabeth und Linus nehmen Familienmomente mit, die es so nie wieder geben wird. Michael und Felix nehmen die Erfahrung mit, dass eine Weltreise Führung, Geduld, Präzision und Empathie verlangt. Und ich nehme als Lektor mit, dass Wissen an Bord dann am schönsten ist, wenn es einen Ort zum Leuchten bringt, den man gerade erlebt oder bald erleben wird.

Eine Weltreise ist deshalb keine Summe von Häfen. Sie ist eine Abfolge von Schwellen. Das Ablegen in Hamburg. Der erste Ozean. New York. Bora Bora. Der Panamakanal. San Francisco. Hawaii. Tokio. Der Fuji. Singapur. Afrika. Der letzte Seetag. Der letzte Abend. Die Rückkehr. Jede Schwelle verändert ein wenig den Blick.

Hawaii hinterlässt bei Tina und Werner sogar ein sichtbares Zeichen. Schon während der Vorbereitung der Reise beschließen sie, sich in Polynesien ein Tattoo stechen zu lassen. Da auf dieser Route nur eine hawaiiani-

Bild: © Wussol / Pexels

◂ Afrika aus nächster Nähe: Wenn eine Giraffe gemächlich den Weg kreuzt, wird aus einem Ausflug ein stiller, unvergesslicher Safari-Moment.

sche Insel infrage kommt, wählen sie dort ein Wellenarmband. Die Wellen symbolisieren für sie das Auf und Ab des Lebens, den Fluss der Zeit, die ständige Bewegung und Veränderung, die Verbindung zum Meer, Freiheit und Abenteuer. Das Tattoo umschließt den Arm wie ein Schutzband. Es ist ein schönes Bild für eine Weltreise: Man trägt sie nach Hause. Nicht nur im Kopf, sondern auf der Haut.

WARUM MAN WIEDER LOSFAHREN MÖCHTE

Vielleicht liegt genau darin der Grund, warum Menschen Weltreisen wiederholen. Tina und Werner tun es zum dritten Mal. Andrea und Burkhard gehen nach ihrer Weltreise-Liebesgeschichte erneut auf Weltreise. Andere träumen jahrelang davon, einmal dabei zu sein. Wer eine Weltreise erlebt hat, weiß: Sie macht die Welt nicht kleiner. Sie macht sie größer – aber auf eine Weise, die nicht erschreckt, sondern einlädt.

Sarah würde Menschen, die überlegen, an Bord zu arbeiten, sagen: „Probiert es aus." Das Leben auf einem Kreuzfahrtschiff sei eine Erfahrung, die man wahrscheinlich nirgendwo anders macht. Gleichzeitig dürfe man nicht vergessen, dass man arbeitet und nicht Urlaub macht. Die Tage sind lang, man arbeitet sieben Tage die Woche, und es gibt stressi-

▼ Die AIDA Weltreise beginnt und endet in Hamburg. Hier passiert AIDAsol das Wahrzeichen Elbphilharmonie.

Bild: © Martin Witte / Alamy

Bild: © AIDA Cruises

ge Phasen. Trotzdem nehme man unglaublich viele Erfahrungen, Erinnerungen und persönliche Entwicklungen mit. Genau deshalb ist sie froh, diesen Weg gegangen zu sein.

Und was sagt Kapitän Michael Schmid Menschen, die überlegen, einmal selbst an einer Weltreise teilzunehmen? Seine Antwort ist direkt: „Einfach machen, denn die Reise ist das, was so besonders ist, und man weiß nie, wann es zu spät ist."

ZURÜCK ZUM MEER

Am Ende bleibt genau dieses Gefühl. Eine AIDA Weltreise ist eine Einladung, sich Zeit zu nehmen. Nicht die Welt abzuhaken, sondern sie zu erleben. Nicht nur weit weg zu fahren, sondern unterwegs etwas zu finden: Staunen, Ruhe, Freundschaft, Liebe, Demut, vielleicht sogar ein neues Verhältnis zum eigenen Leben.

Sie führt in Häfen, die wie Namen aus einem Atlas klingen. Sie führt durch Schleusen, unter Brücken, an Gletschern vorbei, zu Inseln, auf denen das Licht anders fällt. Sie führt zu Menschen, die man nicht gesucht hat und vielleicht nie wieder verlieren möchte. Sie führt zur Crew, die aus einem Schiff ein Zuhause macht. Sie führt zu Geschichten, die man Jahre später noch erzählt.

Und vielleicht führt sie am Ende tatsächlich dorthin zurück, wo wir laut John F. Kennedy alle einmal herkamen: zum Meer. Zu diesem großen, salzigen, bewegten Raum, der uns daran erinnert, dass die Welt weit ist – und dass es sich lohnt, ihr zu begegnen.

▲ Nach einer vollendeten Weltreise steht die Golden Gate Bridge für den Blick nach vorn: Die Erinnerungen bleiben, doch der nächste Aufbruch wartet bereits am Horizont.

„Alles, was sich ein Mensch vorstellen kann, werden andere Menschen verwirklichen."

Jules Verne (1828 – 1905), französischer Science-Fiction-Schriftsteller („20 000 Meilen unter dem Meer")

VERANTWORTUNG, NACHHALTIGKEIT UND ZUKUNFT

10

◄◄ AIDAnova ist 2018 das weltweit erste Kreuzfahrtschiff, das vollständig mit LNG betrieben werden kann. Ein Meilenstein in der technologischen Schiffsentwicklung. Trotz zahlreicher technischer Innovationen, die den Schiffsbetrieb umweltfreundlicher machen, bleibt die klimaneutrale Kreuzfahrt ein Ziel, das sich nur schrittweise erreichen lässt.

Die Kreuzfahrt bleibt für viele Menschen eine der schönsten Formen des Reisens: Man erlebt mehrere Länder, ohne ständig die Koffer zu packen, wacht morgens an einem neuen Ort auf und behält zugleich ein vertrautes Zuhause auf See. Die Kombination aus Komfort, Erlebnis und interessanten Routen trifft weltweit weiterhin auf eine starke Nachfrage.

Derzeit gibt es weltweit etwas mehr als 400 Kreuzfahrtschiffe. Von diesen sind 327 in der Cruise Lines International Association (CLIA), dem weltgrößten Kreuzfahrtverband, registriert. Nach dem aktuellen „State of the Cruise Industry Report 2026" der CLIA haben 2025 rund 37,2 Millionen Menschen eine Hochseekreuzfahrt unternommen – so viele wie nie zuvor. Zudem stieg die Gästezahl weltweit um 7,5 Prozent gegenüber dem Vorjahr. Besonders deutlich zeigt sich diese Entwicklung auf dem deutschen Markt: Laut CLIA liegt die Bundesrepublik mit 2,8 Millionen Passagieren international auf Rang zwei, hinter den USA mit 20,6 Millionen Fahrgästen und vor dem Vereinigten Königreich/Irland, Australien, Kanada und Italien. Je nach Quelle weichen diese Angaben jedoch voneinander ab: Während die CLIA für die Erstellung ihrer Statistiken auf ihre 327 Mitgliedsschiffe zurückgreift, beziehen andere Organisationen wie zum Beispiel der Deutsche Reiseverband (DRV), der die einheimische Tourismuswirtschaft in Deutschland repräsentiert, alle rund 400 aktiven Kreuzfahrtschiffe ein – also auch die, die nicht zur CLIA gehören. Somit lässt sich laut des DRV die Gesamtzahl der deutschen Passagiere für 2025 mit 3,34 Millionen beziffern. Die CLIA hingegen – ausgehend von ihren 327 Schiffen – gibt 2,8 Millionen deutsche Reisende an. Egal, welcher Kreuzfahrt- oder Tourismusverband als Quelle dient, die Kreuzfahrtbranche verzeichnet starke Wachstumsraten.

Deutschland legte laut CLIA zwischen 2024 und 2025 sogar um 10 Prozent zu und wuchs damit stärker als der globale und der europäische Markt. Das weltweit beliebteste Fahrgebiet bleibt die Karibik mit etwa 15 Millionen Gästen, gefolgt vom Mittelmeer mit 5,8 Millionen Passagieren. Etwa jeder sechste Hochseekreuzfahrer machte 2025 in dieser Region Urlaub auf einem Schiff. Die beliebtesten Destinationen für deutsche Urlauber aus der Bundesrepublik sind Nord- und Westeuropa sowie das Baltikum. Der deutsche Anteil unter allen Kreuzfahrern beträgt hier 45,7 Prozent. Diese Regionen sind von einheimischen Häfen gut erreichbar. Zudem profitieren sie von einer bequemen Anreise per Bahn, Bus oder eigenem Pkw sowie ganzjährigen Kreuzfahrtangeboten, insbesondere von AIDA Cruises.

Warum Kreuzfahrten weiter gefragt sind, lässt sich relativ klar erklären. Viele Reisende schätzen die Möglichkeit, mehrere Ziele in einer einzigen Reise zu verbinden. Hinzu kommt das Preis-Leistungs-Verhältnis: Eine Kreuzfahrt bündelt Transport, Unterkunft,

▼ Die AIDA Firmenzentrale in Rostock.

Bild: © Autor

Bild: © AIDA Cruises

▲ AIDAcosma ist wie eine Stadt auf See mit entsprechendem Wasserbedarf. Das Trinkwasser wird über Osmoseanlagen aus Seewasser erzeugt. Dann wird es chloriert, der pH-Wert eingestellt, mit Mineralien angereichert und zum Trinken freigegeben.

Gastronomie, Entertainment, Spa- und Wellnessangebote, Angebote für Familien und Routenplanung in einem Produkt. Sie reduziert damit die organisatorische Komplexität einer Reise erheblich. Auffällig ist außerdem, dass Kreuzfahrten auch an Land eine zusätzliche touristische Nachfrage auslösen. Laut CLIA verbringen 64 Prozent der Kreuzfahrtgäste mindestens eine Nacht vor oder nach der Reise in der Hafenstadt. Für Reisende entspannt das die Anreise und reduziert Risiken durch Flug- oder Bahnverspätungen; für Hafenstädte, Hotellerie und Gastronomie entsteht zusätzliche Wertschöpfung.

Laut CLIA stehen bis 2037 rund 60 neue hochseetaugliche Kreuzfahrtschiffe mit etwa 193 000 zusätzlichen Betten im Orderbuch. Gleichzeitig sind im Frühjahr 2026 bereits 57 Prozent der bestellten Schiffe mit Multi-Fuel-Fähigkeit geplant. Das bedeutet nicht automatisch klimaneutrale Kreuzfahrten, zeigt aber, dass Neubauten stärker auf flexible Antriebskonzepte und künftige Kraftstoffoptionen vorbereitet werden.

Auch wirtschaftlich bleibt die Kreuzfahrt ein bedeutender Faktor. Für 2024 beziffert die CLIA den weltweiten wirtschaftlichen Gesamteffekt der Kreuzfahrt auf 198,8 Milliarden US-Dollar. Das sind 18 Prozent mehr als 2023

Bild: © Peter Lindenau / Pixabay

und 29 Prozent mehr als 2019. Unterstützt wurden demnach 1,8 Millionen Arbeitsplätze. Nordamerika und Europa stehen zusammen für drei Viertel dieser Effekte. Die Kreuzfahrt ist damit nicht nur ein touristisches Produkt, sondern auch ein relevanter Wirtschaftsfaktor für Häfen, Werften, Reisebüros, Hotels, Gastronomie und zahlreiche Zulieferer.

▲ Nachhaltigkeit in der Schifffahrt beginnt nicht erst beim Kreuzfahrtschiff: Auch Containerschiffe, Schlepper, Hafenlogistik und Lieferketten müssen effizienter, emissionsärmer und klimafreundlicher werden.

GLOBALE VERANTWORTUNG UND LOKALE AUSWIRKUNGEN

In einer globalisierten Welt hinterlassen jeder Mensch und jedes Unternehmen ökologische Spuren. Auch die Schifffahrt steht dabei im Fokus. Laut der Internationalen Seeschifffahrts-Organisation IMO entfallen etwa 2,9 Prozent der menschengemachten CO_2-Emissionen auf die Schifffahrt. Einen ähnlichen Anteil verursacht der internationale Flugverkehr. Unter die 2,9 Prozent des Seeverkehrs fällt allerdings vor allem der Frachtverkehr. Die Kreuzfahrt macht laut CLIA weniger als 1 Prozent der Welthandelsflotte aus; ihr Anteil am weltweiten Tourismus liegt bei etwa 2 Prozent. Trotzdem steht sie in der öffentlichen Wahrnehmung besonders stark unter Beobachtung.

Das hat nachvollziehbare Gründe. Kreuzfahrtschiffe transportieren anders als Containerschiffe Menschen, liegen sichtbar in Häfen, oft mitten in Städten, und ihr Produkt lebt von intakter Natur. Sauberes Wasser, klare Luft in norwegischen Fjorden, weiße Eis- und Schneeflächen in arktischen Regionen – all das ist Teil des Urlaubstraums. Genau deshalb sieht sich die Branche in einer besonderen Verantwortung.

Christian Schönrock, Vice President Future Design bei AIDA, weist darauf hin, dass man beim Thema Schadstoffausstoß Folgendes beachten muss: „Bei Emissionen muss grundsätzlich zwischen globalen und lokalen Auswirkungen unterschieden werden. Kohlenstoffdioxid-Ausstöße [CO_2] wirken global auf das Klima. Für die Erderwärmung ist es unerheblich, ob CO_2 im Hafen, auf See oder in unterschiedlichen Ländern ausgestoßen wird, da es sich in der Atmosphäre verteilt und dort zur Erwärmung beiträgt. Lokale Emissionen wie Schwefeloxide, Ruß und Feinstaub haben dagegen direkte Auswirkungen auf die Luftqualität vor Ort und damit auf Umwelt und Gesundheit."

Damit ist das Grundproblem beschrieben: Es gibt nicht den einen Hebel. CO_2 betrifft das Weltklima. Schwefeloxide, Stickoxide, Ruß und Feinstaub betreffen vor allem Luftqualität, Gesundheit und empfindliche Ökosysteme vor Ort. Beides muss reduziert werden, aber die Lösungen unterscheiden sich.

Christian Schönrock betont zugleich die Einordnung: „Die Kreuzschifffahrt macht nur etwa 1 Prozent der weltweiten Schifffahrt aus. Wenn man über CO_2-Emissionen spricht, muss man daher immer die gesamte Schifffahrt betrachten." Das relativiert nicht die Verantwortung der Kreuzfahrt, ordnet sie aber in den größeren Zusammenhang ein. Gleichzeitig erklärt er, warum Schiffe trotz ihres Energiebedarfs grundsätzlich ein effizienter Verkehrsträger sind: „Der Menschheit ist physikalisch nichts Besseres eingefallen als das Schiff, um große Mengen an Ladung von A nach B zu transportieren. Durch den Auftrieb im Wasser kann es sehr große und schwere Lasten bewegen und benötigt dafür vergleichsweise wenig Energie – vor allem, wenn es kontinuierlich und nicht mit hoher Geschwindigkeit fährt."

Dieser Grundsatz gilt auch für Kreuzfahrtschiffe, allerdings mit einer Besonderheit: Ein solches Schiff ist nicht nur Transportmittel, sondern zugleich Hotel, Restaurant, Theater, Versorgungsbetrieb, Energieanlage und Freizeitwelt. Christian Schönrock formuliert es anschaulich: „An Bord ist alles vorhanden: Unterkunft, Gastronomie, Unterhaltung, Technik und Versorgung. Rein rechnerisch stehen pro Gast etwa 9 m² Kabinenfläche und etwa 9 m² öffentliche Fläche zur Verfügung, also rund 18 m². Für ein Paar sind das etwa 36 m². Zusätzlich benötigt das Schiff etwa die gleiche Fläche noch einmal für Technik, Versorgung und Betrieb. Insgesamt entspricht das pro Paar ungefähr einer 72-m²-Wohnung, die sich bewegt."

Der Vergleich macht die Dimension verständlich: Ein Kreuzfahrtschiff bewegt nicht nur Menschen, sondern eine komplette Urlaubsinfrastruktur. Genau deshalb ist die ökologische Bewertung komplex. Es geht nicht nur um Fortbewegung, sondern um ein gesamtes schwimmendes System.

SCHWERÖL, DIESEL UND DIE FOLGEN

Der Seeverkehr ist in den vergangenen Jahrzehnten weltweit kontinuierlich gewachsen. Etwa 90 Prozent des Welthandels erfolgen auf dem Seeweg. Bis zu 90 Prozent aller weltweit aktiven Handelsschiffe werden (je nach Quelle) mit Schweröl (Heavy Fuel Oil, HFO) angetrieben. Dieses entsteht als Rückstandsöl bei der Erdölverarbeitung in Raffinerien. Es enthält Schwefel, aromatische Kohlenwasserstoffe und Schwermetalle. Bei seiner Verbrennung entstehen neben CO_2 auch Feinstaub, Rußpartikel, Schwefeloxide und Stickoxide.

Schwefeloxide sind toxische Gase, die pflanzliche Vegetation und menschliche Gesundheit schädigen können. Der größte Anteil entfällt auf Schwefeldioxid. Konzentrierte Schwefeldioxid-Emissionen führen zu saurem Regen und können in der Luft mit anderen Stoffen zu Sulfat-Aerosolen reagieren, also zu sekundärem Feinstaub. Die Menge der

▼ Schweröl (Heavy Fuel Oil, HFO) steht sinnbildlich für die fossile Vergangenheit der Schifffahrt. Der Weg zu mehr Nachhaltigkeit führt deshalb über effizientere Technik, sauberere Kraftstoffe, Landstrom und langfristig klimaneutrale Energieträger.

Bild: © Fulvio Ciccolo / Unsplash

Bild: © Julia Taubitz / Unsplash

▲ Der Schornstein steht sichtbar für eine der zentralen Aufgaben der Schifffahrt: Emissionen weiter zu senken – durch sauberere Kraftstoffe, Abgasreinigung, Landstrom und effizienteres Energiemanagement.

Schwefeloxid-Emissionen hängt direkt vom Schwefelanteil des verwendeten Kraftstoffs ab. Früher durfte Schweröl bis zu 3,5 Prozent Schwefel enthalten. Seit 2020 liegt der globale Grenzwert bei 0,5 Prozent; in bestimmten Emissionsschutzgebieten gelten strengere Werte, teils bis zu 0,1 Prozent.

Stickoxide wiederum wirken eutrophierend, also überdüngend, in Seen, Böden und Küstengebieten. Sie beeinträchtigen Ökosysteme, fördern bodennahes Ozon und tragen zur Versauerung von Böden bei. Stickoxide entstehen bei Verbrennungsprozessen in Diesel- oder Benzinmotoren.

Hinzu kommen Rußemissionen. Bei der Verbrennung fossiler Brennstoffe wie Öl oder Diesel entstehen ultrafeine Partikel, die für Klima und Gesundheit problematisch sind. Ruß gilt nach Kohlendioxid als einer der stärksten Klimatreiber. Besonders kritisch sind Rußpartikel in arktischen Regionen: Lagern sie sich auf weißen Eis- und Schneeflächen ab, verringern sie deren Rückstrahlvermögen. Gleichzeitig erwärmen sich schwarze Partikel stärker als helle Oberflächen. Beides beschleunigt die Eisschmelze.

Christian Schönrock fasst die Entwicklung der vergangenen Jahre so zusammen: „In der Schifffahrt wurden diese lokalen Emissionen in den letzten Jahrzehnten deutlich reduziert. Früher wurde überwiegend Schweröl eingesetzt, bei dessen Verbrennung entsprechend hohe Schwefelemissionen sowie Feinstaub und Ruß entstanden. Inzwischen wurden nicht nur die Vorschriften verschärft, es kommen auch deutlich sauberere Kraftstoffe mit wesentlich geringerem Schwefelgehalt sowie weniger Schweröl allgemein zum Einsatz. Zusätzlich können Abgasreinigungssysteme die verbleibenden Emissionen weiter reduzieren."

Das bedeutet: Die Branche ist noch nicht am Ziel, aber sie hat sich bewegt. Strengere Vorschriften, sauberere Kraftstoffe und technische Systeme haben vor allem lokale Schadstoffe bereits deutlich reduziert.

TECHNIK HILFT – ABER SIE LÖST NICHT ALLES

Kurz- und mittelfristig lassen sich Emissionen durch eine Mischung aus technischen und politischen Maßnahmen bzw. Rahmenbedingungen reduzieren. Der einfachste unmittelbar wirksame Ansatz ist die Verwendung schwefelarmer Kraftstoffe. Dadurch sinken Schwefeloxid-Emissionen und der Ausstoß von Schwermetallen, ohne dass zwingend umfangreiche technische Umbauten nötig sind. Zudem kann die Senkung des Energiebedarfs und somit die Reduzierung des Bedarfs an fossilen Kraftstoffen an Bord einen wichtigen Beitrag leisten.

Eine weitere Möglichkeit ist die Abgasnachbehandlung. Katalysatoren können fast die gesamten Stickoxide aus den Abgasen entfernen. Weltweit sind bereits mehr als 500 Schiffe mit solchen Systemen ausgestattet. Andere Abgasreinigungssysteme, sogenannte Scrubber, reinigen mithilfe von Wasser oder Trockengranulat die Abgase von Schwefeloxiden und Teilen des Feinstaubs. Je nach System und Kraftstoff lässt sich der Schwefelausstoß um 70 bis 95 Prozent reduzieren.

Doch auch hier gibt es keine einfache Lösung ohne Nebenwirkungen. Scrubber reduzieren auch die Rußemissionen, nicht jedoch die besonders gesundheitsschädlichen ultrafeinen Partikel. Da bei offenen Systemen Waschwasser übrigbleibt, wird dieses mit einem gesenkten pH-Wert zurück ins Meer geleitet. Da Scrubber auch mit Schweröl funktionieren, kann diese Technik zu einer Verlängerung des Schweröleinsatzes auf See führen. Scrubber haben darüber hinaus den Nachteil, dass Abfälle entstehen, die an Land entsorgt werden müssen.

Die technische Wahrheit ist also: Jede Lösung reduziert bestimmte Probleme, schafft aber manchmal neue Zielkonflikte. Genau deshalb ist der Weg zu emissionsarmer Kreuzfahrt kein einzelner Technologiesprung, sondern eine Reihe von Zwischenschritten.

LANDSTROM UND HAFENINFRASTRUKTUR

Kreuzfahrtschiffe sind schwimmende Hotels. Auch im Hafen benötigen sie Energie – für Klimaanlagen, Beleuchtung, Restaurants, Unterhaltungselektronik, Wellness-, Sport- und Freizeitbereiche. Kreuzfahrtschiffe verbringen etwa 40 Prozent ihrer Betriebszeit im Hafen, häufig 8 bis 10 Stunden, manchmal auch über Nacht. Während dieser Zeit müssen sie weiter mit Strom versorgt werden.

Bisher geschieht das häufig über bordeigene Motoren, die je nach Schiff und lokalen Vorschriften mit Schweröl, Schiffsdiesel oder Gas betrieben werden. In europäischen Häfen dürfen Schiffe nur Kraftstoffe mit höchstens 0,1 Prozent Schwefel verbrennen. Eine deutlich bessere Lösung ist Landstrom: Das Schiff wird am Terminal an die dortige Stromversorgung angeschlossen und kann seine Motoren während der Liegezeit praktisch abschal-

▼ Das Abfall- und Wertstoffmanagement folgt dem Prinzip „Reduce, Reuse, Recycle". Jedes Schiff besitzt ein modernes Recycling-Center, in dem Wertstoffe bereits an Bord vorbereitet werden: Glas, Metall, Papier und Kunststoff werden getrennt, gepresst oder geschreddert und an Land wiederverwertet. Lebensmittelreste werden in einem speziellen Verfahren getrocknet und in eine biologisch abbaubare Substanz umgewandelt. Dies spart Lagerraum und erleichtert eine umweltgerechte Entsorgung.

Bild: © Olle August / Pexels

(Bild: © Olle August / Pexels)

Die Landstromanlage am Cruise Center Steinwerder (Hamburg) ermöglicht es Kreuzfahrtschiffen, während der mehrstündigen Liegezeit Strom vom Kai zu beziehen. So können die bordeigenen Generatoren abgeschaltet und lokale Emissionen sowie Lärm im Hafen reduziert werden.

Bild: © Autor

Als schwimmendes Kraftwerk erzeugt die HUMMEL aus Flüssigerdgas Strom für im Hafen liegende Schiffe.

ten. Wenn der Landstrom aus regenerativen Quellen stammt, lassen sich lokale Emissionen im Hafen eliminieren oder zumindest erheblich reduzieren. Da sich das stromerzeugende Kraftwerk in der Regel nicht im Hafen oder in dessen Nähe befindet, sinken dort die lokalen Emissionen – unabhängig davon, ob der Strom aus einem Braunkohle- oder Wasserkraftwerk stammt. Zusätzlich reduziert Landstrom, ähnlich wie beim Elektroauto, den Lärm für Anwohnerinnen und Anwohner.

Hier liegt jedoch eine zentrale Herausforderung für die Infrastruktur. Während alle aktiven AIDA Schiffe zu den rund 40 Prozent der Kreuzfahrtschiffe weltweit gehören, die landstromfähig sind, verfügen gleichzeitig bislang nur etwa 2 Prozent der Häfen weltweit über entsprechende Stromanschlüsse. Der Großteil dieser Systeme befindet sich in Europa und Nordamerika. Eine weltweit wachsende Landstrominfrastruktur kann künftig einer der besten Wege sein, um Emissionen in Häfen deutlich zu senken. Dafür sind aber gemeinsame Anstrengungen von Häfen, Energieversorgern, Politik und Reedereien erforderlich. Und es passiert etwas: Ab Ende 2030 sind große Containerschiffe und Passagierschiffe (über 5000 BRZ) EU-weit gesetzlich verpflichtet, während ihrer Liegezeit im Hafen Landstrom zu nutzen. Dies ist Kern der europäischen Richtlinie „FuelEU Maritime", um Emissionen im europäischen Schiffsverkehr zu reduzieren.

Eine weitere (Übergangs-)Lösung können sogenannte LNG-Barges sein, also schwimmende Flüssiggaskraftwerke. Das erste dieser Art wurde am 18. Oktober 2014 am Grasbrookkai in der Hamburger HafenCity auf den Namen HUMMEL getauft. Taufpatin war Dr. Monika Griefahn, die damalige Direktorin für Umwelt und Gesellschaft bei AIDA.

Im Rahmen eines Praxistests im Hamburger Hafen versorgte die HUMMEL am 30. Mai 2015 AIDAsol erstmals mit Strom aus Flüssigerdgas. Im Jahr darauf endete das Projekt, da in Hamburg-Altona – erneut mit AIDAsol – die technische Erprobung der ersten europäischen Landstromanlage für Kreuzfahrtschiffe begann. Zur Saison 2017 nahm AIDA den regulären Landstrombetrieb auf.

Bild: © Bernhard Egger / Pexels

◄ AIDAprima in einem norwegischen Fjord. Mit ihrem 10-Megawatt-Batteriespeichersystem werden die Möglichkeiten des Einsatzes von großen Batterieinstallationen getestet. Das Ziel ist es, die Betriebssicherheit weiter zu erhöhen und langfristig einen zeitweisen Betrieb ohne Verbrennungsmotoren zu ermöglichen.

Eine solche mobile Infrastruktur lässt sich teilweise einfacher bereitstellen als feste Landstromanschlüsse. Auch der Einsatz besonders sauberer Kraftstoffe im Hafen kann lokale Emissionen senken. Seit AIDAprima ist die Kussmund-Flotte mit Dual-Fuel-Motoren ausgestattet, die sowohl LNG im Hafen als auch andere Kraftstoffe für die Fahrt nutzen können.

Zudem wurde im Sommer 2022 an Bord von AIDAprima das aktuell größte Batteriespeichersystem der Kreuzschifffahrt nachgerüstet. Dieses kann durch die Motoren geladen werden und bei Manövern wie beim An- oder Ablegen oder in ökologisch sensiblen Gebieten Energie liefern. Theoretisch kann das Schiff so auf Verbrennungsmotoren verzichten und leiser sowie praktisch emissionsfrei fahren. Das System gilt zugleich als Testplattform für weitere Entwicklungen.

LNG ALS BRÜCKENTECHNOLOGIE

Eine der wichtigsten technischen Veränderungen der vergangenen Jahre ist der Einsatz von Flüssigerdgas (Liquefied Natural Gas, kurz LNG). Bei diesem Kraftstoff handelt es sich um Erdgas, das auf etwa minus 160 Grad Celsius gekühlt, verflüssigt und komprimiert wird. Es enthält keinen Schwefel und verbrennt sauberer als Schweröl oder Diesel.

Christian Schönrock erklärt den Vorteil so: „Ein wesentlicher technologischer Fortschritt ist der Einsatz von Flüssigerdgas. Dieses enthält keinen Schwefel und verursacht bei der Verbrennung geringere CO_2-Emissionen als herkömmliche fossile Brennstoffe. Dadurch werden sowohl lokale Schadstoffe als auch Treibhausgasemissionen reduziert."

Der Einsatz von LNG reduziert Schwefelemissionen vollständig, Stickoxide um etwa 85

Bild: © AIDA Cruises

▲ AIDAnova in einem norwegischen Fjord. Beim Abwasser gibt es Grau- und Schwarzwasser. Während Grauwasser in Duschen, Waschbecken, Wäscherei und Küchen entsteht, stammt Schwarzwasser aus den Toiletten. Beide Abwasserarten werden an Bord mechanisch durch Filteranlagen und biologisch in Bioreaktoren gereinigt. Dabei bauen Bakterien Schadstoffe ab. Nach einer abschließenden Filtrierung erfüllt das gereinigte Abwasser die gesetzlichen Vorgaben zur Einleitung in geeignete Seegebiete. Ölhaltige Bilgenrückstände werden dagegen separat gesammelt und an zertifizierte Entsorgungsbetriebe an Land übergeben.

Prozent und Feinstaub um rund 95 Prozent. Auch der CO_2-Ausstoß liegt im Vergleich zu Diesel oder Schweröl etwa 20 Prozent niedriger. 2018 wurde AIDAnova als erstes Kreuzfahrtschiff der Welt mit LNG-Antrieb in Dienst gestellt; inzwischen sind international weitere Schiffe, darunter AIDAcosma im Jahr 2022, hinzugekommen.

Aber auch LNG hat Schwächen. Bei unvollständiger Verbrennung des Gas-Luft-Gemisches kann sogenannter „Methanschlupf" entstehen. Dabei entweicht Methan, das weitaus klimaschädlicher ist als CO_2. Christian Schönrock ordnet ein: „Dieses Entweichen wird jedoch durch technische Weiterentwicklungen zunehmend begrenzt. Insgesamt gilt LNG derzeit als eine der saubersten verfügbaren Lösungen im großtechnischen Einsatz."

Und Ingenieurinnen und Ingenieure arbeiten weiter daran – mit besseren Motoren, optimierter Verbrennung, präziserer Steuerung und technologischem Einfallsreichtum, um etwa den Methanschlupf weiter zu reduzieren.

Eine breitere Nutzung von LNG hängt mittelfristig stark vom Ausbau der Infrastruktur ab. Bislang verfügen nur ausgewählte Häfen über geeignete LNG-Bunkermöglichkeiten. Zwar wird dieses Netzwerk schrittweise erweitert, doch erst mit einer verlässlicheren Versorgung in mehr Fahrtgebieten kann die

Technologie in größerem Umfang eingesetzt werden.

Vor diesem Hintergrund bezeichnet Christian Schönrock Flüssigerdgas als derzeit praktikabelste verfügbare Lösung: „LNG ist technisch einsetzbar und kann in ausreichenden Mengen bereitgestellt werden. Für den globalen Einsatz von Schiffen ist entscheidend, dass Kraftstoffe weltweit verfügbar sind und Versorgungssicherheit gewährleistet ist."

LNG ist eine Brückentechnologie. Es löst das Klimaproblem nicht vollständig, reduziert aber lokale Schadstoffe erheblich und kann den Weg für spätere synthetische oder erneuerbare Kraftstoffe vorbereiten.

ERNEUERBARE KRAFTSTOFFE: VIELVERSPRECHEND, ABER BEDINGT VERFÜGBAR

Langfristig führt an weitgehend klimaneutralen Kraftstoffen kein Weg vorbei. Synthetisch oder biologisch erzeugte erneuerbare Kraftstoffe könnten die Treibhausgasemissionen der Schifffahrt deutlich senken. Diskutiert werden unter anderem Methanol, Ethan, Wasserstoff, Ammoniak, Biogas und E-Fuels (synthetische Kraftstoffe).

Doch auch hier ist die Lage komplex. Christian Schönrock erklärt: „Sogenannte E-Fuels könnten langfristig eine klimaneutrale Alternative darstellen. Für ihre Herstellung werden jedoch große Mengen erneuerbarer Energie aus Wind- und Solarkraft benötigt. Diese Kraftstoffe sind bisher eher in ‚homöopathischen Dosen' verfügbar."

Als möglicher Kraftstoff ist auch Ammoniak im Gespräch. Christian Schönrock weist aber auf Grenzen hin: „Ammoniak ist toxisch und derzeit technisch noch nicht in großem Maßstab als Kraftstoff für Schiffe einsetzbar, da ein effizienter Energiewandler – also Motor oder Brennstoffzelle – noch nicht verfügbar ist." Brennstoffzellen gelten ebenfalls als mögliche Zukunftstechnologie. Für große Schiffe sind sie derzeit jedoch noch nicht marktreif und auch nicht in den benötigten Leistungs- und Größenordnungen verfügbar.

Hinzu kommt die Frage der Infrastruktur. Selbst wenn Motoren künftig mehrere Kraftstoffarten nutzen können, müssen diese weltweit produziert, verteilt und gebunkert werden. Im normalen Frachtverkehr bleiben erneuerbare Kraftstoffe bislang eine Ausnahme. Ihre Herstellungskosten sind hoch, und globale Verteilernetze fehlen weitgehend oder befinden sich erst im Aufbau.

Auch Wasserstoff bringt technische Herausforderungen mit sich, wie Christian Schönrock erklärt: „Durch aufwendige Tanktechnologie hat Wasserstoff effektiv ebenfalls eine geringe Energiedichte und muss zusätzlich auf etwa minus 253 Grad Celsius gekühlt werden, sodass Speicherung und Handhabung tech-

▼ Der Transport und die Lagerung von LNG sind aufwendig. Für eine weltweite Nutzung ist der Aufbau einer weitreichenden LNG-Infrastruktur notwendig.

Bild: © Gaz Chapp / Pixabay

nisch sehr aufwendig sind. Eine Weiterverarbeitung zu synthetischen Kraftstoffen wie Methanol ist möglich, setzt jedoch ebenfalls große Mengen Energie voraus."

Das Ziel ist klar: Aus erneuerbarem Strom könnten künftig per Elektrolyse Wasserstoff oder über Methanisierung synthetische Kraftstoffe erzeugt werden. Doch dafür braucht es enorme Mengen grüner Energie. Solange diese weltweit nicht ausreichend verfügbar ist, bleibt der großflächige Einsatz klimaneutraler Kraftstoffe begrenzt.

BATTERIEN UND HYBRIDTECHNIK

Ein reiner Elektroantrieb ist für große Hochseeschiffe derzeit keine realistische Lösung. Batterien sind für lange Strecken zu schwer, zu groß oder zu teuer. Christian Schönrock bringt es auf den Punkt: „Batterien haben eine zu geringe Energiedichte, um große Hochseeschiffe über lange Strecken zu betreiben. Sie eignen sich daher nur für kurze Distanzen, beispielsweise im Fährverkehr."

▼ Der russische Eisbrecher ROSSIYA ist eines der ganz wenigen zivilen Schiffe mit Atomantrieb. Mit diesem hat er eine praktisch unbegrenzte Reichweite.

Bild: U.S. Coast Guard

Auf kleineren Schiffen funktioniert das bereits: In norwegischen Fjorden verbinden batteriebetriebene Fähren die Ufer miteinander. Dank erneuerbarer Energien, etwa aus lokaler Wasserkraft, können solche Schiffe tatsächlich klimaneutral betrieben werden. Für große Kreuzfahrtschiffe ist das heute noch nicht möglich.

Hybrid-elektrische Systeme sind dagegen bereits im Einsatz. Diesel-elektrische Antriebe werden bei Marineschiffen, Schleppern, Eisbrechern, Fähren und Kreuzfahrtschiffen verwendet. Sie sind teurer in der Anschaffung, bieten aber Vorteile bei Effizienz, Flexibilität, Geräusch- und Vibrationsreduzierung sowie beim Schiffsdesign. Motoren können optimaler betrieben und Lastschwankungen teilweise durch Batterien abgefangen werden.

Besonders sinnvoll ist diese Technik bei kurzen Strecken, beim Manövrieren in Häfen oder in sensiblen Gebieten wie norwegischen Fjorden. AIDAprima mit ihrem Batteriesystem gilt hier als Vorreiter eines hybriden Ansatzes. Dennoch bleibt auch bei Batterien die Gesamtbilanz zu beachten: Herstellung, Rohstoffe und Lebensdauer beeinflussen die CO_2-Bilanz.

ATOMKRAFT, WIND UND WEITERE IDEEN

Auch der nukleare Schiffsantrieb ist gelegentlich im Gespräch, weil er im Betrieb CO_2-arm ist und eine sehr große Reichweite ermöglicht. Neu ist diese Technologie nicht: Sie kommt vor allem bei Flugzeugträgern, Kreuzern, großen Unterseebooten und vereinzelt bei Eisbrechern zum Einsatz. Kommerzielle Experimente

▲ AIDAcosma auf hoher See. Mehrere Maßnahmen helfen dabei, den Energieverbrauch an Bord zu senken. Das Energy Optimization System (EOS) analysiert Verbrauchsdaten und unterstützt die kontinuierliche Optimierung des Schiffsbetriebs – etwa bei der Routenplanung und der hydrodynamischen Effizienz. Die dafür benötigten Daten werden über eine konzernweite Plattform bereitgestellt.

wie das amerikanische Handelsschiff NS Savannah (1962) oder die deutsche Otto Hahn (1968) haben sich jedoch rückblickend nicht als wirtschaftlich erwiesen.

Die Gründe sind vielfältig: Reaktoren müssen aufwendig abgeschirmt werden, der Umgang mit nuklearen Risiken ist komplex, Fragen der Endlagerung bleiben ungelöst, und bei Havarien wären die Folgen potenziell schwerwiegend. Für die kommerzielle Kreuzfahrt gilt der Atomantrieb deshalb derzeit mehrheitlich als nicht umsetzbar.

Auch andere Technologien werden erforscht: windassistierende Systeme, Solartechnik, Flettner-Rotoren, Zugdrachen und weitere Innovationen. Doch keine dieser Lösungen ist bislang so weit entwickelt, um ein großes Kreuzfahrtschiff eigenständig fortzubewegen. Sie können perspektivisch Beiträge leisten, ersetzen aber in absehbarer Zeit nicht den Hauptantrieb.

DER LANGE WEG NACH VORN

Das ernste Thema Nachhaltigkeit in der Kreuzfahrt lässt sich nicht mit einfachen Sätzen lösen. Die Branche wächst. Die Nachfrage steigt. Die wirtschaftliche Bedeutung ist groß. Gleichzeitig sind Energieverbrauch und Emissionen reale Herausforderungen. AIDA und andere Reedereien investieren in Technik, effizientere Prozesse, sauberere Kraftstoffe, Landstromfähigkeit, Batteriesysteme und künftige Antriebskonzepte. Aber sie können den Wandel nicht allein schaffen. Häfen, Energieanbieter, Politik, Werften, Motorenhersteller und Kraftstoffproduzenten müssen gemeinsam handeln.

Christian Schönrock fasst die Lage nüchtern, aber zielorientiert zusammen: „Insgesamt bleibt die Reduzierung von CO_2 eine zentrale Herausforderung. Deshalb wird kontinuierlich weiter optimiert – sowohl beim Energieverbrauch als auch bei neuen Technologien. Dazu gehören auch alternative Kraftstoffe wie Biogas oder sogenannte E-Fuels. Allerdings können Biokraftstoffe nicht unbegrenzt produziert werden, da landwirtschaftliche Flächen in erster Linie für die Lebensmittelproduktion benötigt werden."

Entscheidend ist am Ende die Verfügbarkeit erneuerbarer Energie. Christian Schönrock bringt es auf den Punkt: „Langfristig ist klar: Für klimaneutrales Fahren braucht es deutlich mehr erneuerbare Energie aus Wind und Sonne. Nur wenn ausreichend grüne Energie vorhanden ist, können daraus klimaneutrale Kraftstoffe hergestellt werden. An diesen Lösungen wird weiterhin gearbeitet. Unser Weg ist noch lang, aber die Richtung ist klar."

Genau darin liegt die ehrlichste Beschreibung des heutigen Zustands: Es ist schwer. Es ist komplex. Es gibt Zielkonflikte, technische Grenzen und infrastrukturelle Engpässe. Aber es gibt auch Fortschritte, konkrete Maßnahmen und eine klare Richtung. Die Kreuzfahrt der Zukunft wird nicht durch einen einzelnen Durchbruch entstehen, sondern durch viele Schritte: weniger lokale Schadstoffe, mehr Landstrom, effizientere Technik, flexible Antriebe, alternative Kraftstoffe, bessere Infrastruktur – und irgendwann ausreichend erneuerbare Energie, um klimaneutrale Kraftstoffe in großem Maßstab herzustellen.

Schon der frühe französische Science-Fiction-Schriftsteller Jules Verne formulierte im 19. Jahrhundert eine erstaunlich visionäre Vorstellung: „Das Wasser ist die Kohle der Zukunft. Die Energie von morgen ist Wasser, das durch elektrischen Strom zerlegt worden ist. Die so zerlegten Elemente des Wassers – Wasserstoff und Sauerstoff – werden auf unabsehbare Zeit hinaus die Energieversorgung der Erde sichern."

Ganz so einfach ist der Weg dorthin zwar nicht, doch der Gedanke bleibt kraftvoll: Zukunft entsteht dort, wo Menschen beginnen, Energie anders zu denken. Der Weg ist lang. Aber er hat begonnen.

EIN BLICK IN DIE ZUKUNFT

Wie sieht ein Kreuzfahrtschiff im Jahr 2040 aus? Für Christian Schönrock, Vice President Future Design bei AIDA, beginnt die Antwort nicht mit Science-Fiction, sondern mit einer nüchternen Beobachtung: Schiffe sind langlebige Produkte. „Kreuzfahrtschiffe werden in der Regel 25 bis 35 Jahre betrieben", erklärt er. Manche bleiben sogar deutlich länger in Fahrt – eine Ausnahme ist die frühere Völkerfreundschaft der Deutschen Seereederei (DSR): Diese wurde 1948 als Stockholm in Dienst gestellt, mehrfach umgebaut sowie umbenannt und erst nach 72 Dienstjahren (1948–2020) unter ihrem letzten Namen MV Astoria 2026 abgebrochen. Viele Schiffe, die heute gebaut werden, werden also voraussichtlich noch bis in die 2050er-Jahre aktiv sein.

Video
Zukunft der Kreuzfahrt

Trotz aller technischen Entwicklung bleibt für Christian Schönrock eines klar: Das Schiff selbst steht auch in Zukunft im Mittelpunkt des Erlebnisses. „Das Ablegen, die Fahrt auf See, die Bewegung, das Ankommen – all das gehört zur Kreuzfahrt. Ein Schiff wird auch künftig als Schiff gedacht werden." Die äußere Form wird sich deshalb nicht radikal verändern. Der Rumpf folgt physikalischen Gesetzen, besonders bei moderaten Geschwindigkeiten. Effizienz, Stabilität und Sicherheit setzen Grenzen – und genau daraus entsteht weiterhin die klassische Form eines Schiffes.

Gleichzeitig werden Kreuzfahrtschiffe immer stärker zu eigenen Reisezielen. Entertainment, Restaurants, Wellness, Sport, digitale Angebote und besondere Erlebnisräume entwickeln sich weiter. Doch Christian Schönrock betont: „Die Kombination aus Schiff und Destination bleibt zentral. Gäste möchten weiterhin verschiedene Orte besuchen – aber sie wollen sich auch an Bord wohlfühlen." Das AIDA Schiff der Zukunft soll deshalb nicht nur effizienter, sondern auch lebendiger, komfortabler und vielseitiger werden.

Besonders stark verändert sich der Bereich Antrieb und Energie. Dual-Fuel-Motoren können künftig auch mit alternativen Kraftstoffen wie Methanol betrieben werden. Klimaneutrale Kraftstoffe wie E-Fuels oder Biokraftstoffe gelten als wichtige Zukunftsoptionen, sind heute aber noch nicht ausreichend verfügbar. Natürlich wird auch Landstrom weiterhin eine wichtige Rolle spielen.

„Der Weg ist kein einzelner großer Sprung", sagt Christian Schönrock sinngemäß. „Es sind viele Schritte: bessere Technik, mehr Effizienz, andere Kraftstoffe, mehr Landstrom und eine bessere Infrastruktur." Genau darin liegt die realistische Zukunft der Kreuzfahrt – nicht im plötzlichen Wunder, sondern in konsequenter Weiterentwicklung.

Bild: © Ronny Robertson

▲ Die ehemalige VÖLKERFREUNDSCHAFT, einst erstes Urlauberschiff der DSR, als ASTORIA auf einer ihrer letzten Fahrten 2016. Vor der Kulisse einer Ölplattform wirkt die Szene fast symbolisch: Dieses Schiff gehörte zu einer vergangenen Ära der Kreuzfahrt, in der der Antrieb noch vollständig von Öl abhing – jenem fossilen Energieträger, der auf Plattformen wie dieser gefördert wurde. So wird die Außerdienststellung der ASTORIA zugleich zu einem stillen Abschied von einer alten Schiffsgeneration und ihrem Energiezeitalter.

Am Ende bleibt das Grundprinzip vertraut: Urlaub auf dem Wasser, ein Schiff als Zuhause auf Zeit, viele Ziele, viele Eindrücke und dieses besondere Gefühl, unterwegs zu sein. Das AIDA Schiff der Zukunft wird also kein fremdes Raumschiff sein, sondern eine Weiterentwicklung dessen, was Gäste heute schon lieben: ein Ort voller Möglichkeiten, Begegnungen und Meerblick – nur effizienter, vernetzter, sauberer und noch stärker auf die Zukunft vorbereitet.

Bild: © Martin Helmers

„Das Meer ist ein Buch, dessen Wellen die Seiten sind.
Jede Flut schreibt eine Geschichte und jede Ebbe
wischt sie wieder aus, doch das Meer selbst vergisst nie."

Khalil Gibran (1883 – 1931),
libanesisch-amerikanischer Dichter, Philosoph und Maler

GESCHICHTEN, DIE DAS MEER SCHREIBT

11

◄◄ Auf dem Meer schreibt jeder seine ganz eigene Geschichte.

Das Meer ist kein stiller Erzähler. Es flüstert nicht – es schreibt. Mit Wind, Wellen, Begegnungen. Mit Momenten, die niemand planen kann. Genau sie machen aus einer Kreuzfahrt mehr als eine Reise: eine Geschichte. Auf den Kussmund-Schiffen entstehen solche Geschichten jeden Tag. Manche sind laut und spektakulär, andere leise und berührend. Einige schaffen es in die Schlagzeilen, viele bleiben in den Erinnerungen von Gästen und Crew – vielleicht genau dort, wo sie hingehören.

Dieses Kapitel erzählt einige dieser Geschichten. Erlebt von Gästen und Crew. Geschichten, die zeigen, was passiert, wenn Tausende Menschen auf engem Raum zusammenkommen – und das Meer seinen eigenen Plan hat.

AIDA Objekt
Erstanlaufplakette Aruba

Ingo Carvalho Nunningers besonderes Sammlerstück aus dem Jahr 1997: Die Erstanlaufplakette von Aruba erinnert an den ersten Besuch von AIDAcara auf der Karibikinsel. Solche Plaketten stehen für echte Entdeckermomente – für den Augenblick, in dem ein Schiff erstmals einen Hafen erreicht und Gäste einen neuen Ort erleben dürfen.

Bild: © Ingo Carvalho Nunninger

Bild: © Ingo Carvalho Nunninger

AIDA Objekt
Bunte AIDA Buchstaben

Für die Familie Nunninger als AIDA Fans stehen die vier bunten Buchstaben für weit mehr als ein Logo: Sie symbolisieren das besondere WIR-Gefühl an Bord. Denn erst die Crew, die Begegnungen mit anderen Gästen und die gemeinsamen Erlebnisse machen aus Stahl ein Schiff mit Seele – und aus einer Reise ein Stück AIDA-Familie. Von links nach rechts: Paula, Diogo und Ingo Carvalho Nunninger aus Erbach/Odenwald. Ingo ist in diversen AIDA Facebook-Gruppen aktiv.

WENN DIE SCHLÜMPFE AN BORD SIND

VON FAMILIE WOSCHIK

„Vor einigen Jahren waren wir mit unseren damals noch kleinen Töchtern mit AIDA ab den Kanaren unterwegs. An Bord wurde am Abend Fasching gefeiert – und in der Nacht hatten wir plötzlich ein ganz anderes Problem: Aufgrund eines technischen Defekts lief das Wasser in der Toilette ununterbrochen weiter, bis sie schließlich überlief.

Also riefen wir mitten in der Nacht die Rezeption und baten um Hilfe. Als der Haustechniker kam, öffnete unsere Tochter die Tür, kam zurück und sagte ganz trocken: ‚Da steht ein Schlumpf vor der Tür.' Zuerst dachten wir, sie mache einen Scherz – schließlich tragen die Haustechniker blaue Overalls. Doch diesmal stimmte es wirklich: Vor unserer Kabine stand tatsächlich ein Schlumpf. Der Techniker kam direkt von der Faschingsparty, noch vollständig verkleidet, und reparierte unsere Toilette. So kam es, dass auf unserer Kreuzfahrt ein Schlumpf nachts unser Bad rettete."

CAPTAIN OUT, EIN FOTO UND EINE HOCHZEIT AN BORD

Kapitän Dieter Wieprecht aus Rostock verbindet mit AIDA viele besondere Erinnerungen – beruflich wie privat. Von 1991 bis 2008 fährt er als Kapitän auf Großcontainerschiffen, anschließend bis 2014 bei AIDA. Von 2021 bis 2023 kehrt er noch einmal als Lektor an Bord zurück.

Besonders emotional bleibt für ihn der Abschied auf AIDAmar im Jahr 2014. „Die Crew hatte gemeinsam mit den Gästen heimlich eine große Poolparty vorbereitet und mich damit in den Ruhestand verabschiedet", erzählt er. „Das war mein schönster und zugleich wehmütigster Moment."

Auch privat wird AIDAmar für Dieter Wieprecht zu einem besonderen Schiff. „Meine Frau Tatjana und ich haben uns entschieden, dort zu heiraten, weil uns mit AIDAmar und vielen Menschen aus der Crew noch immer sehr viel verbindet." Die eigentliche Organisation im norwegischen Eidfjord übernimmt Entertainment Office Managerin Sonja „Sunny" Strese. Sie ließ den Spa-Bereich und die dortige Terrasse für die Hochzeit sperren, schmücken und einmalig schön herrichten. Bei herrlichstem Sonnenschein traut der Bürgermeister von Eidfjord das Paar. „Es war ein überwältigendes Erlebnis – und auch von hier noch einmal: Danke, Sunny!"

Selbst sein Spitzname hat eine AIDA Geschichte. „Wie in der Seefahrt üblich, habe ich meine Ansagen immer mit ‚Captain out' beendet", erzählt Dieter Wieprecht. Eines Tages fragt ihn ein Gast empört: „Sie heißen ja gar nicht Out, sondern Wieprecht – steht doch auf Ihrem Schild. Haben Sie etwas zu verbergen?" Damit ist der Spitzname geboren: *Captain Out*.

Bild: © AIDA Cruises

▲ Entertainment Office Managerin Sonja „Sunny" Strese.

Bild: © Dieter Wieprecht

▲ Dieter und Tatjana Wieprechts Hochzeit auf AIDAmar am 9. Juni 2023.

UNSER TRAUMSCHIFF AIDAluna

VON KARIN MARSCHKE

2011 wollte ich mir mit einer Kreuzfahrt einen Traum erfüllen und buchte eine Nordkap-Reise. Am 19. Juni ging ich in Hamburg an Bord – gemeinsam mit einer Bekannten und ohne zu ahnen, dass diese Fahrt mein Leben verändern würde. An einem Seetag begegnete mir beim Mittagessen ein Mann, der sofort meine Neugier weckte. Am Abend war er wieder da – und von da an jeden Abend. Zu einem richtigen Gespräch kam es zunächst kaum. Erst beim letzten Frühstück reichte er mir einen Zettel und fragte, ob ich ihn anrufen würde. Da erfuhr ich auch seinen Namen: Manfred. Er lebte im Schwabenland.

▼ Karin mit ihrem Partner Manfred Schuker.

Bild: © Karin Marschke

Bild: © Dieter Wieprecht

▲ Wie entstand dieses Foto? Im Internet kursiert ein künstlich erstelltes Bild, das einen Kapitän auf dem Wulstbug der QUEEN MARY zeigt. Kapitän Wieprecht denkt sich: Das können wir auch – nur echter. Also lässt er sich 2014 kurzerhand selbst auf dem Bugwulst von AIDAaura in der Adria fotografieren. Manchmal braucht es nur eine gute Idee, einen Kapitän und den passenden Bug.

Vier Tage später rief ich ihn mit klopfendem Herzen an. Schnell merkten wir, dass uns ein ähnliches Schicksal verband: Wir hatten beide unsere Partner durch Krankheit verloren. Von da an telefonierten wir jeden Abend, und aus Neugier wurde Vertrautheit – und bald mehr.

Wenige Wochen später trafen wir uns in Potsdam wieder. Dort gab es unseren ersten Kuss. Ein Jahr lang trennten uns 650 Kilometer, bis ich schließlich zu Manfred ins Schwabenland zog. Das ist nun 15 Jahre her. Heute sind wir beide über 70, genießen unser Rentnerleben und unsere AIDA Reisen. Rund 20 Kreuzfahrten haben wir gemeinsam erlebt, darunter dreimal die Weltreise. AIDAluna bleibt unser Traumschiff – denn dort begann unsere gemeinsame Geschichte.

WIE AUS ENTTÄUSCHUNG WAHRE BEGEISTERUNG WURDE

VON KARINA FISCHER

Unsere erste AIDA Reise machten wir 2010 mit zwei unserer Kinder auf der Dubai-Route mit AIDAdiva. Die Reise war okay, aber so richtig überzeugt waren wir damals nicht. Gefühlt kostete vieles extra, ein Ausflug enttäuschte mich, und unser Fazit lautete: AIDA ist nichts für uns. Wir fahren lieber mit dem Wohnmobil.

Doch dann kam alles anders. Mein Mann Kay ist Taucher, unsere beiden großen Kinder ebenfalls, und als auch unser jüngster Sohn endlich tauchen durfte, dachten wir: Vielleicht ist AIDA doch gar nicht so verkehrt. Der Plan war perfekt: Der Rest der Familie geht tauchen, Mama relaxt. Also buchte Kay vorab sämtliche Tauchausflüge für unsere zweiwöchige Mittelmeerreise ab Palma. Kaum an Bord, packte ich vorbildlich die Koffer aus, während Kay mit dem kompletten Tauchgepäck für drei Personen loszog. Wer so etwas schon einmal geschleppt hat, weiß: Das ist kein Beautycase.

Auf Deck 3 bekam er dann die Nachricht: Die Crew der Tauchbasis sei bereits abgestiegen. Saisonende im Mittelmeer. Wir also rauf auf das Schiff – die Taucher runter vom Schiff. Kay ist normalerweise die Ruhe selbst. Aber

AIDA Objekt Eine kreative Einladung

Bilder: © Gabi & Andreas Gehrmann

Mit viel Liebe zum Detail gestaltet: Kreuzfahrtgäste Gabi und Andreas aus Berlin laden ihre gemeinsame Freundin Petra – liebevoll „Peti" genannt – anlässlich ihres 60. Geburtstages auf AIDAbella auf besonders kreative Weise zu einem Frühstück ein. Der selbstgebastelte Umschlag mit Papierschiff, Tauwerk, Rettungsringen und AIDA Kussmund macht schon vor dem eigentlichen Treffen deutlich, worum es auf dieser Reise auch geht: Freundschaft, gemeinsame Erlebnisse und kleine Gesten, die an Bord zu besonderen Erinnerungen werden.

an der Rezeption war es dann vorbei mit der Gelassenheit. Eine Mitreisende meinte kopfschüttelnd: „Du meine Güte, wir haben doch alle Urlaub." Sie wusste natürlich nicht, dass Kay gerade Berge von Tauchgepäck gewuchtet, am Flughafen alles erklärt und sämtliche Ausflüge bereits bezahlt hatte – und dass wir nur wegen dieser Tauchbasis überhaupt wieder auf so einen „Discodampfer" gegangen waren.

Nach und nach versammelten sich weitere betroffene Taucher. Am Ende waren wir drei Paare, alle ähnlich „begeistert". Zuerst wurde Offizierin Claudia geholt, später musste der Hotelmanager ran. Wir saßen zu sechst in seinem Büro, fest entschlossen: Entweder die Tauchbasis nimmt wieder ihren Dienst auf – oder wir fliegen zurück. Völlig absurd, aber in diesem Moment klang es erstaunlich vernünftig. Der Hotelmanager blieb souverän. Der Fehler wurde eingeräumt, das Geld sollte zurück aufs Bordkonto. Aus seiner Sicht war das Problem damit fast gelöst. Aus unserer nicht. Kay erklärte, wir würden keinen Tag an Bord bleiben, weil wir ausschließlich wegen des Tauchens gebucht hätten. Dann sagte der Hotelmanager, bisher sei es noch immer gelungen, dass jeder Gast mit einem Lächeln von Bord gehe. Und genau dieses Lächeln wolle er in zwei Wochen persönlich auf unseren Gesichtern sehen. Pah. Das hielten wir für ein Gerücht.

Unvergessen bleibt der Berliner Mitreisende, der sich demonstrativ aus der Gummibärchen-Schale des Hotelmanagers bediente und trocken sagte: „Sie wissen schon, dass wir Sie jetzt an Ihren *Punkt, Punkt, Punkt* haben?" Ich wäre am liebsten im Boden versunken.

Doch statt beleidigt zu reagieren, blieb der Hotelmanager erstaunlich gelassen. Er versprach, persönlich Alternativen für die Tauchausflüge zu organisieren. Zusätzlich bekamen wir Bordshop-Gutscheine, Einladungen ins Buffalo Steak House – mit einem Drei-Gänge-Menü, Getränken und allem Drum und Dran – sowie Gutscheine für Spa und Wellness. Plötzlich waren wir es, die etwas dumm aus der Wäsche guckten. Natürlich wollten wir uns das nicht zu sehr anmerken lassen. Die Berliner meckerten aus Prinzip noch ein bisschen, aber innerlich waren wir alle deutlich besänftigt.

Was soll ich sagen? Kay würde sagen: Der Rest ist Geschichte. Die Tauchausflüge wurden tatsächlich exklusiv für uns in den jeweiligen Häfen organisiert. Wir schlemmten im Buffalo, entdeckten den Wellnessbereich und wurden von der Crew mit einer Herzlichkeit und Professionalität behandelt, die uns wirklich beeindruckte. Niemand gab uns je das Gefühl, „die von damals" zu sein. Mit den frechen Berlinern sind wir bis heute befreundet. Inzwischen haben wir über fünfzig Reisen mit AIDA gemacht. Sogar eine Weltreise war dabei – der große Traum meines Mannes. Wir haben unzählige glückliche Wochen auf den Schiffen verbracht.

Und ja: Am Ende der Reise stand der Hotelmanager tatsächlich da, gab uns die Hand –

Bild: © Kay & Karina Fischer

▲ Kay und Karina Fischer sind bis heute begeisterte AIDA Kreuzfahrer.

Bild: © Thomas Sleegers

▶ Für Thomas und Anja Sleegers ist AIDA Familie.

und wir haben nicht nur gelächelt. Wir haben gestrahlt, ihn umarmt und versprochen, dass wir wiederkommen würden. Auf AIDAsehen!

LUCKY, 120 000 NACHRICHTEN ... UND EINE WELTREISE ALS GEMEINSCHAFT

Es sind diese besonderen Momente, die eine AIDA Weltreise ausmachen. Natürlich geht es um große Ziele, Häfen, Ozeane und Horizonte. Aber manchmal entsteht das eigentliche Wunder dort, wo man es vorher nicht erwartet: in einer WhatsApp-Gruppe, in einer spontanen Hilfsaktion, in einem kleinen Stoffbärchen namens *Lucky* – und in dem Gefühl, dass aus vielen Reisenden für 133 Tage eine Gemeinschaft wird.

„Als ‚Admin' unserer Weltreise-WhatsApp-Gruppe habe ich schnell gemerkt, dass diese Reise schon lange vor dem Ablegen beginnt", erzählt Thomas Sleegers aus Mönchengladbach. „Fast zwei Jahre lang haben wir geplant, gefragt, gehofft, gezählt, diskutiert und uns gemeinsam gefreut." Thomas und seine Frau Anja sind 2019 erstmals an Bord von AIDA gegangen. Seitdem sind viele Freundschaften entstanden. „AIDA ist halt Familie", sagt Thomas.

Bild: © Thomas Sleegers

▶ Stoffbärchen *Lucky* als beliebtes Maskottchen der Weltreise.

Am Ende sind mehr als 740 Mitreisende in der Gruppe, bis zum Reiseende werden rund 120 000 Nachrichten ausgetauscht: Informationen, Tipps, Fragen, kleine Sorgen und große Vorfreude. Das Motto lautet: „Es liegt an uns, was wir aus dieser Weltreise machen." Genau das nehmen sich viele zu Herzen. „Wir wollten nicht nur Passagiere sein", sagt Thomas. „Wir wollten diese Reise bewusst erleben – miteinander, nicht nebeneinander." Eine besondere Rolle übernimmt *Lucky*, das freundliche Stoffbärchen und Maskottchen der Gruppe. Es reist mit, taucht immer wieder auf, sorgt für gute Laune und wird schnell zum Symbol des Wir-Gefühls.

Auch die Reise selbst liefert große Bilder: die Einfahrt nach New York bei Sonnenaufgang, die

AIDA Objekt Pappaufsteller

Der Aufsteller eines AIDA Schiffes im Reisebüro dient als aufmerksamkeitsstarker Blickfang und bewirbt Kreuzfahrten visuell. Er vermittelt grundlegende Informationen, unterstützt Beratungsgespräche und weckt Emotionen rund ums Reisen. Gleichzeitig stärkt er die Markenpräsenz von AIDA Cruises und kann spontane Buchungsimpulse bei Kunden auslösen, indem er Interesse gezielt steigert. Bild: © Autor

erste Panamakanaldurchfahrt eines AIDA Schiffes, das Schwesterntreffen mit AIDAstella und Destinationen wie San Francisco, Hawaii, Tokio, Hongkong, Singapur und Kapstadt. „Manchmal stand man einfach an Deck und dachte: Das erlebe ich gerade wirklich", erinnert sich Thomas.

Unvergesslich bleibt die Golden Gate Bridge. AIDAdiva fährt nicht nur unter ihr hindurch, sondern legt sich quer unter das Bauwerk und dreht sich spektakulär um 360 Grad. „Das war Gänsehaut pur", sagt Thomas. „Eine Weltpremiere – und wir waren dabei."

Doch auch das Zusammenspiel zwischen Gästen und Crew prägt diese Reise. „Man hat gespürt, dass AIDA unsere Ideen ernst nimmt", erzählt Thomas. So wird auf Hawaii der Wunsch aufgenommen, eine Stunde länger im Hafen zu bleiben, damit Gäste das Feuerwerk von Bord oder vom Waikiki Beach erleben können. Für viele ein Detail – für die Weltreisenden ein Zeichen: Hier wird zugehört.

Wie stark dieses Miteinander ist, zeigt sich schon bei der Abfahrt in Hamburg. In der Gruppe verbreitet sich die Nachricht, dass einer Braut an Bord ihr Brautkleid nicht rechtzeitig geliefert wurde. Tom und Tanja wollen sich in Charleston trauen lassen, die Schwester des Bräutigams soll die Zeremonie halten – nur das Kleid fehlt. „Die Bestürzung in der Gruppe war riesig", erinnert sich Thomas. „Alle haben mitgefühlt. Niemand wollte, dass diese Hochzeit ohne Brautkleid stattfinden muss."

Dann zeigt sich, was AIDA Familie bedeuten kann. Hoteldirektor Wolfgang Pichler reagiert sofort, an Bord wird eine Lösung gefunden: Die Näherinnen zaubern der Braut ein Kleid. Die Hochzeit ist gerettet. „Das war einer dieser Momente, in denen man gemerkt hat: Wir sind hier nicht einfach auf einer Reise. Wir erleben etwas zusammen", sagt Thomas.

Bild: © Thomas Sleegers

◂ Das Brautpaar Tom und Tanja.

„EINFACH EIN ANDERES LEBEN" – HOW ELISA MET FELIX

Genau solche Augenblicke machen die Weltreise besonders. Die großen Häfen bleiben im Kopf, die Begegnungen im Herzen. „Für mich war diese Reise ein Zusammenspiel aus Welt, Meer, Crew und Gemeinschaft", sagt Thomas. „Kapitän, Hoteldirektor, Crew, Gäste, unsere Gruppe, *Lucky* – irgendwie gehörte am Ende alles zusammen."

Aus einer Route wird eine Geschichte. Aus einer Gruppe wird ein Netzwerk. Aus Fremden werden Menschen, die eine gemeinsame Erinnerung teilen. Und *Lucky*? Das kleine Maskottchen hofft natürlich, dass nach der Reise vor der Reise ist.

Wenn Elisa Rothe erzählt, dass ihr Mann Felix Kapitän ist, werden die Augen oft groß. Der Beruf weckt Neugier – und er prägt auch ihr gemeinsames Leben. Einen festen Alltag, wie ihn viele Familien kennen, gibt es bei ihnen nicht. „Aber ich empfinde das nicht als Mangel", sagt Elisa. „Es ist einfach ein anderes Leben. Unser Leben. Und ich könnte es mir kaum schöner vorstellen."

Manchmal wird es für sie schwierig, wenn sie sich erklären muss. Sätze wie „Wie schaffst du das alles?" oder „Ich könnte das ja nicht" hört sie immer wieder. „Früher hat mich das stärker beschäftigt", erzählt sie. „Heute weiß ich: Unsere Beziehung funktioniert nicht trotz dieses Lebens, sondern auch wegen dieses Lebens." Sie lebt von Vertrauen, Humor, Freiheit – und von der Vorfreude auf jedes Wiedersehen.

Diese Balance beschreibt Elisa mit einem Satz, der zunächst überrascht: „Ich freue mich, wenn Felix nach Hause kommt – und ich freue mich, wenn er wieder an Bord geht." Wenn Felix zu Hause ist, ist die gemeinsame Zeit besonders intensiv. Nach der Geburt ihrer Tochter konnte er fast sieben Monate bei der Familie bleiben. „Das war ein Geschenk", sagt Elisa. Er erlebte die ersten Monate der Tochter mit und begleitete den Sohn bei der Eingewöhnung in den Kindergarten.

Ist Felix an Bord, trägt Elisa den Alltag mit den Kindern allein. Nach dem ersten Kind war das zunächst eine große Umstellung. Doch sie hat ihr „Bullerbü-Dorf", wie sie es nennt. „Dort wird wirklich gelebt, was man so oft sagt: Es braucht ein Dorf, um ein Kind großzuziehen." Auch die Familien helfen, wo sie können. Die Tage sind voll, manchmal chaotisch, oft lustig – und dadurch vergeht die Zeit schneller.

AIDA ist für die Familie auch deshalb wichtig, weil sie bis zu sechs Wochen im Jahr gemeinsam an Bord verbringen kann. „Für mich fühlt sich das jedes Mal wie ein kleiner Luxus an: reisen, neue Orte entdecken und gleichzeitig bei Felix sein." Mit Kindern an Bord wird es nie langweilig, und die Crew macht es besonders leicht, sich willkommen zu fühlen. „Vor allem viele philippinische Crewmitglieder berühren mich immer wieder. Nach der ersten Begegnung kennen sie die Namen unserer Kinder und gehen unglaublich liebevoll mit ihnen um."

Auf allen AIDA-Schiffen fühlt sich Elisa wohl. Doch AIDAluna bleibt ihr Lieblingsschiff. Dort lernen sich Elisa und Felix im März 2019 kennen. Damals sind sie noch kein Paar. „Aber ich wusste schon: Diesen Mann möchte ich heiraten." Es folgen zufällige Begegnungen und kleine Fügungen. Der entscheidende Moment kommt auf dem Heimflug, als beide plötzlich nebeneinandersitzen. Als sie später merken, dass sie in Deutschland nur etwa 100 Kilometer voneinander entfernt wohnen, ist Elisa sicher: „Das sollte so sein."

Drei Jahre später wird ihr Sohn an ihrem Jahrestag geboren. Für Elisa ist das bis heute eine Geschichte, die sie stolz und dank-

AIDA Objekt
Ansteckpin

Ein beliebtes Souvenir für Gäste und Crew. Der Pin mit der Silhouette eines bestimmten Schiffes (hier AIDAaura) an Anzug, Hemd oder Uniform schafft eine Identifizierung mit dem Schiff, auf dem man reist oder arbeitet.

Bild: © Felix Rothe

◂ Felix und Elisa lernen sich 2019 auf AIDAluna kennen.

bar macht. AIDAluna ist deshalb nicht einfach ein Schiff, sondern der Ort, an dem etwas begann, das ihr Leben verändert hat. Das Leben mit einem Kapitän ist nicht immer einfach, aber es ist reich: Abschiede und Wiedersehen, Ferne und Nähe, Sehnsucht und gemeinsame Abenteuer. „Wir haben keinen gewöhnlichen Alltag", sagt Elisa. „Aber wir haben eine außergewöhnliche Geschichte."
Bildung, die bleibt – Cruise & Help

Bild: © Sylvia Jost

▲ Reiner Meutsch bei einem Schulbesuch in Ruanda.

AIDA CRUISE & HELP – BILDUNG MÖGLICH MACHEN

Wenn AIDA Gäste reisen, begegnen sie nicht nur neuen Ländern und Kulturen. Oft entsteht dabei auch ein Bewusstsein dafür, dass Verantwortung nicht an der Gangway endet. Genau hier setzt AIDA Cruise & Help an: Die Initiative von AIDA Cruises fördert seit 2019 Bildungschancen in Entwicklungs- und Schwellenländern – besonders in Regionen, aus denen viele Crewmitglieder stammen oder die von AIDA-Schiffen bereist werden.

Ein zentraler Partner ist die Reiner Meutsch Stiftung FLY & HELP. Reiner Meutsch kommt selbst aus der Touristik. Als Mitgründer und Geschäftsführer von Berge & Meer baute er das Unternehmen zum deutschen Marktführer im Direktvertrieb von Reisen auf. Am Höhepunkt seines beruflichen Erfolgs erinnerte er sich an den unerfüllten Lebenstraum seines Vaters: eine Reise um die Welt. „Da fasste ich den Entschluss, mein Leben zu verändern und meinen Traum – eine Weltumrundung im Kleinflugzeug – rechtzeitig umzusetzen." Reiner Meutsch verkaufte seine Unternehmensanteile, ließ sich zum Piloten ausbilden und gab seiner Reise einen besonderen Sinn: Während der Weltumrundung wollte er fünf Bildungsprojekte unterstützen. Daraus entstand FLY & HELP.

Auf seinen Reisen hatte Reiner Meutsch oft erlebt, dass Traumziele für Urlauber nicht automatisch traumhafte Lebensbedingungen für die Menschen vor Ort bedeuten. Besonders bewegte ihn, wenn Kinder keinen Zugang zu Schulbildung hatten. „Als ich dann die Schulen persönlich eröffnet habe und in die strahlenden und dankbaren Augen der Kinder blickte, hat das in mir etwas ausgelöst." Aus der Idee wurde ein Lebensziel: möglichst vielen Kindern durch Bildung eine bessere Zukunft zu ermöglichen. Heute baut FLY & HELP jedes Jahr mehr als 100 neue Schulen; insgesamt entstanden bereits über 1000 Schulen in 57 Ländern für mehr als 200 000 Kinder. Finanziert wird die Arbeit vollständig durch Spenden. Insgesamt flossen bereits mehr als 50 Millionen Euro in Schulprojekte.

AIDA unterstützt diese Bildungsmission mit eigenen Schulprojekten, getragen von Gästen, Crew und Mitarbeitenden an Land. Scheckübergaben stehen dabei für ganz konkrete Hilfe: So ermöglichten 500 000 Euro von AIDA Cruise & Help den Bau von sieben weiteren Schulen mit den Nummern 84 bis 90 – unter anderem in der Elfenbeinküste, Indien, Kenia, Nepal, Sri Lanka und Togo.

Video
Stiftung
FLY & HELP

Ein besonderes Projekt entsteht in Irusumanda in Indien: Dort wird eine neue Vor- und Grundschule für 850 Kinder gebaut – mit zehn Klassenzimmern, Büros, Bibliothek und sanitären Einrichtungen. Erstmals engagieren sich mit AIDAprima und AIDAcosma zwei AIDA-Schiffe gemeinsam für ein Schulprojekt.

2026 wird bereits die 100. AIDA Cruise & Help Schule umgesetzt. Auch dieses Buch möchte dazu beitragen: Ein Teil meiner Autoreneinnahmen aus dem Verkauf dieses Buches kommt der Stiftung ebenfalls zugute – für Bildung, Zukunft und Chancen für Kinder.

Bild: © Peter Seydel

▶ Scheckübergabe bei einer Spendengala: AIDA Präsident Felix Eichhorn überreicht die Spende an Reiner Meutsch. Links im Bild steht seine Tochter Jessina Kunkel, die – ebenso wie ihre Schwester Silanca Weihmann – für die Stiftung tätig ist.

Bild: © Reiner Meutsch Stiftung FLY & HELP

◀ Eine mit Spendengeldern finanzierte Schule kurz vor der Fertigstellung.

FAZIT: MEHR ALS EINE REISE

Am Ende bleibt eine Erkenntnis: Eine Kreuzfahrt ist nicht nur das, was im Katalog steht. Sie ist das, was passiert, wenn der Plan endet. Wenn ein Abend länger dauert als gedacht. Wenn ein Moment entsteht, den man nicht wiederholen kann. „Die Welt ist ein Buch", schrieb Augustinus von Hippo, „und wer nicht reist, liest nur eine Seite." Auf den Kussmund-Schiffen liest man nicht nur eine Seite. Man schreibt seine eigenen dazu.

Und manchmal – wenn das Meer es will – werden daraus Geschichten, die man ein Leben lang nicht vergisst.

Bild: © AIDA Cruises

AIDA Objekt Die erste Schiffsglocke von AIDA

Eine Schiffsglocke ist seit jeher ein kraftvolles Symbol für maritime Tradition: Bei Taufen, Ankünften oder wichtigen Zeremonien erklingt sie, um diese besonderen Momente hörbar zu machen. Diese Glocke ist mehr als ein maritimes Erinnerungsstück: Sie stammt von AIDAcara, dem ersten AIDA Schiff, und steht damit für den Beginn einer neuen Ära der Kreuzfahrt. Mit ihr wurde das AIDA Zeitalter im wahrsten Sinne des Wortes eingeläutet.

Im April 2026 wurde die originale Schiffsglocke während der „Best-of-AIDA-Cruise" auf AIDAdiva zum 30. Geburtstag von AIDA zugunsten von AIDA Cruise & Help versteigert. Die Auktion erbrachte 17 500 Euro. So wurde aus einem Symbol der AIDA Geschichte zugleich ein persönliches Vermächtnis:
Die Glocke erinnert an den Anfang – und hilft Kindern durch Bildung in die Zukunft.

ANHANG

EIN WICHTIGES ÜBERGANGSSCHIFF – DIE ERSTE AIDAblu

Die erste AIDAblu ist kein Neubau für AIDA, sondern ein bereits bewährtes Kreuzfahrtschiff mit bewegter Geschichte. Nach der Fertigstellung auf der Fincantieri-Werft in Monfalcone nimmt es 1990 seinen Dienst als CROWN PRINCESS für Princess Cruises auf. Mit 245,08 Metern Länge, 70 310 BRZ und einer zugelassenen Passagierzahl von 2053 Gästen ist es deutlich größer als die damalige AIDA, die spätere AIDAcara.

Für AIDA kommt das Schiff in einer wichtigen Übergangsphase ins Spiel. Die Marke soll wachsen, doch zunächst besteht die Flotte nur aus einem Schiff. AIDAvita und AIDAaura sind zwar bestellt, brauchen aber noch Zeit. Um zusätzliche Kapazitäten zu schaffen, übernimmt man ein vorhandenes Schiff aus dem Konzernverbund und passt es für den deutschen Markt an.

Ab 2002 fährt das Schiff zunächst als A'Rosa Blu. Damals wird neben AIDA auch A'Rosa als zweite Marke aufgebaut. Mit der weiteren Integration in den Carnival-Konzern vereinfacht sich die Markenstrategie jedoch: Der Fokus liegt künftig vollständig auf AIDA. Deshalb wird A'Rosa Blu 2004 in AIDAblu umbenannt und in die Kussmund-Flotte integriert.

AIDAblu bringt schnell zusätzliche Betten, mehr Reichweite und mehr Sichtbarkeit in den Markt. Zugleich bildet sie eine Brücke zwischen der frühen AIDA Phase mit kleineren Schiffen und dem späteren Neubauprogramm. Mit der SPHINX- bzw. SELECTION-Klasse verändert sich die Flottenplanung erneut, da diese ein moderneres Bordprodukt, eine stärkere Markenidentität und langfristig passendere Strukturen für AIDA bietet.

2007 verlässt AIDAblu wieder die AIDA Flotte. Anschließend fährt sie unter verschiedenen Namen weiter, bevor sie 2020 abgebrochen wird. Trotz ihrer kurzen Zeit bei AIDA erfüllt sie eine wichtige Aufgabe: Sie ermöglicht der Reederei schnelleres Wachstum, liefert Erfahrungen mit größeren Schiffen und bereitet den Weg für die moderne Flottenentwicklung. 2010 übernimmt die zweite AIDAblu diesen Namen in der Flotte.

▼ Mit AIDAblu kann die Reederei ihr Wachstum vorantreiben.

Bild: © Autor

Bild: © Autor

▲ Die angekaufte AIDAmira als Kussmund-Schiff für die Fernrouten im Selection-Programm.

EIN KURZES KAPITEL FÜR FERNE ZIELE – AIDAmira

AIDAmira bringt eine lange Vorgeschichte mit – und schreibt zugleich nur ein kurzes Kapitel in der Kussmund-Flotte. Chantiers de l'Atlantique in Saint-Nazaire stellt das Schiff fertig; 1999 nimmt es als Mistral seinen Dienst auf. Später fährt es unter anderem als Grand Mistral und Costa neoRiviera, bevor es 2019 zur AIDA Flotte wechselt. Mit 216 Metern Länge, 48 123 BRZ und nach dem Umbau 714 Passagierkabinen beziehungsweise bis zu 1904 zugelassenen Passagieren fällt es deutlich kleiner aus als die großen AIDA Neubauten.

Kurz vor dem Ausbruch der Corona-Pandemie integriert AIDA das Schiff in die Flotte. Die Idee ist klar: AIDAmira ergänzt das Selection-Programm und soll besondere Ferndestinationen wie Südafrika bedienen. Dafür baut man sie in Genua umfassend um. Am 30. November 2019 erfolgt die Taufe in Palma de Mallorca. Der Start verläuft jedoch schwierig. AIDA muss eine geplante Kurzreise im westlichen Mittelmeer absagen, weil ein Teil der Umbauarbeiten noch nicht abgeschlossen ist. Auch die geplante Überführungsreise nach Kapstadt findet schließlich ohne Passagiere statt.

Am 19. Dezember 2019 erreicht AIDAmira Kapstadt, am 23. Dezember startet sie zur ersten offiziellen Kreuzfahrt ab Südafrika. Es hätte der Beginn eines neuen AIDA Kapitels sein können: ein kleineres, modernisiertes Schiff für besondere Routen, näher an den Destinationen und mit einem anderen Reiseprofil als die großen Neubauten. Doch wenige Wochen später verändert die Corona-Pandemie die gesamte Kreuzfahrt. AIDA legt die gesamte Kussmund-Flotte still. Doch während viele Schiffe später schrittweise in den Betrieb zurückfinden, lässt sich AIDAmira wirtschaftlich nicht mehr sinnvoll in den Flottenbetrieb integrieren. Nach der Verkaufsentscheidung übernimmt die Ambassador Cruise Line das Schiff im März 2022 und führt es seitdem unter dem Namen Ambition.

AIDAmira bleibt damit nur sehr kurz Teil der AIDA Flotte. Ihre Bedeutung liegt weniger in einer langen Einsatzzeit als in dem Versuch, das Selection-Konzept um ein kleineres Schiff für besondere Fernrouten zu erweitern – ein Plan, den die Pandemie letztlich beendet.

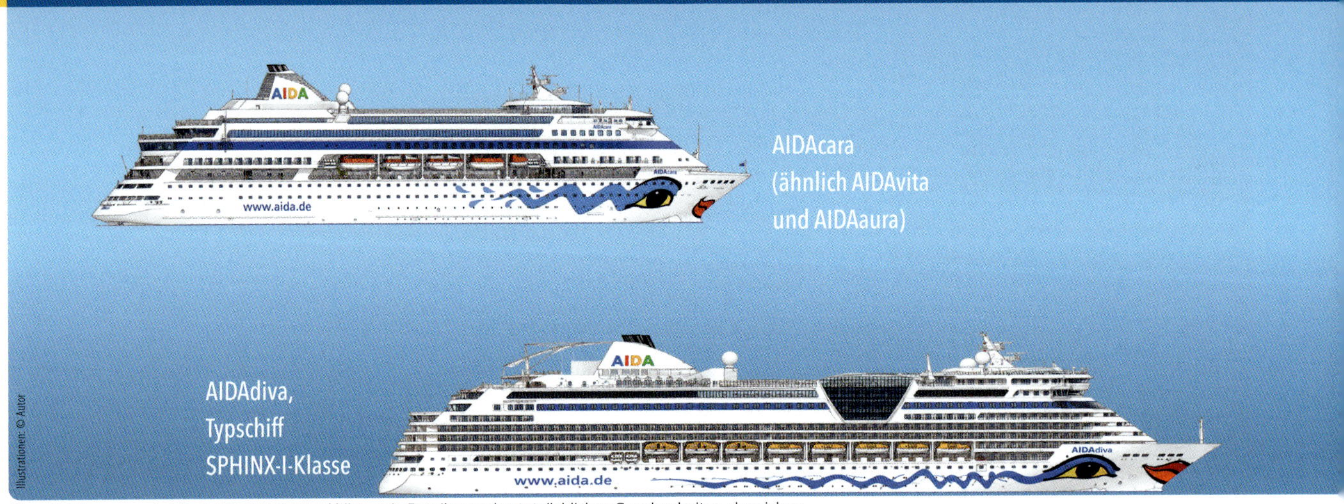

Diese Zeichnungen sind illustrativer Natur und können in Details von den tatsächlichen Gegebenheiten abweichen.

Technische Daten	AIDAcara	AIDAvita / AIDAaura	SPHINX-I-Klasse
Bauwerft	Kvaerner Masa Yards, Turku, Finnland	Aker MTW, Wismar	Meyer Werft, Papenburg
Kiellegung	11. September 1995	AIDAvita: 21. November 2000 AIDAaura: 11. Januar 2002	AIDAdiva: 3. März 2006 AIDAbella: 10. März 2007 AIDAluna: 29. März
Indienststellung	4. Juni 1996	AIDAvita: 17. Mai 2002 AIDAaura: 4. April 2003	AIDAdiva: 20. April 2007 AIDAbella: 24. April 2008 AIDAluna: 22. März 2009: Start der ersten Reise (Taufe: 4. Juni 2009)
Einheiten	1	2	3
Schiffe	AIDAcara	AIDAvita, AIDAaura	AIDAdiva, AIDAbella, AIDAluna
Länge über alles	193,34 m	202,85 m	251,89 m
Breite	27,60 m	28,1 m	32,2 m
Tiefgang	6,00 m	6,2 m	7,3 m
Vermessung	38 531 BRZ	42 289 BRZ	69 203 BRZ
Besatzung	369	389	607
Antrieb	Dieselantrieb	dieselelektrischer Antrieb	dieselelektrischer Antrieb
Gesamte Maschinenleistung	30 600 kW	27 550 kW	36 000 kW
Generatoren	4 × MAN B & W 6L48/60, je 5430 kW 3 × Wärtsilä Vasa 8R32D, je 2960 kW (Hilfsmaschinen)	4 × Dieselmotoren: 1 × Wärtsilä 6L38B, 4350 kW 1 × Wärtsilä 8L38B, 5800 kW 2 × Wärtsilä 12V38B, je 8700 kW	4 × Caterpillar-MaK 9M43C, je 9000 kW
Propeller	2	2	2
Maximale Geschwindigkeit	21 kn (39 km/h)	21 kn (39 km/h)	22,5 kn (41,7 km/h)
Zugelassene Passagierzahl	bis zu 1339	ca. 1266 (max. 1582)	ca. 2030 (max. 2500)
Passagierkabinen	590	633	1025

AIDAprima, Typschiff HYPERION-Klasse

AIDAnova, Typschiff HELIOS-Klasse

›HINX-II-Klasse	HYPERION-Klasse	HELIOS-Klasse
eyer Werft, ɪpenburg	Mitsubishi Heavy Industries Nagasaki Shipyard & Engine Works, Nagasaki	Meyer Werft, Papenburg / Neptun Werft, Rostock
DAblu: 25. Juli 2007 DAsol: 20. Oktober 2008 DAmar: 20. Oktober 2008 DAstella: 4. Januar 2012	AIDAprima: 30. Juni 2013 AIDAperla: 30. Juni 2013	AIDAnova: 6. September 2017 AIDAcosma: 15. Oktober 2019
DAblu: 9. Februar 2010 DAsol: 9. April 2011 DAmar: 12. Mai 2012 DAstella: 16. März 2013	AIDAprima: 27. April 2016 AIDAperla: 30. Juni 2017	AIDAnova: 12. Dezember 2018 (AIDA Übernahme) AIDAcosma: 21. Dezember 2021 (AIDA Übernahme)
	2	11 geplant (Klasse); AIDA: 2
DAblu, AIDAsol, AIDAmar, AIDAstella	AIDAprima, AIDAperla	AIDAnova, AIDAcosma (AIDA)
253,33 m	299,95 m	337 m
,2 m	37,65 m	42 m
3 m	8,25 m	8,80 m
304 BRZ	124 100 BRZ	AIDAnova: 183 800 BRZ, AIDAcosma: 184 600 BRZ
7 – 609	über 900	ca. 1500
eselelektrischer Antrieb	dieselelektrischer Antrieb	dieselelektrischer Antrieb
000 kW	46 800 kW	61 760 kW
Caterpillar-MaK 9M43C, je 9000 kW	3 × Caterpillar-MaK 12VM43C, je 12 000 kW; 1 × Caterpillar-MaK 12VM46DF, 10 800 kW	4 × Caterpillar-Dual-Fuel-Motoren 16VM46DF, je 15 440 kW
	2 × Azipod®-Antriebe	2 × Azipod®-Antriebe
,5 kn (41,7 km/h)	21,5 kn (40 km/h)	21,5 kn (40 km/h)
2030 (max. 2500)	ca. 4350	ca. 6554 (bis zu ca. 6800)
97	1643	AIDAnova: 2626 / AIDAcosma: 2732

DER AUTOR

Ingo Bauernfeind ist Vortragsredner, Historiker, Filmemacher und Weltreisender. Er studierte Geschichte, Visuelle Kommunikation und Dokumentarfilm an der Hawaii Pacific University, war wissenschaftlicher Mitarbeiter in Pearl Harbor und realisierte Projekte mit der U.S. Navy sowie dem National Park Service. Er verfasste 35 Bücher zu den Themen Geschichte, Seefahrt, Marine, Militär und Luftfahrt. Als Lektor für AIDA, Sea Cloud und Rotary hält er Vorträge zu historischen, kulturellen und maritimen Themen sowie zu den Geheimnissen der Reiseziele – kompetent, anschaulich und mit spürbarer Begeisterung.

Bild: © Autor

WORTE DES DANKES

Ein Buch zu schreiben ist wie das Führen eines Schiffes: Es gelingt nur durch das Zusammenspiel vieler Menschen. Das vorliegende Werk ist daher das Ergebnis gemeinsamer Arbeit, zahlreicher Begegnungen und wertvoller Unterstützung.

Mein besonderer Dank gilt Klara Meiling, Christian Schönrock , Jens Kohlmann, Martina Reuter sowie dem AIDA Marketing unter der Leitung von Alexander Ewig, die dieses Projekt von Beginn an begleitet und maßgeblich unterstützt haben. Für die vertrauensvolle Zusammenarbeit danke ich Alexander Burden vom Motorbuch Verlag sowie Joachim Schreiber für die tolle grafische Gestaltung.

Darüber hinaus danke ich herzlich (in alphabetischer Reihenfolge): Andreas Baminger, Mark Anthony Bagac, Beate Bernauer, Sarah Bernauer, Isabeau Bergmann, Ingo Beinersdorf, Aman Chaursiya, Michael Cornély, Stefan Deisenroth, Johann-Friedrich Engel, Kay und Karina Fischer, Andreas und Gabi Gehrmann, Dennis Hage, David Hecker-von Aschwege, Martin Hellers, Sarah Hönemann, Katrin Hofrichter, Antonia Klein, Stacy Rachel Köhler, Nils Kubon, Torsten Lehmann, Karin Marschke, Julia Merschendorf, Luc Möller, Tina und Werner Mott, Federika Ongirwalu, Nurul Laily Rahma, Christian und Dara Rosenthal, Felix und Elisa Rothe, Dr. Carolin Rudert, Michael und Elisabeth Schmid, Franziska Schwarm, Thorsten, Nina, Clara und Johanna Schweer, Alwin Schindler, Lara Schöffmann, Manfred Schuker, Thomas Sleegers, Burkhard Sielaff, Anja Siebert, Klaus Strickmann, Kristina Steinle, Eva Störmer, Michael Thamm, Maria Velaquez, Eszter Végvári, Dominik Wendler, Dieter Wieprecht, Ronald Woschik und Volker Zausch.

Herzlich verbunden bin ich außerdem Kai Bunge und Siegfried Schindler von Partner Ship Design, David Hecker-von Aschwege und der Meyer Werft, der Reiner Meutsch Stiftung FLY & HELP, dem Naturschutzbund Deutschland, der Cruise Lines International Association (CLIA) Deutschland sowie den Staatlichen Schlössern, Gärten und Kunstsammlungen Mecklenburg-Vorpommern.

Besonders verbunden fühle ich mich den Crews und Gästen der Kussmund-Flotte, die AIDA mit Leben füllen und deren Geschichten, Erlebnisse und Leidenschaft dieses Buch inspiriert haben.

Nicht zuletzt gilt meine Anerkennung den vielen weiteren Menschen, die dieses Projekt auf unterschiedlichste Weise begleitet und unterstützt haben. Auch sie sind Teil dieser Reise.